數學

(三)

莊紹容・楊精松　編著

東華書局

國家圖書館出版品預行編目資料

數學／莊紹容, 楊精松編著. -- 初版. -- 臺北市：
　臺灣東華, 民 99.07
　3冊；19x26公分
　　ISBN 978-957-483-610-9（第1冊：平裝）--
ISBN 978-957-483-611-6（第2冊：平裝）--
ISBN 978-957-483-657-4（第3冊：平裝）

1. 數學

310　　　　　　　　　　　　　　99014466

版權所有・翻印必究

中華民國一〇〇年五月初版

數學 (三)

定價　新臺幣參佰伍拾元整
（外埠酌加運費匯費）

編 著 者　莊　紹　容　●　楊　精　松
發 行 人　卓　　劉　　慶　　弟
出 版 者　臺灣東華書局股份有限公司
　　　　　臺北市重慶南路一段一四七號三樓
　　　　　電話：(02)2311-4027
　　　　　傳眞：(02)2311-6615
　　　　　郵撥：0 0 0 6 4 8 1 3
　　　　　網址：http://www.tunghua.com.tw
電腦排版　玉山電腦排版事業有限公司

行政院新聞局登記證　局版臺業字第零柒貳伍號

編輯大意

一、本書是依據教育部頒佈之五年制專科學校數學課程標準，予以重新整合並合併前後相同的教材，編輯而成．

二、本書分為四冊．可供五年制工業類專科學校一、二年級使用．

三、本書旨在提供學生基本的數學知識，使學生具有運用數學的能力．一、二冊每冊均附有隨堂練習，以增加學生的學習成效．

四、本書編寫著重從實例出發，使學生先具有具體的概念，再做理論的推演，互相印證，以便達到由淺入深，循序漸近的功效．

五、本書雖經編者精心編著，惟謬誤之處在所難免，尚祈學者先進大力斧正，以匡不逮．

目　次

第 1 章　函數的極限與連續　　1

    1-1　極　限　　2

    1-2　單邊極限　　16

    1-3　連續性　　23

    1-4　無窮極限，漸近線　　34

第 2 章　微分法　　53

    2-1　導函數　　54

    2-2　求導函數的法則　　65

    2-3　視導函數為變化率　　77

    2-4　連鎖法則　　82

    2-5　隱微分法　　87

    2-6　微　分　　92

    2-7　反函數的導函數　　102

第 3 章　微分的應用　　109

3-1	極大值與極小值	110
3-2	均值定理	116
3-3	單調函數，相對極值判別法	125
3-4	凹性，反曲點	132
3-5	函數圖形的描繪	139
3-6	極值的應用問題	145
3-7	相關變化率	153
3-8	牛頓法求方程式之近似根	159

第 4 章　不定積分　　167

4-1	不定積分的意義與性質	168
4-2	變數代換積分法	174
4-3	不定積分的應用	178

第 5 章　定積分　　187

5-1	定積分的意義	188
5-2	定積分之性質	201
5-3	微積分基本定理	207
5-4	代換積分法	214

第 6 章　指數函數與對數函數　　217

6-1	指數函數與對數函數	218
6-2	對數函數的導函數	227
6-3	指數函數的導函數	234
6-4	指數函數與對數函數之積分法	239
6-5	指數的成長律與衰變律	243

第 7 章　三角函數、反三角函數與雙曲線函數　　**249**

    7-1　三角函數的極限　　250

    7-2　三角函數的導函數　　258

    7-3　與三角函數有關的積分　　267

    7-4　反三角函數的導函數　　272

    7-5　與反三角函數有關的積分　　276

    7-6　雙曲線函數的微積分　　280

習題答案　　**289**

1 函數的極限與連續

本章學習目標

- 瞭解函數極限之意義
- 熟悉極限之性質
- 能夠利用夾擠定理求函數之極限
- 瞭解單邊極限之意義及極限存在定理
- 瞭解函數連續之意義及勘根定理
- 瞭解無窮極限與在無限大處極限之意義
- 瞭解函數圖形漸近線之求法

▶▶ 1-1 極 限

函數極限的概念為學習微積分的基本觀念之一，但它並不是很容易就能熟悉的．的確，初學者必須由各種不同的角度，多次研習其定義，始可明瞭其意義．

首先，我們用直觀的方式來介紹極限的觀念．

設 $f(x)=x+2$，$x\in \mathbb{R}$ (實數系)．當 x 趨近 2 時，看看函數 f 的變化如何？我們選取 x 為接近 2 的數值，作成下表：

x 自 2 的左邊趨近 2　　　　　x 自 2 的右邊趨近 2

x	1.8	1.9	1.99	1.999	2	2.001	2.01	2.1	2.2
$f(x)$	3.8	3.9	3.99	3.999	4	4.001	4.01	4.1	4.2

$f(x)$ 趨近 4　　　　　$f(x)$ 趨近 4

函數 f 的圖形如圖 1-1 所示.

由上表與圖 1-1 可以看出，若 x 愈接近 2，則函數值 $f(x)$ 愈接近 4. 此時，我們說，"當 x 趨近 2 時，$f(x)$ 的極限為 4"，記為

　　　　當 $x \to 2$ 時，$f(x) \to 4$

或

$$\lim_{x\to 2} f(x)=4.$$

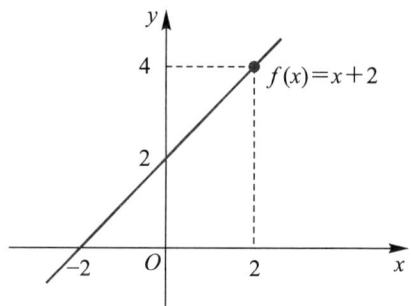

圖 **1-1**　$f(x)=x+2$

其次，考慮函數 $g(x)=\dfrac{x^2-4}{x-2}$，$x \neq 2$. 因為 2 不在 g 的定義域內，所以 $g(2)$ 不存在，但 g 在 $x=2$ 之近旁的值皆存在. 若 $x \neq 2$，則

$$g(x)=\frac{x^2-4}{x-2}=\frac{(x+2)(x-2)}{x-2}=x+2$$

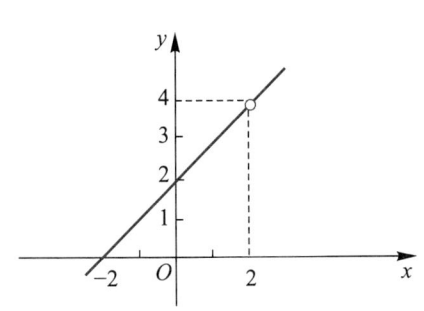
圖 1-2　$g(x) = \dfrac{x^2 - 4}{x - 2}$, $x \neq 2$

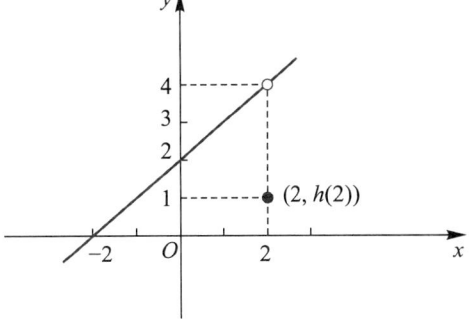
圖 1-3　$h(x) = \begin{cases} \dfrac{x^2 - 4}{x - 2}, & x \neq 2 \\ 1, & x = 2 \end{cases}$

故 g 的圖形除了在 $x=2$ 外，與 f 的圖形相同．g 的圖形如圖 1-2 所示．

當 x 趨近 2 $(x \neq 2)$ 時，$g(x)$ 的極限為 4，即

$$\lim_{x \to 2} g(x) = 4$$

最後，定義函數 h 如下

$$h(x) = \begin{cases} \dfrac{x^2 - 4}{x - 2}, & \text{若 } x \neq 2 \\ 1, & \text{若 } x = 2 \end{cases}$$

函數 h 的圖形如圖 1-3 所示．

由上面的討論，f、g 與 h 除了在 $x=2$ 處有所不同外，在其他地方皆完全相同，即

$$f(x) = g(x) = h(x) = x + 2, \quad x \neq 2$$

當 x 趨近 2 時，這三個函數的極限皆為 4，因此，我們可以給出下面的重要結論：

在 x 趨近 2 時，函數的極限僅與函數在 $x=2$ 之近旁的定義有關，至於 2 是否屬於函數的定義域，或者其函數值為何，完全沒有關係．

在一般函數的極限裡，此結論依然成立，它是函數極限裡一個非常重要的觀念．

定義 1-1　直觀的定義

設函數 f 定義在包含 a 的某開區間，但可能在 a 除外，且 L 為一實數．當 x 趨近 a 時，$f(x)$ 的極限 (或稱**雙邊極限**) 為 L，記為

$$\lim_{x \to a} f(x) = L$$

其意義為：當 x 充分靠近 a (但不等於 a) 時，$f(x)$ 的值充分靠近 L．如圖 1-4．

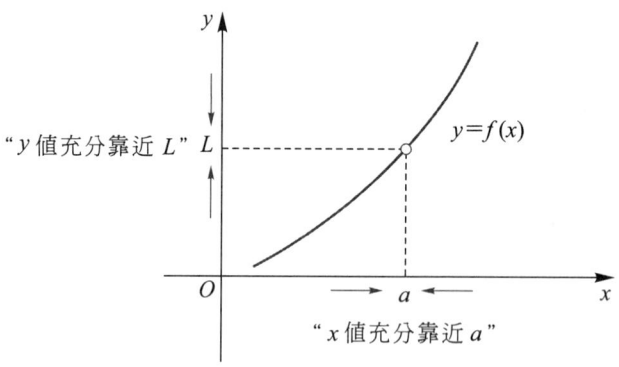

圖 1-4　$\lim\limits_{x \to a} f(x) = L$

讀者應注意，若有一個定實數 L 存在，使 $\lim\limits_{x \to a} f(x) = L$，則稱為：當 x 趨近 a 時，$f(x)$ 的極限存在，或稱 f 在 a 的極限為 L，或 $\lim\limits_{x \to a} f(x)$ 存在．否則，稱 $\lim\limits_{x \to a} f(x)$ 不存在．圖 1-5 的兩個圖形代表 $\lim\limits_{x \to a} f(x)$ 不存在之情形．

現在，我們看看幾個以直觀的方式來計算函數極限的例子．

例題 1　**解題指引** ☺　函數在 $x = 1$ 附近的變化

求 $\lim\limits_{x \to 1} \dfrac{x^3 - 1}{x - 1}$．

解　$f(x) = \dfrac{x^3 - 1}{x - 1}$ 在 $x = 1$ 無定義，現在我們來看看當 x 趨近 1 時，函數 f 的變

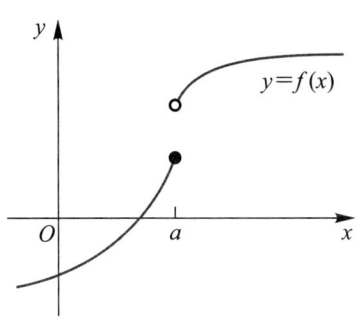
(i) f 在 $x=a$ 之左右邊
趨近不同點

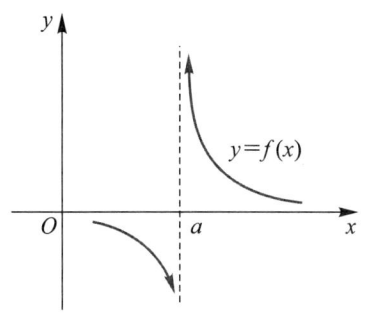
(ii) f 在 $x=a$ 之左右兩邊無
法趨近一固定點

圖 1-5

化如何？我們選取 x 為接近 1 的數值，作成下表：

	x 自 1 的左邊趨近 1					x 自 1 的右邊趨近 1			
x	⋯	0.75	0.9	0.99	0.999	① 1.001	1.01	1.1	1.25
$f(x)$	⋯	2.313	2.710	2.970	2.997	③ 3.003	3.030	3.310	3.813
	$f(x)$ 趨近 3					$f(x)$ 趨近 3			

如圖 1-6 所示.

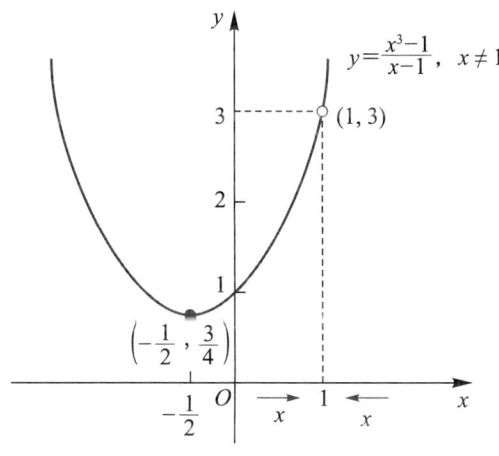

圖 1-6

故
$$\lim_{x\to 1}\frac{x^3-1}{x-1}=3.$$

例題 2 解題指引 ☺ 有理化分母

設 $f(x)=\dfrac{x}{\sqrt{1+3x}-1}$，求 $\lim\limits_{x\to 0}f(x)$.

解 若 $x\neq 0$，則

$$f(x)=\frac{x}{\sqrt{1+3x}-1}=\frac{x(\sqrt{1+3x}+1)}{(\sqrt{1+3x}-1)(\sqrt{1+3x}+1)}=\frac{x(\sqrt{1+3x}+1)}{(1+3x)-1}$$
$$=\frac{x(\sqrt{1+3x}+1)}{3x}=\frac{\sqrt{1+3x}+1}{3}$$

當 $x\to 0$ 時，$\sqrt{1+3x}\to 1$. 所以，

$$\lim_{x\to 0}f(x)=\lim_{x\to 0}\frac{\sqrt{1+3x}+1}{3}=\frac{1+1}{3}=\frac{2}{3}.$$

例題 3 解題指引 ☺ 通分，不可寫成 $\lim\limits_{x\to 1}\left(\dfrac{1}{x-1}-\dfrac{2}{x^2-1}\right)=\lim\limits_{x\to 1}\dfrac{1}{x-1}-\lim\limits_{x\to 1}\dfrac{2}{x^2-1}$

求 $\lim\limits_{x\to 1}\left(\dfrac{1}{x-1}-\dfrac{2}{x^2-1}\right)$.

解 $x\neq 1$，則

$$\frac{1}{x-1}-\frac{2}{x^2-1}=\frac{(x+1)-2}{(x-1)(x+1)}=\frac{x-1}{(x-1)(x+1)}=\frac{1}{x+1}$$

當 $x\to 1$ 時，$x+1\to 2$. 所以，

$$\lim_{x\to 1}\left(\frac{1}{x-1}-\frac{2}{x^2-1}\right)=\frac{1}{2}.$$

⊙ 有關極限的一些定理

以下將介紹一些極限的定理，用來求出函數的極限.

定理 1-1　唯一性 ↵

若 $\lim\limits_{x \to a} f(x) = L_1$，$\lim\limits_{x \to a} f(x) = L_2$，$L_1$ 與 L_2 皆為某實數，則 $L_1 = L_2$.

定理 1-2 ↵

若 m 與 b 皆為常數，則

$$\lim_{x \to a}(mx+b) = ma+b.$$

下面是定理 1-2 的特例：

$$\lim_{x \to a} b = b, \quad b \text{ 為常數}$$

$$\lim_{x \to a} x = a$$

定理 1-3 ↵

若 $\lim\limits_{x \to a} f(x) = L$ 且 $\lim\limits_{x \to a} g(x) = M$，則

(1) $\lim\limits_{x \to a}[cf(x)] = c\lim\limits_{x \to a} f(x) = cL$，$c$ 為常數

(2) $\lim\limits_{x \to a}[f(x) \pm g(x)] = \lim\limits_{x \to a} f(x) \pm \lim\limits_{x \to a} g(x) = L \pm M$

(3) $\lim\limits_{x \to a}[f(x)g(x)] = [\lim\limits_{x \to a} f(x)][\lim\limits_{x \to a} g(x)] = LM$

(4) $\lim\limits_{x \to a} \dfrac{f(x)}{g(x)} = \dfrac{\lim\limits_{x \to a} f(x)}{\lim\limits_{x \to a} g(x)} = \dfrac{L}{M}$　$(M \neq 0)$

定理 1-3 可以推廣為：若 $\lim\limits_{x \to a} f_i(x)$ 存在，$i = 1, 2, \cdots, n$，則

1. $\lim\limits_{x \to a} [c_1 f_1(x) + c_2 f_2(x) + \cdots + c_n f_n(x)]$

$\qquad = c_1 \lim\limits_{x \to a} f_1(x) + c_2 \lim\limits_{x \to a} f_2(x) + \cdots + c_n \lim\limits_{x \to a} f_n(x)$

其中 $c_1, c_2, \cdots, c_n$ 皆為任意常數.

2. $\lim\limits_{x \to a} [f_1(x) \cdot f_2(x) \cdot \cdots \cdot f_n(x)]$

$\qquad = [\lim\limits_{x \to a} f_1(x)][\lim\limits_{x \to a} f_2(x)] \cdots [\lim\limits_{x \to a} f_n(x)]$

定理 1-4

設 $P(x)$ 為 n 次多項式函數，則對任意實數 a，
$$\lim\limits_{x \to a} P(x) = P(a).$$

證 設 $P(x) = c_0 + c_1 x + c_2 x^2 + \cdots + c_n x^n$，$c_n \neq 0$，依定理 1-2 的推廣，可得

$$\lim\limits_{x \to a} x^n = (\lim\limits_{x \to a} x)^n = a^n$$

故 $\lim\limits_{x \to a} P(x) = \lim\limits_{x \to a} (c_0 + c_1 x + c_2 x^2 + \cdots + c_n x^n)$

$\qquad\qquad\qquad = c_0 + c_1 \lim\limits_{x \to a} x + c_2 \lim\limits_{x \to a} x^2 + \cdots + c_n \lim\limits_{x \to a} x^n$

$\qquad\qquad\qquad = c_0 + c_1 a + c_2 a^2 + \cdots + c_n a^n$

$\qquad\qquad\qquad = P(a).$

定理 1-5

設 $R(x)$ 為有理函數，且 a 在 $R(x)$ 的定義域內，則
$$\lim\limits_{x \to a} R(x) = R(a).$$

證 令 $R(x) = \dfrac{P(x)}{Q(x)}$，$Q(x) \neq 0$，其中 $P(x)$ 與 $Q(x)$ 皆為多項式.

因 a 在 $R(x)$ 的定義域內，故 $Q(a) \neq 0$. 依定理 1-3(4) 與定理 1-4，

$$\lim_{x \to a} R(x) = \lim_{x \to a} \dfrac{P(x)}{Q(x)} = \dfrac{\lim\limits_{x \to a} P(x)}{\lim\limits_{x \to a} Q(x)} = \dfrac{P(a)}{Q(a)} = R(a).$$

例題 4　解題指引 ☺ 消去公因式 $(x-3)$

求 $\displaystyle\lim_{x \to 3} \dfrac{x^3 - 27}{x^2 - 2x - 3}$.

解
$$\lim_{x \to 3} \dfrac{x^3 - 27}{x^2 - 2x - 3} = \lim_{x \to 3} \dfrac{(x-3)(x^2+3x+9)}{(x-3)(x+1)}$$
$$= \lim_{x \to 3} \dfrac{x^2 + 3x + 9}{x+1} = \dfrac{27}{4}.$$

例題 5　解題指引 ☺ 消去公因式 $x-3$

若 $h(x) = \begin{cases} \dfrac{x^2 + x - 12}{x - 3}, & \text{若 } x \neq 3 \\ 4, & \text{若 } x = 3 \end{cases}$，求 $\displaystyle\lim_{x \to 3} h(x)$.

解　函數 $h(x)$ 如圖 1-7 所示，$h(3) = 4$，但

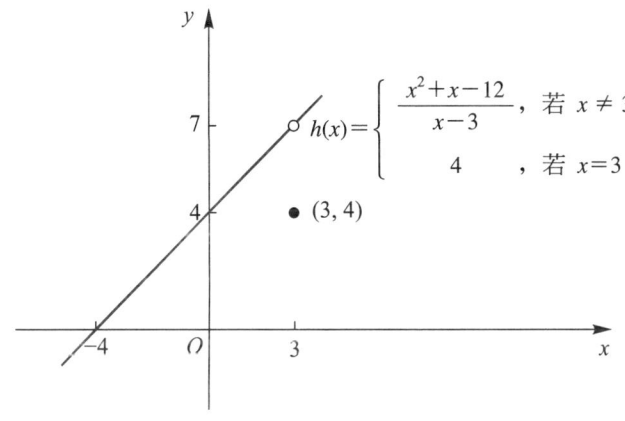

圖 1-7

$$\lim_{x\to 3} h(x) = \lim_{x\to 3} \frac{(x-3)(x+4)}{x-3} = \lim_{x\to 3} (x+4) = 7.$$

例題 6 　**解題指引** ☺ 作代換再消去公因式 $t-1$

求 $\displaystyle\lim_{x\to 1} \frac{\sqrt[3]{x}-1}{\sqrt{x}-1}$.

解 令 $t = \sqrt[6]{x}$，當 $x \to 1$ 時，$t \to 1$,

故
$$\lim_{x\to 1} \frac{\sqrt[3]{x}-1}{\sqrt{x}-1} = \lim_{t\to 1} \frac{t^2-1}{t^3-1} = \lim_{t\to 1} \frac{(t-1)(t+1)}{(t-1)(t^2+t+1)}$$
$$= \lim_{t\to 1} \frac{t+1}{t^2+t+1} = \frac{2}{3}.$$

例題 7　**解題指引** ☺ 分子與分母之極限同時趨近 0

是否有一實數 a 使得 $\displaystyle\lim_{x\to -2} \frac{3x^2+ax+a+3}{x^2+x-2}$ 存在？若有的話，試求 a 值及此極限值.

解
$$\lim_{x\to -2} (x^2+x-2) = (-2)^2 + (-2) - 2 = 0$$

若此極限存在，則分子之極限也應等於 0,

即
$$\lim_{x\to -2} (3x^2+ax+a+3) = 0$$

故 $3(-2)^2 + a(-2) + a + 3 = 0$

得 $a = 15$

$$\lim_{x\to -2} \frac{3x^2+15x+15+3}{x^2+x-2} = \lim_{x\to -2} \frac{3(x^2+5x+6)}{x^2+x-2} = 3\lim_{x\to -2} \frac{(x+2)(x+3)}{(x+2)(x-1)}$$
$$= 3\lim_{x\to -2} \frac{x+3}{x-1} = -1.$$

定理 1-6　合成函數之極限

若兩函數 f 與 g 的合成函數 $f(g(x))$ 存在，且 (1) $\lim\limits_{x\to a}g(x)=b$，(2) $\lim\limits_{y\to b}f(y)=f(b)$，則

$$\lim_{x\to a}f(g(x))=f(\lim_{x\to a}g(x))=f(b).$$

例題 8　**解題指引** ☺　利用定理 1-6

設 $g(x)=\sqrt{\dfrac{x}{x^2+1}}$，$f(x)=\sqrt{x^2+2}$，求 $\lim\limits_{x\to 1}f(g(x))$。

解　因

$$\lim_{x\to 1}g(x)=\lim_{x\to 1}\sqrt{\dfrac{x}{x^2+1}}=\sqrt{\dfrac{1}{2}}$$

故

$$\lim_{x\to 1}f(g(x))=f(\lim_{x\to 1}g(x))=f\left(\sqrt{\dfrac{1}{2}}\right)=\sqrt{\left(\sqrt{\dfrac{1}{2}}\right)^2+2}=\sqrt{\dfrac{5}{2}}$$

如果，先求 $f(g(x))$，再求 $\lim\limits_{x\to 1}f(g(x))$ 的值，則得

$$f(g(x))=\sqrt{(g(x))^2+2}=\sqrt{\left(\sqrt{\dfrac{x}{x^2+1}}\right)^2+2}$$

$$=\sqrt{\dfrac{x}{x^2+1}+2}=\sqrt{\dfrac{2x^2+x+2}{x^2+1}}$$

$$\lim_{x\to 1}f(g(x))=\lim_{x\to 1}\sqrt{\dfrac{2x^2+x+2}{x^2+1}}=\sqrt{\dfrac{5}{2}}.$$

定理 1-7

(1) 若 n 為正奇數，則 $\lim\limits_{x\to a}\sqrt[n]{x}=\sqrt[n]{a}$。

(2) 若 n 為正偶數，且 $a>0$，則 $\lim\limits_{x\to a}\sqrt[n]{x}=\sqrt[n]{a}$。

若 m 與 n 皆為正整數，且 $a > 0$，則可得

$$\lim_{x \to a} (\sqrt[n]{x})^m = (\lim_{x \to a} \sqrt[n]{x})^m = (\sqrt[n]{a})^m$$

利用分數指數，上式可表示成

$$\lim_{x \to a} x^{m/n} = a^{m/n}.$$

定理 1-7 的結果可推廣到負指數.

例題 9 解題指引 ☺ 消去公因式 $1 - \sqrt{x}$

求 $\lim\limits_{x \to 1} \dfrac{\sqrt{x} - x^2}{1 - \sqrt{x}}$.

解 $\lim\limits_{x \to 1} \dfrac{\sqrt{x} - x^2}{1 - \sqrt{x}} = \lim\limits_{x \to 1} \dfrac{\sqrt{x}(1 - x^{3/2})}{1 - \sqrt{x}} = \lim\limits_{x \to 1} \dfrac{\sqrt{x}(1 - \sqrt{x})(1 + \sqrt{x} + x)}{1 - \sqrt{x}}$

$= \lim\limits_{x \to 1} [\sqrt{x}(1 + \sqrt{x} + x)] = \lim\limits_{x \to 1} [1(1 + 1 + 1)] = 3.$

定理 1-8

(1) 若 n 為正奇數，則 $\lim\limits_{x \to a} \sqrt[n]{f(x)} = \sqrt[n]{\lim\limits_{x \to a} f(x)}$.

(2) 若 n 為正偶數，且 $\lim\limits_{x \to a} f(x) > 0$，則 $\lim\limits_{x \to a} \sqrt[n]{f(x)} = \sqrt[n]{\lim\limits_{x \to a} f(x)}$.

例題 10 解題指引 ☺ 利用根式函數的極限

求 $\lim\limits_{x \to 7} \dfrac{\sqrt[5]{3 - 5x}}{(x - 5)^3}$.

解 $\lim\limits_{x \to 7} \dfrac{\sqrt[5]{3 - 5x}}{(x - 5)^3} = \dfrac{\lim\limits_{x \to 7} \sqrt[5]{3 - 5x}}{\lim\limits_{x \to 7} (x - 5)^3} = \dfrac{\sqrt[5]{\lim\limits_{x \to 7}(3 - 5x)}}{(\lim\limits_{x \to 7}(x - 5))^3}$

$$= \frac{\sqrt[5]{3-35}}{(7-5)^3} = \frac{-2}{8} = -\frac{1}{4}.$$

例題 11　解題指引 ☺ 有理化分子與分母

求 $\displaystyle\lim_{x \to 2} \frac{\sqrt{6-x}-2}{\sqrt{3-x}-1}$.

解 極限具有不定式 $\dfrac{0}{0}$，有理化分子與分母，得

$$\lim_{x \to 2} \frac{\sqrt{6-x}-2}{\sqrt{3-x}-1} = \lim_{x \to 2} \left(\frac{\sqrt{6-x}-2}{\sqrt{3-x}-1} \cdot \frac{\sqrt{6-x}+2}{\sqrt{6-x}+2} \cdot \frac{\sqrt{3-x}+1}{\sqrt{3-x}+1} \right)$$

$$= \lim_{x \to 2} \frac{(2-x)(\sqrt{3-x}+1)}{(2-x)(\sqrt{6-x}+2)}$$

$$= \lim_{x \to 2} \frac{\sqrt{3-x}+1}{\sqrt{6-x}+2}$$

$$= \frac{2}{4} = \frac{1}{2}.$$

下面的定理稱為**夾擠定理**或**三明治定理**，在證明極限時常常會用到，是一個非常有用的定理．

定理 1-9　夾擠定理

設在一包含 a 的開區間中的所有 x（可能在 a 除外），恆有 $f(x) \leq h(x) \leq g(x)$，如圖 1-8 所示．

若
$$\lim_{x \to a} f(x) = \lim_{x \to a} g(x) = L$$

則
$$\lim_{x \to a} h(x) = L.$$

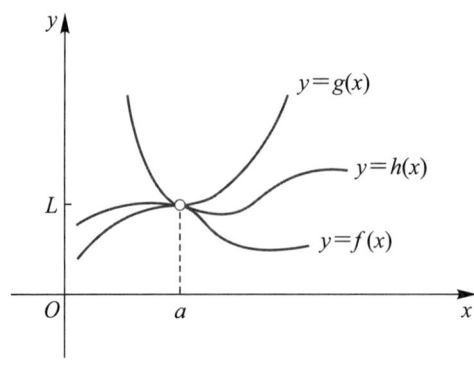

圖 1-8

例題 12 解題指引 ☺ 利用夾擠定理

利用夾擠定理證明

$$\lim_{x \to 0} \frac{|x|}{1+x^2} = 0.$$

解 對任意實數 x 而言，$1+x^2 \geq 1$，可得 $0 \leq \frac{|x|}{1+x^2} \leq |x|$.

又 $\lim_{x \to 0} 0 = 0$，$\lim_{x \to 0} |x| = \lim_{x \to 0} \sqrt{x^2} = \sqrt{\lim_{x \to 0} x^2} = 0$

故依夾擠定理可知 $\lim_{x \to 0} \frac{|x|}{1+x^2} = 0.$

習題 1-1

試求 1～10 題中的極限.

1. $\lim_{x \to -3} (x^3 + 2x^2 + 6)$

2. $\lim_{x \to -1} \frac{x-2}{x^2+4x-3}$

3. $\lim_{x \to -2} \frac{x^3-x^2-x+10}{x^2+3x+2}$

4. $\lim_{x \to 1} \frac{x^4-1}{x-1}$

5. $\lim\limits_{x \to 2} \dfrac{\sqrt{x}-\sqrt{2}}{x-2}$

6. $\lim\limits_{x \to 0} \dfrac{(2+x)^3-8}{x}$

7. $\lim\limits_{h \to 0} \dfrac{\dfrac{1}{x+h}-\dfrac{1}{x}}{h}$

8. $\lim\limits_{x \to 0} \dfrac{x}{\sqrt{1+3x}-1}$

9. $\lim\limits_{x \to 1} \dfrac{4-\sqrt{x+15}}{x^2-1}$

10. $\lim\limits_{x \to 0} \dfrac{\sqrt{x+4}-2}{x}$

試利用有關極限之定理求 11～16 題中的極限.

11. $\lim\limits_{x \to 2}(x^2+1)(x^2+4x)$

12. $\lim\limits_{x \to -2}(x^2+x+1)^5$

13. $\lim\limits_{x \to 1} \dfrac{x+2}{x^2+4x+3}$

14. $\lim\limits_{x \to 64}(\sqrt[3]{x}+3\sqrt{x})$

15. $\lim\limits_{x \to -2} \sqrt[3]{\dfrac{4x+3x^3}{3x+10}}$

16. $\lim\limits_{x \to 3} \dfrac{3(8x^2-1)}{2x^2(x-1)^4}$

對下列各函數 $f(x)$ 17～19, 求 $\lim\limits_{h \to 0} \dfrac{f(x+h)-f(x)}{h}$.

17. $f(x)=2x^2+x$

18. $f(x)=ax^2+bx+c$；a、b、c 為常數.

19. $f(x)=\sqrt{x+1}$

20. 設 $f(x)=\begin{cases}\dfrac{x-9}{\sqrt{x}-3}, & 若\ x \neq 9 \\ 5, & 若\ x=9\end{cases}$, 求 $f(9)$ 與 $\lim\limits_{x \to 9}f(x)$.

21. 求 $\lim\limits_{x \to 0}\left(\dfrac{1}{x\sqrt{1+x}}-\dfrac{1}{x}\right)$

22. 求 $\lim\limits_{x \to 0} \dfrac{\sqrt[3]{1+x}-1}{x}$

23. 求 $\lim\limits_{x \to 1} \dfrac{x+x^2+x^3+\cdots+x^n-n}{x-1}$

24. 求 $\lim\limits_{x \to n}[\![x]\!]-x$, $n \in \mathbb{Z}$

25. 若 $\lim\limits_{x\to 2}\dfrac{f(x)-5}{x-2}=3$，求 $\lim\limits_{x\to 2}f(x)$.

26. 求 $\lim\limits_{x\to 0}x^2\left[\dfrac{1}{x}\right]$

試利用夾擠定理證明 27～29 題的極限.

27. $\lim\limits_{x\to 0}\dfrac{|x|}{\sqrt{x^4+3x^2+7}}=0$

28. 求 $\lim\limits_{x\to 0}\dfrac{x^2}{1+(1+x^4)^{5/2}}=0$

29. $\lim\limits_{x\to 0}x^2\sin\dfrac{1}{x^2}=0$

30. 求 a 與 b 的值使得 $\lim\limits_{x\to 0}\dfrac{\sqrt{ax+b}-2}{x}=1$.

▶▶ 1-2　單邊極限

當我們在定義 $\lim\limits_{x\to a}f(x)$ 時，我們很謹慎地將 x 限制在包含 a 之開區間內（a 可能除外），但是函數 f 在點 a 的極限存在與否，與函數 f 在點 a 兩旁之定義有關，而與函數 f 在點 a 之值無關.

如果我們找不到一個定數 L 為 $f(x)$ 所趨近者，那麼我們就稱 f 在點 a 的極限不存在，或者說當 x 趨近 a 時，f 沒有極限.

例題 1　**解題指引** ☺ 利用絕對值之定義

已知 $f(x)=\dfrac{|x|}{x}$，求 $\lim\limits_{x\to 0}f(x)$.

解　因 (1) 若 $x>0$，則 $|x|=x$.　　(2) 若 $x<0$，則 $|x|=-x$.

故 $f(x)=\dfrac{|x|}{x}=\begin{cases}1,&\text{若 }x>0\\-1,&\text{若 }x<0\end{cases}$

f 的圖形如圖 1-9 所示. 因此，當 x 分別自 0 的右邊及 0 的左邊趨近於 0 時，$f(x)$ 不能趨近某一定數，所以 $\lim\limits_{x\to 0}f(x)$ 不存在.

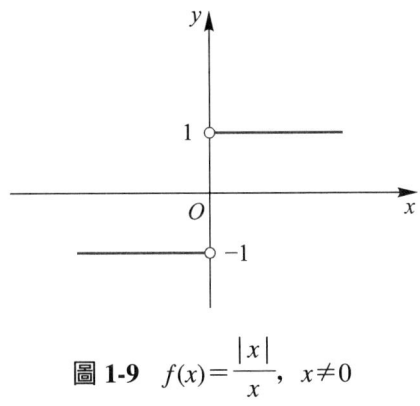

圖 1-9　$f(x)=\dfrac{|x|}{x},\ x\neq 0$

由上面的例題，我們引進了單邊極限的觀念．

定義 1-2　直觀的定義

(1) 當 x 自 a 的右邊趨近 a 時，$f(x)$ 的**右極限**為 M，即，f 在 a 的右極限為 M，記為

$$\lim_{x\to a^{+}} f(x)=M$$

其意義為：當 x 自 a 的右邊充分靠近 a 時，$f(x)$ 的值充分靠近 M．

(2) 當 x 自 a 的左邊趨近 a 時，$f(x)$ 的**左極限**為 L，即，f 在 a 的左極限為 L，記為

$$\lim_{x\to a^{-}} f(x)=L$$

其意義為：當 x 自 a 的左邊充分靠近 a 時，$f(x)$ 的值充分靠近 L．

右極限與左極限皆稱為單邊極限．

如圖 1-10 所示．在定義 1-2 中，符號 $x\to a^{+}$ 用來表示 x 的值恆比 a 大，而符號 $x\to a^{-}$ 用來表示 x 的值恆比 a 小．

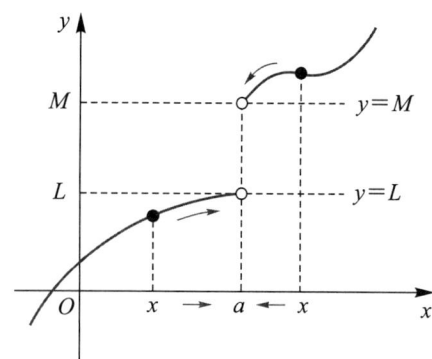

圖 1-10　$\lim\limits_{x \to a} f(x)$ 不存在，但 $\lim\limits_{x \to a^-} f(x) = L$，$\lim\limits_{x \to a^+} f(x) = M$.

依極限的定義可知，若 $\lim\limits_{x \to a} f(x)$ 存在，則右極限與左極限皆存在，且

$$\lim_{x \to a^+} f(x) = \lim_{x \to a^-} f(x) = \lim_{x \to a} f(x)$$

反之，若右極限與左極限皆存在，並不能保證極限存在.

下面定理談到單邊極限與極限 (雙邊極限) 之間的關係.

定理 1-10

$$\lim_{x \to a} f(x) = L, \text{ 若且唯若 } \lim_{x \to a^+} f(x) = \lim_{x \to a^-} f(x) = L.$$

例題 2　解題指引 ☺ 高斯函數在所有整數點的極限不存在

試證：$\lim\limits_{x \to n} [\![x]\!]$ 不存在，此處 n 為任意整數.

解　因 $\lim\limits_{x \to n^+} [\![x]\!] = n$，$\lim\limits_{x \to n^-} [\![x]\!] = n - 1$，可得

$$\lim_{x \to n^+} [\![x]\!] \neq \lim_{x \to n^-} [\![x]\!]$$

故 $\lim\limits_{x \to n} [\![x]\!]$ 不存在.

例題 3 **解題指引** ☺ 分別求左極限與右極限

若 $f(x) = \dfrac{x - [\![x]\!]}{x - 1}$，則 $\lim\limits_{x \to 3} f(x)$ 為何？

解
$$\lim_{x \to 3^+} f(x) = \lim_{x \to 3^+} \dfrac{x - [\![x]\!]}{x - 1} = \lim_{x \to 3^+} \dfrac{x - 3}{x - 1} = 0$$

$$\lim_{x \to 3^-} f(x) = \lim_{x \to 3^-} \dfrac{x - [\![x]\!]}{x - 1} = \lim_{x \to 3^-} \dfrac{x - 2}{x - 1} = \dfrac{1}{2}$$

因 $\lim\limits_{x \to 3^-} f(x) \neq \lim\limits_{x \to 3^+} f(x)$，故 $\lim\limits_{x \to 3} f(x)$ 不存在.

例題 4 **解題指引** ☺ x 趨近於 1 的左極限不等於 x 趨近於 1 的右極限

令 $f(x) = \begin{cases} x^2 - 2x + 2, & \text{若 } x < 1. \\ 3 - x, & \text{若 } x \geq 1. \end{cases}$

(1) 求 $\lim\limits_{x \to 1^+} f(x)$ 與 $\lim\limits_{x \to 1^-} f(x)$.

(2) $\lim\limits_{x \to 1} f(x)$ 為何？

(3) 繪 f 的圖形.

解 (1) $\lim\limits_{x \to 1^+} f(x) = \lim\limits_{x \to 1^+} (3 - x) = 3 - 1 = 2$

$\lim\limits_{x \to 1^-} f(x) = \lim\limits_{x \to 1} (x^2 - 2x + 2) = 1 - 2 + 2 = 1$

(2) 因 $\lim\limits_{x \to 1^+} f(x) \neq \lim\limits_{x \to 1^-} f(x)$，故 $\lim\limits_{x \to 1} f(x)$ 不存在.

(3) f 的圖形如圖 1-11 所示.

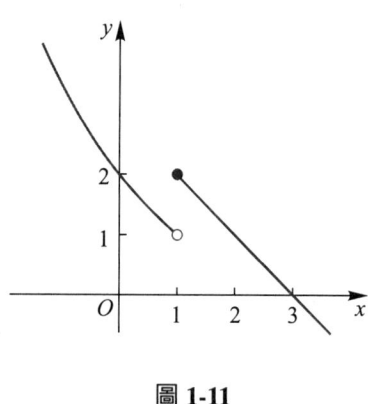

圖 1-11

例題 5 **解題指引** ☺ 若 $\lim\limits_{x\to 1^-} f(x) = \lim\limits_{x\to 1^+} f(x)$，則 $\lim\limits_{x\to 1} f(x)$ 存在.

若 $f(x) = \begin{cases} -2x^2+4, & \text{若 } x<1 \\ x^2+1, & \text{若 } x \geq 1 \end{cases}$，試繪 $f(x)$ 之圖形，並求

(1) $\lim\limits_{x\to 1} f(x)$ 　　　　(2) $\lim\limits_{x\to 1^+} \dfrac{f(x)-f(1)}{x-1}$.

解 　f 的圖形如圖 1-12 所示.

(1) 因函數 f 在 $x=1$ 之左右的定義不同，故須分別求出其左極限與右極限.

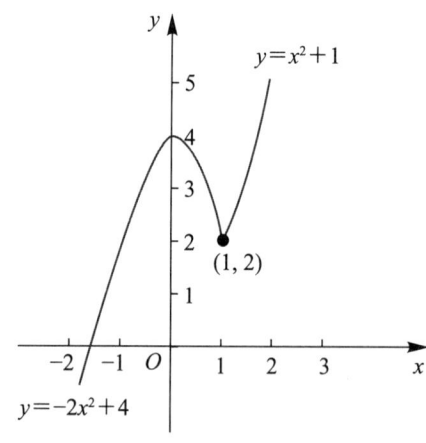

圖 1-12

$$\lim_{x\to 1^-} f(x) = \lim_{x\to 1^-}(-2x^2+4) = 2$$

$$\lim_{x\to 1^+} f(x) = \lim_{x\to 1^+}(x^2+1) = 2$$

因 $\lim_{x\to 1^-} f(x) = \lim_{x\to 1^+} f(x)$，故 $\lim_{x\to 1} f(x) = 2$.

(2) $x \to 1^+$，取 $f(x) = x^2+1$

$$\lim_{x\to 1^+}\frac{f(x)-f(1)}{x-1} = \lim_{x\to 1^+}\frac{x^2+1-2}{x-1} = \lim_{x\to 1^+}(x+1) = 2.$$

例題 6　解題指引 ☺ 利用定理 1-10

設 $f(x)$ 與 $g(x)$ 分別定義如下：

$$f(x)=\begin{cases} x^2+2x, & x\le 1 \\ 2x, & x>1 \end{cases}, \qquad g(x)=\begin{cases} 2x^3, & x\le 1 \\ 3, & x>1 \end{cases}$$

試求 $\lim_{x\to 1}[f(x)\cdot g(x)]$ (倘若此極限存在).

解 由於 $\lim_{x\to 1^-} f(x)=3$, $\lim_{x\to 1^+} f(x)=2$；$\lim_{x\to 1^-} g(x)=2$, $\lim_{x\to 1^+} g(x)=3$

因此，$\lim_{x\to 1^-}[f(x)\cdot g(x)] = 3\cdot 2 = 6$，$\lim_{x\to 1^+}[f(x)\cdot g(x)] = 2\cdot 3 = 6$

故 $\lim_{x\to 1}[f(x)\cdot g(x)] = 6.$

例題 7　解題指引 ☺ 利用高斯不等式與夾擠定理

求 $\lim_{x\to 0^+} x[\![x]\!]$.

解 因 $x-1 < [\![x]\!] \le x$，則

$$x(x-1) < x[\![x]\!] \le x^2$$

又因 $\lim_{x\to 0^+} x(x-1)=0$, $\lim_{x\to 0^+} x^2=0$

由夾擠定理知 $\lim_{x\to 0^+} x[\![x]\!] = 0.$

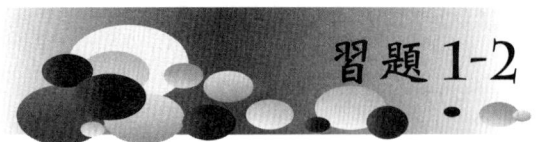

習題 1-2

試求下列 1~10 題之極限.

1. $\lim\limits_{x \to 3^-} \dfrac{|x-3|}{x-3}$

2. $\lim\limits_{x \to -4^+} \dfrac{2x^2+5x-12}{x^2+3x-4}$

3. $\lim\limits_{x \to 3^+} \dfrac{x-3}{\sqrt{x^2-9}}$

4. $\lim\limits_{x \to 0} \dfrac{x}{x^2+|x|}$

5. $\lim\limits_{x \to -10^+} \dfrac{x+10}{\sqrt{(x+10)^2}}$

6. $\lim\limits_{x \to \frac{3}{2}} \dfrac{2x^2-3x}{|2x-3|}$

7. $\lim\limits_{x \to 1^+} \dfrac{[\![x^2]\!]-[\![x]\!]^2}{x^2-1}$

8. $\lim\limits_{x \to 0^-} \dfrac{x}{x^2+|x|}$

9. $\lim\limits_{x \to 0} \dfrac{|x^3-x|}{x^2+2x}$

10. $\lim\limits_{x \to 0^-} \dfrac{[\![x+1]\!]+|x|}{x}$

11. 設 $f(x)=\begin{cases} x^2-2x, & \text{若 } x<2 \\ 1, & \text{若 } x=2 \\ x^2-6x+8, & \text{若 } x>2 \end{cases}$，試繪 f 的圖形，並求 $\lim\limits_{x \to 2} f(x)$.

12. 設 $f(x)=\begin{cases} 3-x, & \text{若 } x<2 \\ \dfrac{x}{2}+1, & \text{若 } x>2 \end{cases}$，試繪 f 的圖形，並求 $\lim\limits_{x \to 2} f(x)$.

13. 若 $f(x)=\begin{cases} 3x+5, & \text{若 } x \leq 2 \\ 13-x, & \text{若 } x>2 \end{cases}$，試求下列之極限.

    (1) $\lim\limits_{x \to 2^-} \dfrac{f(x)-f(2)}{x-2}$

    (2) $\lim\limits_{x \to 2^+} \dfrac{f(x)-f(2)}{x-2}$

14. 求 $\lim\limits_{x \to 0} x\sqrt{1+\dfrac{1}{x^2}}$.

15. 求 $\lim\limits_{x \to a^+} \dfrac{\sqrt{x}-\sqrt{a}+\sqrt{x-a}}{\sqrt{x^2-a^2}}$.

16. 設 $f(x)=\begin{cases} x^2+4, & x \leq 2 \\ x+2, & x > 2 \end{cases}$, $g(x)=\begin{cases} x^2, & x \leq 2 \\ 8, & x > 2 \end{cases}$, 則 $\lim\limits_{x \to 2} f(x)$ 與 $\lim\limits_{x \to 2} g(x)$ 是否存在？又 $\lim\limits_{x \to 2}(f(x)g(x))$ 是否存在？

在 17～18 題中，求 $\lim\limits_{x \to 2^+} f(x)$ 與 $\lim\limits_{x \to 2^-} f(x)$，並繪 f 的圖形.

17. $f(x)=\begin{cases} 3x, & x \leq 2 \\ x^2, & x > 2 \end{cases}$

18. $f(x)=\begin{cases} x^3, & x \leq 2 \\ 4-2x, & x > 2 \end{cases}$

19. 求 $\lim\limits_{x \to 0^+} x\left[\!\left[\dfrac{1}{x}\right]\!\right]$.

▸▸ 1-3 連續性

在介紹極限 $\lim\limits_{x \to a} f(x)$ 的定義的時候，我們強調 $x \neq a$ 的限制，而並不考慮 a 是否要在 f 的定義域內；縱使 f 在 a 沒有定義，$\lim\limits_{x \to a} f(x)$ 仍有可能存在. 若 f 在 a 有定義，且 $\lim\limits_{x \to a} f(x)$ 存在，則此極限可能等於 $f(a)$，也可能不等於 $f(a)$.

現在，我們用極限的方法來定義函數的連續.

定義 1-3

若下列條件：

(1) $f(a)$ 有定義　　(2) $\lim\limits_{x \to a} f(x)$ 存在　　(3) $\lim\limits_{x \to a} f(x)=f(a)$

皆滿足，則稱函數 f 在 a 為**連續**.

若在此定義中有任何條件不成立，則稱 f 在 a 為**不連續**，a 稱為 f 的**不連續點**，如圖 1-13 所示.

如果函數 f 在開區間 (a, b) 中的所有點皆連續，則稱 f 在 (a, b) 為**連續**，在 $(-\infty, \infty)$ 為連續的函數稱為**處處連續**，或簡稱為**連續**.

對於可移去之不連續，若我們可重新定義 $f(a)$ 之值，使得 $\lim\limits_{x \to a} f(x) = f(a)$，因而 $f(x)$ 在 $x = a$ 為連續.

定義 1-3 中的三項通常又可歸納成一項，即

$$\lim_{x \to a} f(x) = f(a)$$

或

$$\lim_{h \to 0} f(a+h) = f(a)$$

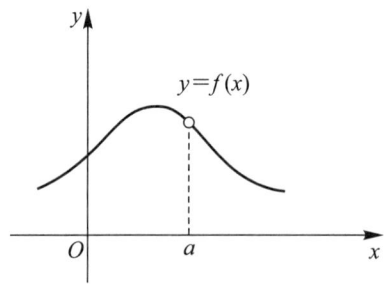

(i) $f(x)$ 在 $x=a$ 為不連續，其中 $f(a)$ 無定義.

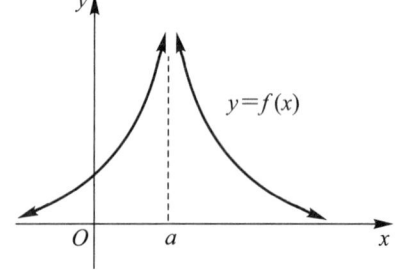

(ii) $f(x)$ 在 $x=a$ 為無窮不連續，其中 $f(a)$ 無定義.

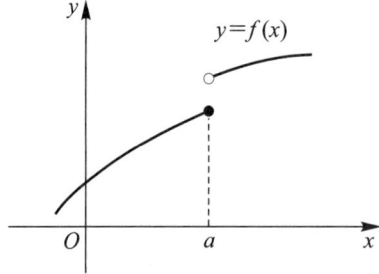

(iii) $f(x)$ 在 $x=a$ 為跳躍不連續，其中 $\lim\limits_{x \to a} f(x)$ 不存在.

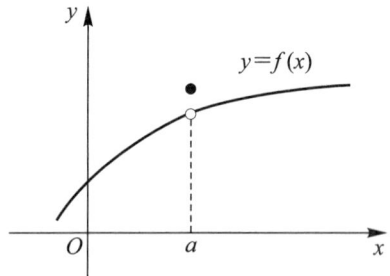

(iv) $f(x)$ 在 $x=a$ 為可移去之不連續，其中 $\lim\limits_{x \to a} f(x) \neq f(a)$.

圖 1-13

故 $\lim_{x \to a} f(x) = f(a)$ 為函數 $f(x)$ 在 a 連續之充要條件.

例題 1 解題指引 ☺ 連續的定義

設 $f(x) = \dfrac{1}{x-3}$，因 $f(x)$ 在 $x=3$ 無定義，故 f 在 $x=3$ 為不連續.

例題 2 解題指引 ☺ 連續的定義

設 $f(x) = \dfrac{x^2-9}{x-3}$，$g(x) = \begin{cases} \dfrac{x^2-9}{x-3}, & x \neq 3 \\ 3, & x = 3 \end{cases}$

因 $f(3)$ 無定義，故 f 在 $x=3$ 為不連續 (圖 1-14(i)).

又， $\lim_{x \to 3} g(x) = \lim_{x \to 3} \dfrac{x^2-9}{x-3} = \lim_{x \to 3}(x+3) = 6 \neq g(3)$

故 g 在 $x=3$ 為不連續 (圖 1-14(ii)). 但如果我們重新定義 $g(3) = 6$，則 $\lim_{x \to 3} g(x) = g(3) = 6$，故 g 在 $x=3$ 為連續.

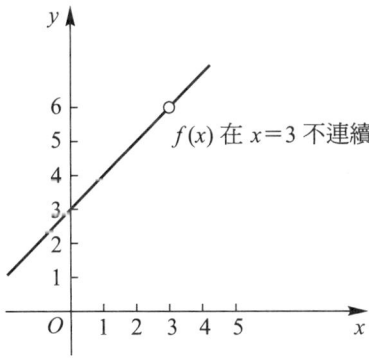

(i) $f(x) = \dfrac{x^2-9}{x-3}$, $x \neq 3$

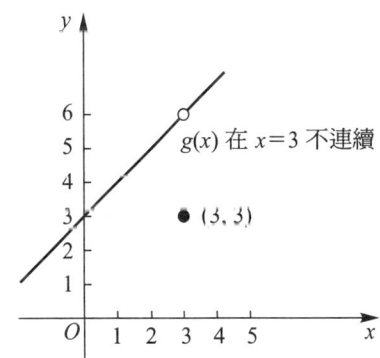

(ii) $g(x) = \dfrac{x^2-9}{x-3}$, $x \neq 3$; $g(3) = 3$

圖 1-14

例題 3　解題指引 😊 跳躍不連續

若函數定義為 $f(x)=\begin{cases} 4x^2-2, & \text{若 } x \geq 0 \\ 2x+2, & \text{若 } x < 0 \end{cases}$，試問函數 $f(x)$ 在 $x=0$ 處是否連續？

解 $\lim_{x \to 0^+} f(x) = \lim_{x \to 0^+}(4x^2-2) = -2$，$\lim_{x \to 0^-} f(x) = \lim_{x \to 0^-}(2x+2) = 2$

由於 f 在 $x=0$ 的左、右極限不相等，故 $\lim_{x \to 0} f(x)$ 不存在，由連續的定義知 f 在 $x=0$ 不連續，此種不連續稱之為**跳躍不連續**。如圖 1-15 所示．

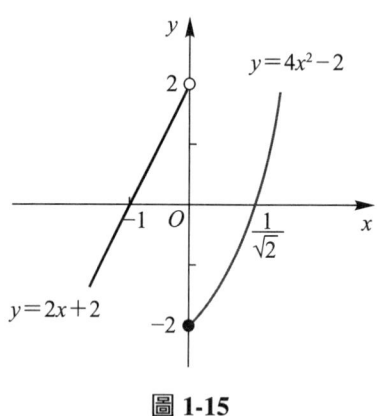

圖 1-15

例題 4　解題指引 😊 若 $\lim_{x \to a} f(x) = f(a)$ 成立，則 $f(x)$ 在 a 連續．

設 $f(x)=\begin{cases} \dfrac{x-4}{\sqrt{x}-2}, & x \neq 4 \\ k, & x=4 \end{cases}$，若 $f(x)$ 在 $x=4$ 時連續，試求 k 值．

解 因 $\lim_{x \to 4} f(x) = \lim_{x \to 4} \dfrac{x-4}{\sqrt{x}-2} = \lim_{x \to 4} \dfrac{(x-4)(\sqrt{x}+2)}{(\sqrt{x}-2)(\sqrt{x}+2)}$

$= \lim_{x \to 4} \dfrac{(x-4)(\sqrt{x}+2)}{x-4} = \lim_{x \to 4}(\sqrt{x}+2) = 4$

若 $f(x)$ 在 $x=4$ 時連續，則 $\lim_{x \to 4} f(x) = f(4) = k$，所以，$k=4$．

定理 1-3 可用來建立下面的基本結果.

定理 1-11 ↪

若兩函數 f 與 g 在 a 皆為連續，則 cf、$f+g$、$f-g$、fg 與 f/g $(g(a) \neq 0)$ 在 a 也為連續.

證

$$\lim_{x \to a}(f+g)(x) = \lim_{x \to a}[f(x)+g(x)] = \lim_{x \to a}f(x) + \lim_{x \to a}g(x)$$
$$= f(a) + g(a)$$
$$= (f+g)(a)$$

故 $f+g$ 在 a 為連續.

其餘部分的證明也可類推.

上面的定理可以推廣為：若 $f_1, f_2, \cdots, f_n$ 在 a 為連續，則

1. $c_1f_1 + c_2f_2 + \cdots + c_nf_n$ 在 a 也為連續，其中 $c_1, c_2, \cdots, c_n$ 皆為任意常數.
2. $f_1 \cdot f_2 \cdots f_n$ 在 a 也為連續.

定理 1-12 ↪

(1) 多項式函數為連續函數.
(2) 有理函數在除了使分母為零的點以外皆為連續.

例題 5 **解題指引** ☺ 找出使有理函數連續的區間

函數 $f(x) = \dfrac{x^2-9}{x^2-x-6}$ 在何處連續？

解 因 $x^2-x-6 = (x+2)(x-3) = 0$ 的解為 $x = -2$ 與 $x = 3$，故 f 在這些點以外皆為連續，即 f 在 $\{x \mid x \neq -2, 3\} = (-\infty, -2) \cup (-2, 3) \cup (3, \infty)$ 為連續.

定理 1-13

若函數 g 在 a 為連續，且函數 f 在 $g(a)$ 為連續，則合成函數 $f \circ g$ 在 a 也為連續，即

$$\lim_{x \to a} f(g(x)) = f(\lim_{x \to a} g(x)) = f(g(a)).$$

例題 6　解題指引 ☺ 絕對值函數為處處連續

設 $f(x) = |x|$，試證：f 在所有實數 a 皆為連續．

解
$$\lim_{x \to a} f(x) = \lim_{x \to a} |x| = \lim_{x \to a} \sqrt{x^2} = \sqrt{\lim_{x \to a} x^2} = \sqrt{a^2}$$
$$= |a| = f(a)$$

故 f 在 a 為連續．

例題 7　解題指引 ☺ 利用連續函數的合成

試證 $h(x) = |x^2 - 3x + 2|$ 在每一實數皆為連續．

解　令 $f(x) = |x|$ 且 $g(x) = x^2 - 3x + 2$．因為 $f(x)$ 與 $g(x)$ 在每一實數皆連續，所以此兩函數之合成函數

$$h(x) = f(g(x)) = |x^2 - 3x + 2|$$

在每一實數也連續．

　　函數的連續觀念由函數的極限而得，我們現在利用函數**單邊極限**的觀念來討論函數的**單邊連續**．

定義 1-4

若下列條件：

(1) $f(a)$ 有定義　　(2) $\lim\limits_{x \to a^+} f(x)$ 存在　　(3) $\lim\limits_{x \to a^+} f(x) = f(a)$

皆滿足，則稱函數 f 在 a 為**右連續**.

若下列條件：

(1) $f(a)$ 有定義　　(2) $\lim\limits_{x \to a^-} f(x)$ 存在　　(3) $\lim\limits_{x \to a^-} f(x) = f(a)$

皆滿足，則稱函數 f 在 a 為**左連續**.

右連續與左連續皆稱為**單邊連續**.

例題 8　解題指引 ☺ 高斯函數為右連續而非左連續

對每一整數 n，高斯函數 $f(x) = [\![x]\!]$ 為右連續但非左連續. 因為

$$\lim_{x \to n^+} f(x) = \lim_{x \to n^+} [\![x]\!] = n = f(n)$$

但

$$\lim_{x \to n^-} f(x) = \lim_{x \to n^-} [\![x]\!] = n - 1 \neq f(n)$$

如同定理 1-10，我們可得到下面的定理.

定理 1-14

函數 f 在 a 為連續，若且唯若 $\lim\limits_{x \to a^+} f(x) = \lim\limits_{x \to a^-} f(x) = f(a)$.

例題 9　解題指引 ☺ 利用定理 1-14

試決定 a 與 b 的值，使得函數

$$f(x)=\begin{cases} ax-b, & x<1 \\ 5, & x=1 \\ 2ax+b, & x>1 \end{cases}$$

在 $x=1$ 為連續.

解 依題意，$\lim\limits_{x\to 1^+}(2ax+b)=\lim\limits_{x\to 1^-}(ax-b)=5$

可得 $2a+b=5$，$a-b=5$.

由方程組 $\begin{cases} 2a+b=5 \\ a-b=5 \end{cases}$，解得 $a=\dfrac{10}{3}$，$b=-\dfrac{5}{3}$. 所以，當 $a=\dfrac{10}{3}$，$b=-\dfrac{5}{3}$

時，f 在 $x=1$ 為連續.

由函數在一點上之連續，可利用**單邊連續**定義函數在區間上之連續.

定義 1-5

若下列條件：
(1) f 在 (a, b) 為連續　　(2) f 在 a 為右連續　　(3) f 在 b 為左連續
皆滿足，則稱函數 f 在閉區間 $[a, b]$ 為連續.

例題 10　**解題指引** 利用定義 1-5

試證函數 $f(x)=1-\sqrt{1-x^2}$ 在閉區間 $[-1, 1]$ 中為連續.

解　(i) 若 $-1<a<1$，利用極限定理，得

$$\lim_{x\to a}f(x)=\lim_{x\to a}[1-\sqrt{1-x^2}]=\lim_{x\to a}1-\lim_{x\to a}\sqrt{1-x^2}$$
$$=1-\sqrt{1-a^2}=f(a)$$

故 $f(x)$ 於 $(-1, 1)$ 中連續.

(ii) $\lim\limits_{x \to -1^+} f(x) = \lim\limits_{x \to -1^+} [1 - \sqrt{1-x^2}] = 1 = f(-1)$

故 $f(x)$ 在 $x=-1$ 為右連續.

(iii) $\lim\limits_{x \to 1^-} f(x) = \lim\limits_{x \to 1^-} [1 - \sqrt{1-x^2}] = 1 = f(1)$

故 $f(x)$ 在 $x=1$ 為左連續.

依定義 1-5 知 $f(x)$ 在 $[-1, 1]$ 中連續.

定理 1-15 介值定理

若函數 f 在閉區間 $[a, b]$ 為連續，且 k 為介於 $f(a)$ 與 $f(b)$ 之間的一數，則在開區間 (a, b) 中至少存在一數 c，使得 $f(c)=k$.

此定理又稱為**中間值定理**，雖然直觀上很顯然，但是不太容易證明，其證明在高等微積分書本中可找到.

設函數 f 在閉區間 $[a, b]$ 為連續，即 f 的圖形在 $[a, b]$ 中沒有斷點. 若 $f(a) < f(b)$，則定理 1-15 告訴我們，在 $f(a)$ 與 $f(b)$ 之間任取一數 k，應有一條 y-截距為 k 的水平線，它與 f 的圖形至少相交於一點 P，而 P 點的 x-坐標 c 就是使 $f(c)=k$ 的實數，如圖 1-16 所示.

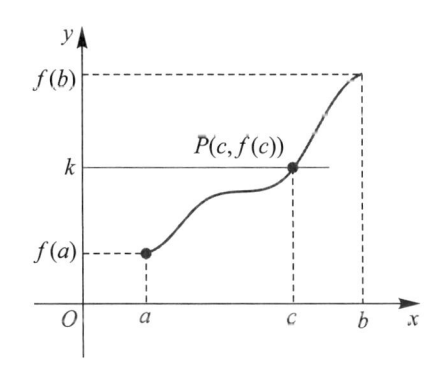

圖 1-16

下面的定理是介值定理的直接結果.

定理 1-16　勘根定理

若函數 f 在閉區間 $[a, b]$ 為連續，且 $f(a)f(b)<0$，則方程式 $f(x)=0$ 在開區間 (a, b) 中至少有一解.

證　由於 $f(a) \cdot f(b) < 0$，因此 0 是介於 $f(a)$ 與 $f(b)$ 之間，由定理 1-15 可知至少存在介於 a 與 b 之間的一數 c，使得

$$f(c)=0$$

故定理得證.

例題 11　解題指引　利用勘根定理

試證：方程式 $x^3+3x-1=0$ 在開區間 $(0, 1)$ 中有解.

解　令 $f(x)=x^3+3x-1$，則 f 在閉區間 $[0, 1]$ 為連續.

又 $f(0) \cdot f(1)=(-1) \cdot 3=-3<0$，故依定理 1-16，方程式 $f(x)=0$ 在開區間 $(0, 1)$ 中有解，即方程式 $x^3+3x-1=0$ 中有解.

習題 1-3

1～9 題中的函數在何處不連續？並說明其理由.

1. $f(x)=\dfrac{x^2-1}{x+1}$

2. $f(x)=\dfrac{3x^2-5x-2}{x-2}$

3. $f(x)=-\dfrac{1}{(x-1)^2}$

4. $f(x)=\begin{cases} \dfrac{x^2-1}{x+1}, & \text{若 } x \neq -1 \\ 6, & \text{若 } x=-1 \end{cases}$

5. $f(x) = x - [\![x]\!]$

6. $f(x) = \dfrac{x^2 - x - 2}{x - 2}$

7. $f(x) = \begin{cases} \dfrac{x^2 - x - 2}{x - 2}, & \text{若 } x \neq 2 \\ 2, & \text{若 } x = 2 \end{cases}$

8. $f(x) = \begin{cases} \dfrac{1}{x^2}, & \text{若 } x \neq 0 \\ 2, & \text{若 } x = 0 \end{cases}$

9. $f(x) = \begin{cases} 2x + 2, & \text{若 } x \leq -1 \\ x^2, & \text{若 } x > -1 \end{cases}$

10. 設函數 $f(x) = \begin{cases} \dfrac{x^2 - 1}{x + 1}, & \text{若 } x \neq -1 \\ 2, & \text{若 } x = -1 \end{cases}$

(1) 試問 $f(x)$ 在 $x = -1$ 是否連續？

(2) 若 $f(x)$ 在 $x = -1$ 不連續，我們應該如何重新定義 $f(x)$ 在 $x = -1$ 之值，才能使得 $f(x)$ 在 $x = -1$ 為連續？

11. 設函數 h 定義為 $h(x) = \dfrac{9x^2 - 4}{3x + 2}$, $x \neq -\dfrac{2}{3}$，若要使 h 在 $x = -\dfrac{2}{3}$ 為連續，則 $h\left(-\dfrac{2}{3}\right)$ 應為何值？

12. 試證：方程式 $x^5 - 3x^4 - 2x^3 - x + 1 = 0$ 有一根介於 0 與 1 之間.

13. 設 $g(x) = \begin{cases} kx + 1, & x \leq 3 \\ 2 - kx, & x > 3 \end{cases}$ 於 $x = 3$ 為連續，求 k 之值.

14. 試決定 a 與 b 的值使得函數

$$f(x) = \begin{cases} 4x, & x \leq -1 \\ ax + b, & -1 < x \leq 2 \\ -5x, & x \geq 2 \end{cases}$$

為處處連續.

15. 試決定 b 與 c 之值使下列函數在實數系中連續

$$f(x) = \begin{cases} x + 1, & \text{若 } 1 < x < 3 \\ x^2 + bx + c, & \text{若 } |x - 2| \geq 1 \end{cases}$$

在 16～19 題中，證明 f 在所予實數 a 為連續.

16. $f(x) = \sqrt{2x-5} + 3x$; $a = 4$

17. $f(x) = \dfrac{\sqrt[3]{x}}{2x+1}$; $a = 8$

18. $f(x) = \begin{cases} 4 - 3x^2, & x < 0 \\ 4, & x = 0 \\ \sqrt{16 - x^2}, & 0 < x < 4 \end{cases}$; $a = 0$

19. $f(x) = \begin{cases} 5 - x, & -1 \leq x \leq 2 \\ x^2 - 1, & 2 < x \leq 3 \end{cases}$; $a = 2$

▶▶ 1-4　無窮極限，漸近線

在微積分中，除了所涉及的數是實數之外，常採用兩個符號 ∞ 與 $-\infty$，分別讀作正無限大與負無限大，但它們並不是數．

首先，我們考慮函數 $f(x) = \dfrac{1}{(x-1)^2}$，如圖 1-17 所示．若 x 趨近 1 (但 $x \neq 1$)，則分母 $(x-1)^2$ 趨近 0，故 $f(x)$ 會變得非常大．的確，藉選取充分接近 1 的 x，可使 $f(x)$ 大到所需的程度，$f(x)$ 的這種變化以符號記為

$$\lim_{x \to 1} \dfrac{1}{(x-1)^2} = \infty$$

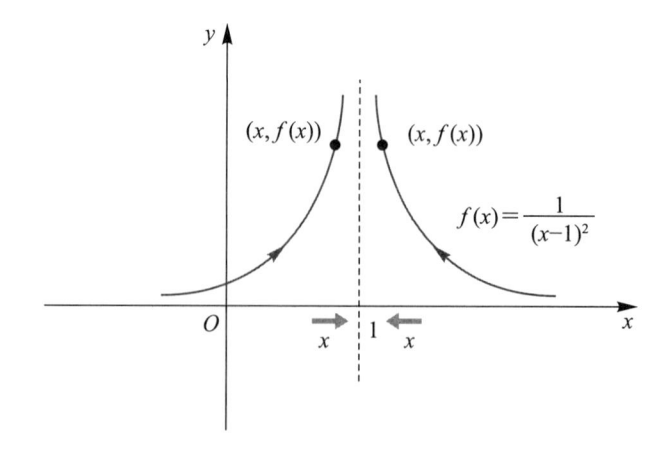

圖 1-17

此種極限稱之為**無窮極限**.

⊙ 無窮極限

定義 1-6　直觀的定義 ↪

設函數 f 定義在包含 a 的某開區間，但可能在 a 除外. 敘述

$$\lim_{x \to a} f(x) = \infty$$

的意義為：當 x 充分趨近 a 時，$f(x)$ 的值變成**任意大**.

$\lim_{x \to a} f(x) = \infty$ 可讀作："當 x 趨近 a 時，$f(x)$ 的極限為無限大."或"當 x 趨近 a 時，$f(x)$ 的值變成無限大."或"當 x 趨近 a 時，$f(x)$ 的值無限遞增."

此定義的幾何說明如圖 1-18 所示.

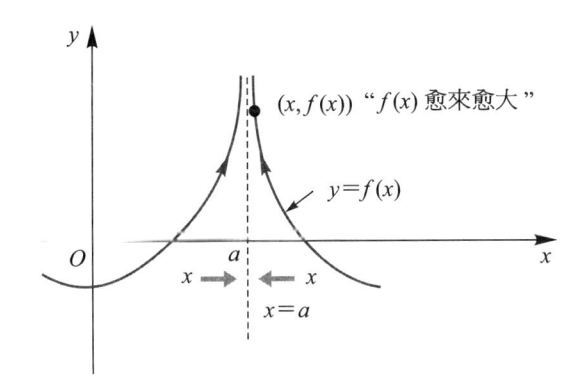

圖 1-18　$\lim_{x \to a} f(x) = \infty$

定義 1-7　直觀的定義 ↪

設函數 f 定義在包含 a 的某開區間，但可能在 a 除外. 敘述

$$\lim_{x \to a} f(x) = -\infty$$

的意義為：當 x 充分靠近 a 時，$f(x)$ 的值變成**任意小**.

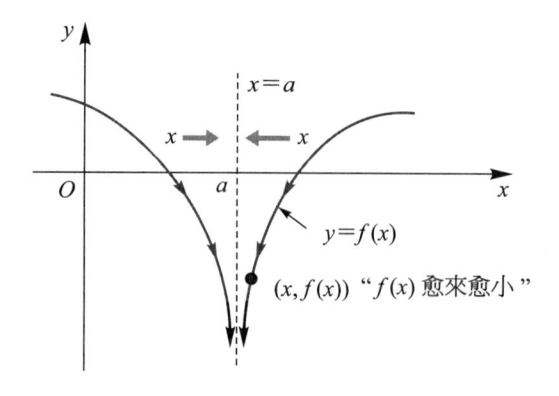

圖 1-19 $\lim\limits_{x \to a} f(x) = -\infty$

$\lim\limits_{x \to a} f(x) = -\infty$ 可讀作："當 x 趨近 a 時，$f(x)$ 的極限為負無限大。"或"當 x 趨近 a 時，$f(x)$ 的值變成負無限大。"或"當 x 趨近 a 時，$f(x)$ 的值無限遞減。"

此定義的幾何說明如圖 1-19 所示．

仿照單邊極限的直觀定義，讀者可試著將下列單邊極限的定義寫出來．

$$\lim\limits_{x \to a^+} f(x) = \infty, \quad \lim\limits_{x \to a^+} f(x) = -\infty$$

$$\lim\limits_{x \to a^-} f(x) = \infty, \quad \lim\limits_{x \to a^-} f(x) = -\infty$$

下面定理在探求某些極限時相當好用，我們僅敘述而不加以證明．

定理 1-17

(1) 若 n 為正偶數，則

$$\lim\limits_{x \to a} \frac{1}{(x-a)^n} = \infty.$$

(2) 若 n 為正奇數，則

$$\lim\limits_{x \to a^+} \frac{1}{(x-a)^n} = \infty, \quad \lim\limits_{x \to a^-} \frac{1}{(x-a)^n} = -\infty.$$

讀者應特別注意，由於 ∞ 與 $-\infty$ 並非是數，因此，當 $\lim\limits_{x\to a} f(x)=\infty$ 或 $\lim\limits_{x\to a} f(x)=-\infty$ 時，我們稱 $\lim\limits_{x\to a} f(x)=\infty$ 不存在．

例題 1　**解題指引** ☺ 利用定理 1-17

求 $\lim\limits_{x\to 2^-}\dfrac{4}{(x-2)^5}$．

解　$\lim\limits_{x\to 2^-}\dfrac{4}{(x-2)^5}=\dfrac{4}{0^-}=-\infty$．

定理 1-18

若 $\lim\limits_{x\to a} f(x)=\infty$ 且 $\lim\limits_{x\to a} g(x)=M$，則

(1) $\lim\limits_{x\to a}[f(x)\pm g(x)]=\infty$

(2) $\lim\limits_{x\to a}[f(x)g(x)]=\infty$，$\lim\limits_{x\to a}\dfrac{f(x)}{g(x)}=\infty$（若 $M>0$）

(3) $\lim\limits_{x\to a}[f(x)g(x)]=-\infty$，$\lim\limits_{x\to a}\dfrac{f(x)}{g(x)}=-\infty$（若 $M<0$）

(4) $\lim\limits_{x\to a}\dfrac{g(x)}{f(x)}=0$

上面定理中的 $x\to a$ 改成 $x\to a^+$ 或 $x\to a^-$ 時，仍可成立．對於 $\lim\limits_{x\to a} f(x)=-\infty$，也可得出類似的定理．

例題 2　**解題指引** ☺ 利用定理 1-18

求 $\lim\limits_{x\to 1^-}\dfrac{|x^2-1|+1}{x^2-1}$．

解 當 $x \to 1^-$ 時，$|x^2-1|+1 \to 1$ 且 $x^2-1 \to 0^-$，

故 $$\lim_{x \to 1^-} \frac{|x^2-1|+1}{x^2-1} = -\infty.$$

例題 3 **解題指引** ☺ 利用定理 1-18

設 $f(x) = \dfrac{x+3}{x^2-4}$，試討論 $\lim\limits_{x \to 2^+} f(x)$ 與 $\lim\limits_{x \to 2^-} f(x)$.

解 首先將 $f(x)$ 寫成

$$f(x) = \frac{x+3}{(x-2)(x+2)} = \frac{1}{x-2} \cdot \frac{x+3}{x+2}$$

因 $$\lim_{x \to 2^+} \frac{1}{x-2} = \infty, \quad \lim_{x \to 2^+} \frac{x+3}{x+2} = \frac{5}{4}$$

故由定理 1-18(2) 可知

$$\lim_{x \to 2^+} f(x) = \lim_{x \to 2^+} \left(\frac{1}{x-2} \cdot \frac{x+3}{x+2} \right) = \infty$$

因 $$\lim_{x \to 2^-} \frac{1}{x-2} = -\infty, \quad \lim_{x \to 2^-} \frac{x+3}{x+2} = \frac{5}{4}$$

故 $$\lim_{x \to 2^-} f(x) = \lim_{x \to 2^-} \left(\frac{1}{x-2} \cdot \frac{x+3}{x+2} \right) = -\infty.$$

定義 1-8　函數圖形的垂直漸近線

若下列四極限

(1) $\lim\limits_{x \to a^+} f(x) = \infty$　　　(2) $\lim\limits_{x \to a^-} f(x) = \infty$

(3) $\lim\limits_{x \to a^+} f(x) = -\infty$　　(4) $\lim\limits_{x \to a^-} f(x) = -\infty$

中有一者成立，則稱直線 $x = a$ 為函數 f 之圖形的垂直漸近線.

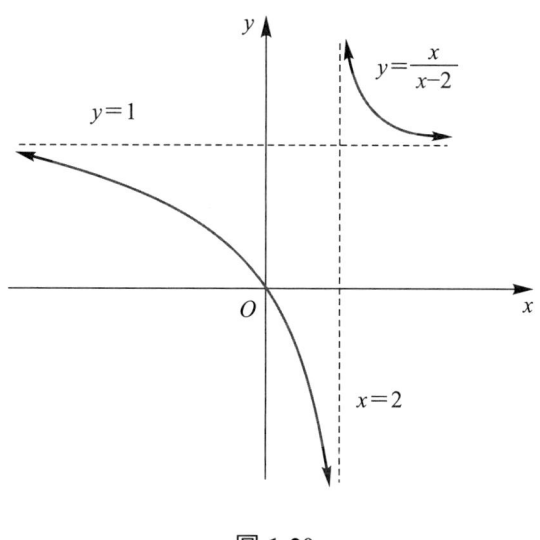

函數 $f(x)=\dfrac{x}{x-2}$ 的圖形如圖 1-20 所示．在該圖形中，直線 $x=2$ 為垂直漸近線，f 在 $x=2$ 處為不連續．

例題 4 **解題指引** ☺ 利用定義 1-8 找函數圖形之垂直漸近線

試求下列函數圖形之所有垂直漸近線．

$$f(x)=\dfrac{x^2}{9-x^2}$$

解 (i) 因 $\displaystyle\lim_{x\to 3^+} f(x)=\lim_{x\to 3^+}\dfrac{x^2}{9-x^2}=\lim_{x\to 3^+}\dfrac{x^2}{3+x}\cdot\lim_{x\to 3^+}\dfrac{1}{3-x}$

$=\dfrac{9}{6}\cdot(-\infty)=-\infty$

$\displaystyle\lim_{x\to 3^-} f(x)=\lim_{x\to 3^-}\dfrac{x^2}{9-x^2}=\lim_{x\to 3^-}\dfrac{x^2}{3+x}\cdot\lim_{x\to 3^-}\dfrac{1}{3-x}$

$=\dfrac{9}{6}\cdot(\infty)=\infty$

故 $x=3$ 為垂直漸近線.

(ii) 因 $\lim\limits_{x \to -3^+} f(x) = \lim\limits_{x \to -3^+} \dfrac{x^2}{9-x^2} = \lim\limits_{x \to -3^+} \dfrac{x^2}{3-x} \cdot \lim\limits_{x \to -3^+} \dfrac{1}{3+x}$

$= \dfrac{9}{6} \cdot (\infty) = \infty$

$\lim\limits_{x \to -3^-} f(x) = \lim\limits_{x \to -3^-} \dfrac{x^2}{9-x^2} = \lim\limits_{x \to -3^-} \dfrac{x^2}{3-x} \cdot \lim\limits_{x \to -3^-} \dfrac{1}{3+x}$

$= \dfrac{9}{6} \cdot (-\infty) = -\infty$

故 $x=-3$ 為垂直漸近線.

例題 5 解題指引 ☺ 利用定義 1-8 找垂直漸近線

試求下列函數圖形之垂直漸近線

$$f(x) = \dfrac{x+4}{x+2}.$$

解 因為 $\lim\limits_{x \to -2^+} f(x) = \lim\limits_{x \to -2^+} \dfrac{x+4}{x+2} = \dfrac{2}{0^+} = \infty$

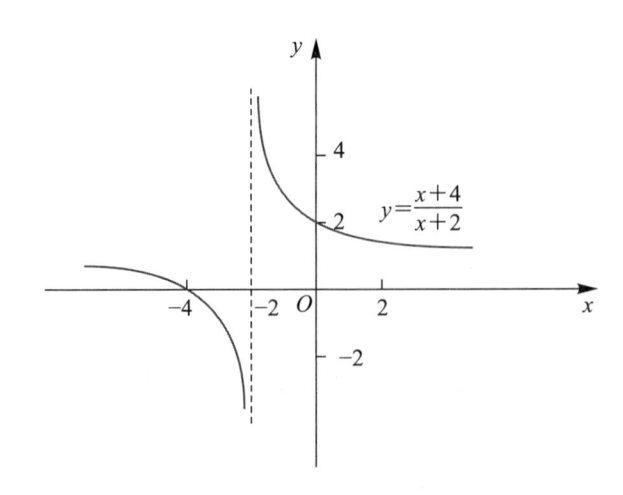

圖 1-21

$$\lim_{x \to -2^-} f(x) = \lim_{x \to -2^-} \frac{x+4}{x+2} = \frac{2}{0^-} = -\infty$$

故 $x=-2$ 為垂直漸近線，其圖形如圖 1-21 所示．

⊙ 在正無限大處或負無限大處之極限

現在，考慮 $f(x) = 1 + \dfrac{1}{x}$，可知

$$\begin{aligned} f(100) &= 1.01 \\ f(1000) &= 1.001 \\ f(10000) &= 1.0001 \\ f(100000) &= 1.00001 \end{aligned}$$
....

換句話說，當 x 為正且夠大時，$f(x)$ 趨近 1，記為

$$\lim_{x \to \infty} \left(1 + \frac{1}{x}\right) = 1$$

同理，

$$\begin{aligned} f(-100) &= 0.99 \\ f(-1000) &= 0.999 \\ f(-10000) &= 0.9999 \\ f(-100000) &= 0.99999 \end{aligned}$$
....

當 x 為負且 $|x|$ 夠大時，$f(x)$ 趨近 1，記為

$$\lim_{x \to -\infty} \left(1 + \frac{1}{x}\right) = 1.$$

定義 1-9　直觀的定義

設函數 f 定義在開區間 (a, ∞)，且令 L 為一實數，

$$\lim_{x \to \infty} f(x) = L$$

的意義為：當 x 充分大時，$f(x)$ 的值可任意靠近 L.

$\lim\limits_{x \to \infty} f(x) = L$ 可讀作："當 x 趨近無限大時，$f(x)$ 的極限為 L."或"當 x 變成無限大時，$f(x)$ 的極限為 L."或"當 x 無限遞增時，$f(x)$ 的極限為 L."

此定義的幾何說明如圖 1-22 所示.

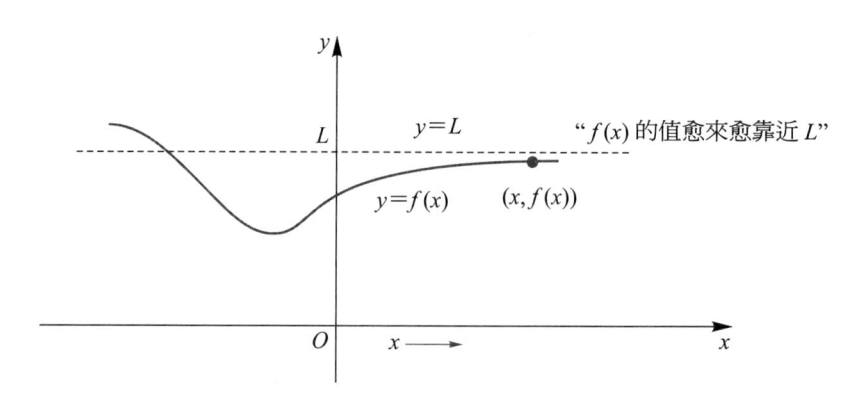

圖 1-22　$\lim\limits_{x \to \infty} f(x) = L$

定義 1-10　直觀的定義

設函數 f 定義在開區間 $(-\infty, a)$，且令 L 為一實數，

$$\lim_{x \to -\infty} f(x) = L$$

的意義為：當 x 充分小時，$f(x)$ 的值可任意趨近 L.

$\lim\limits_{x \to -\infty} f(x) = L$ 可讀作："當 x 趨近負無限大時，$f(x)$ 的極限為 L."或"當 x 變

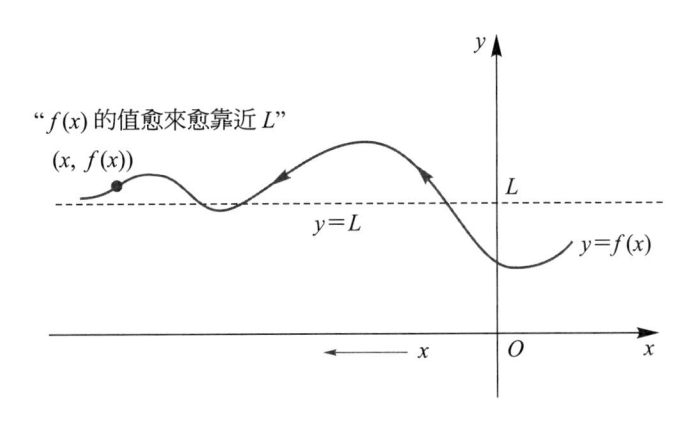

圖 1-23 $\lim_{x \to -\infty} f(x) = L$

成負無限大時，$f(x)$ 的極限為 L."或"當 x 無限遞減時，$f(x)$ 的極限為 L."

此定義的幾何說明如圖 1-23 所示.

定理 1-3 對 $x \to \infty$ 或 $x \to -\infty$ 的情形仍然成立. 同理，定理 1-8 與夾擠定理對 $x \to \infty$ 或 $x \to -\infty$ 的情形也成立，我們不用證明也可得知

$$\lim_{x \to \infty} c = c, \quad \lim_{x \to -\infty} c = c$$

此處 c 為常數.

定理 1-19

若 r 為正有理數，c 為任意實數，則

(1) $\lim\limits_{x \to \infty} \dfrac{c}{x^r} = 0$ 　　　　(2) $\lim\limits_{x \to -\infty} \dfrac{c}{x^r} = 0$

此處假設 x^r 有定義.

下面的定理可求有理函數在正無限大處或負無限大處之極限.

定理 1-20

設 $R(x) = \dfrac{f(x)}{g(x)}$ 為有理函數,其中

$$f(x) = a_n x^n + a_{n-1} x^{n-1} + a_{n-2} x^{n-2} + \cdots + a_1 x + a_0 \quad (a_n \neq 0)$$
$$g(x) = b_m x^m + b_{m-1} x^{m-1} + b_{m-2} x^{m-2} + \cdots + b_1 x + b_0 \quad (b_m \neq 0)$$

則

$$\lim_{x \to \pm\infty} \dfrac{f(x)}{g(x)} = \begin{cases} \pm\infty, & \text{若 } n > m \\ \dfrac{a_n}{b_m}, & \text{若 } n = m \\ 0, & \text{若 } n < m \end{cases}.$$

例題 6　**解題指引** ☺ 利用定理 1-20,分子與分母同次

求 $\displaystyle\lim_{x \to \infty} \dfrac{x^2 + x + 1}{3x^2 - 4x + 5}$.

解

$$\lim_{x \to \infty} \dfrac{x^2 + x + 1}{3x^2 - 4x + 5} = \lim_{x \to \infty} \dfrac{1 + \dfrac{1}{x} + \dfrac{1}{x^2}}{3 - \dfrac{4}{x} + \dfrac{5}{x^2}} = \dfrac{\displaystyle\lim_{x \to \infty}\left(1 + \dfrac{1}{x} + \dfrac{1}{x^2}\right)}{\displaystyle\lim_{x \to \infty}\left(3 - \dfrac{4}{x} + \dfrac{5}{x^2}\right)}$$

$$= \dfrac{\displaystyle\lim_{x \to \infty} 1 + \lim_{x \to \infty} \dfrac{1}{x} + \lim_{x \to \infty} \dfrac{1}{x^2}}{\displaystyle\lim_{x \to \infty} 3 - \lim_{x \to \infty} \dfrac{4}{x} + \lim_{x \to \infty} \dfrac{5}{x^2}} = \dfrac{1}{3}.$$

註:若直接利用定理 1-20,極限值亦為 $\dfrac{1}{3}$。

例題 7 **解題指引** ☺ 以 x 同除分子與分母

求 $\lim\limits_{x \to -\infty} \dfrac{\sqrt{x^2+2}}{3x-5}$.

解 方法 1：

我們以 x 同除分子與分母，但在分子中，我們將 x 寫成 $x = -\sqrt{x^2}$ (因 x 為負值，故 $\sqrt{x^2} = |x| = -x$)，於是，

$$\lim_{x \to -\infty} \frac{\sqrt{x^2+2}}{3x-5} = \lim_{x \to -\infty} \frac{\sqrt{x^2+2}/(-\sqrt{x^2})}{3-5/x} = \lim_{x \to -\infty} \frac{-\sqrt{1+2/x^2}}{3-5/x} = -\frac{1}{3}.$$

方法 2：

令 $u = -x$，當 $x \to -\infty$ 時，則 $u \to \infty$

$$\lim_{x \to -\infty} \frac{\sqrt{x^2+2}}{3x-5} = \lim_{u \to \infty} \frac{\sqrt{u^2+2}}{-3u-5} = -\lim_{u \to \infty} \frac{\sqrt{u^2+2}}{3u+5}$$

$$= -\lim_{u \to \infty} \frac{\sqrt{1+\dfrac{2}{u^2}}}{3+\dfrac{5}{u}} = -\frac{1}{3}.$$

例題 8 **解題指引** ☺ 有理化分子

求 $\lim\limits_{x \to \infty} (\sqrt{x^2+1} - \sqrt{x^2-1})$.

解 $\lim\limits_{x \to \infty} (\sqrt{x^2+1} - \sqrt{x^2-1}) = \lim\limits_{x \to \infty} \dfrac{(\sqrt{x^2+1} - \sqrt{x^2-1})(\sqrt{x^2+1} + \sqrt{x^2-1})}{\sqrt{x^2+1} + \sqrt{x^2-1}}$

$= \lim\limits_{x \to \infty} \dfrac{(x^2+1)-(x^2-1)}{\sqrt{x^2+1} + \sqrt{x^2-1}}$

$$=\lim_{x\to\infty}\frac{2}{\sqrt{x^2+1}+\sqrt{x^2-1}}$$

$$=\lim_{x\to\infty}\frac{\frac{2}{x}}{\sqrt{1+\frac{1}{x^2}}+\sqrt{1-\frac{1}{x^2}}}$$

$$=\frac{0}{1+1}=0.$$

例題 9 **解題指引** ☺ 利用夾擠定理

求 $\displaystyle\lim_{x\to\infty}\frac{[\![x]\!]}{x}$.

解 $x-1<[\![x]\!]\leq x,\ \forall x\in\mathbb{R}$ 　　　　　　　　　高斯不等式

因 $x\to\infty$，故 $x>0$. 所以，

$$1-\frac{1}{x}<\frac{[\![x]\!]}{x}\leq 1 \qquad\text{不等式同除以 }x\ (x>0)$$

由於 $\displaystyle\lim_{x\to\infty}\left(1-\frac{1}{x}\right)=1,\ \lim_{x\to\infty}1=1$

故依夾擠定理知 $\displaystyle\lim_{x\to\infty}\frac{[\![x]\!]}{x}=1.$

定義 1-11　函數圖形之水平漸近線 ↪

若下列二極限

(1) $\displaystyle\lim_{x\to\infty}f(x)=L$ 　　　　(2) $\displaystyle\lim_{x\to-\infty}f(x)=L$

中有一者成立，則稱直線 $y=L$ 為函數 f 之圖形的**水平漸近線**.

例題 10 解題指引☺ 利用定義 1-11 求水平漸近線

求 $f(x) = \dfrac{2x^2}{x^2+1}$ 之圖形的水平漸近線.

解 因
$$\lim_{x \to \infty} f(x) = \lim_{x \to \infty} \dfrac{2x^2}{x^2+1} = \lim_{x \to \infty} \dfrac{2}{1+\dfrac{1}{x^2}} = 2$$

故直線 $y = 2$ 為 f 之圖形的水平漸近線，如圖 1-24 所示.

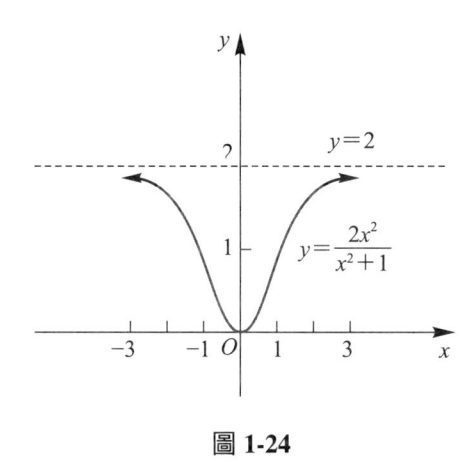

圖 1-24

例題 11 解題指引☺ 參考定義 1-8 與 1-11 找函數圖形之垂直與水平漸近線

求函數 $f(x) = \dfrac{x^2+2x-8}{x^2-4}$ 之圖形的垂直漸近線與水平漸近線.

解
$$f(x) = \dfrac{x^2+2x-8}{x^2-4} = \dfrac{(x-2)(x+4)}{(x-2)(x+2)} = \dfrac{x+4}{x+2}, \; x \neq 2$$

對所有異於 $x=2$ 之 x 值，f 之圖形與 $g(x) = \dfrac{x+4}{x+2}$ 之圖形一致. 因

$$\lim_{x \to -2^-} \dfrac{x^2+2x-8}{x^2-4} = -\infty \quad \text{且} \quad \lim_{x \to -2^+} \dfrac{x^2+2x-8}{x^2-4} = \infty$$

故 $x = -2$ 為 f 之圖形的垂直漸近線，但 $x = 2$ 並非垂直漸近線. 又

$$\lim_{x\to\infty} f(x) = \lim_{x\to\infty} \frac{x^2+2x-8}{x^2-4} = 1 \quad \text{且} \quad \lim_{x\to-\infty} f(x) = \lim_{x\to-\infty} \frac{x^2+2x-8}{x^2-4} = 1$$

故 $y=1$ 為圖形之水平漸近線，如圖 1-25 所示.

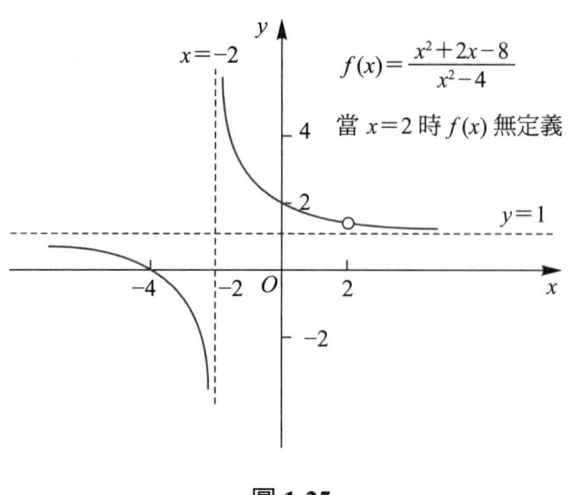

圖 1-25

定義 1-12　函數圖形之斜漸近線

若下列二極限

(1) $\lim\limits_{x\to\infty} [f(x)-(mx+b)]=0$　　　(2) $\lim\limits_{x\to-\infty} [f(x)-(mx+b)]=0$ $(m\neq 0)$

中有一者成立，則稱直線 $y=mx+b$ 為函數 f 之圖形的斜漸近線.

此定義的幾何意義，即當 $x\to\infty$ 或 $x\to-\infty$ 時，介於圖形上點 $(x, f(x))$ 與直線上點 $(x, mx+b)$ 之間的垂直距離趨近於零，如圖 1-26 所示.

若 $f(x)=\dfrac{P(x)}{Q(x)}$ 為一有理函數，且 $P(x)$ 的次數較 $Q(x)$ 的次數多 1，則 f 之圖形有一條斜漸近線. 欲知理由，我們可利用長除法，得到

$$f(x)=\frac{P(x)}{Q(x)}=mx+b+\frac{R(x)}{Q(x)}$$

第一章　函數的極限與連續　　49

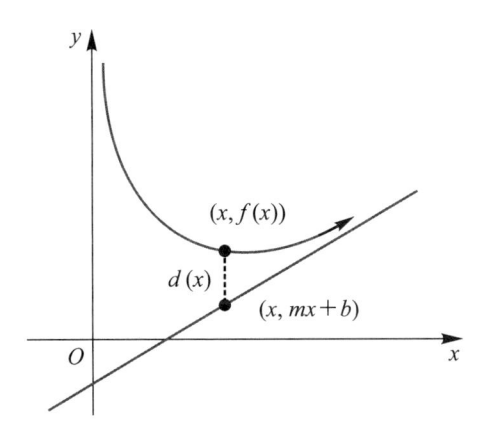

圖 1-26　$\lim\limits_{x\to\infty} d(x)=0$

此處餘式 $R(x)$ 的次數小於 $Q(x)$ 的次數．又

$$\lim_{x\to\infty}\frac{R(x)}{Q(x)}=0,\quad \lim_{x\to-\infty}\frac{R(x)}{Q(x)}=0$$

此告訴我們，當 $x\to\infty$ 或 $x\to-\infty$ 時，$f(x)=\dfrac{P(x)}{Q(x)}$ 的圖形接近於斜率為 m 之直線 $y=mx+b$，此一直線就稱為有理函數 $f(x)$ 圖形之斜漸近線．

我們亦可利用下列二式求得 m 與 b 之值，以決定函數圖形之斜漸近線．

1. 先求 $m=\lim\limits_{x\to\pm\infty}\dfrac{f(x)}{x}$．

2. 再求 $b=\lim\limits_{x\to\pm\infty}[f(x)-mx]$．

例題 12　**解題指引** ☺ 利用定義 1-12 求斜漸近線

求 $f(x)=\dfrac{x^2+x-1}{x-1}$ 之圖形的斜漸近線．

解　首先將 $f(x)$ 化成

$$f(x)=x+2+\frac{1}{x-1}$$

則 $$\lim_{x\to\infty}[f(x)-(x+2)]=\lim_{x\to\infty}\frac{1}{x-1}=0$$

故直線 $y=x+2$ 為斜漸近線.

例題 13 解題指引 ☺ 斜漸近線的另一求法

求曲線 $f(x)=\sqrt{x^2-x+6}$ 的斜漸近線.

解 因 $$\lim_{x\to\pm\infty}f(x)=\lim_{x\to\pm\infty}\sqrt{x^2-x+6}=\infty$$

故無水平漸近線.

設 $y=mx+b$ 為曲線之斜漸近線，則

$$m=\lim_{x\to\infty}\frac{f(x)}{x}=\lim_{x\to\infty}\frac{\sqrt{x^2-x+6}}{x}=1$$

$$b=\lim_{x\to\infty}(f(x)-mx)=\lim_{x\to\infty}(\sqrt{x^2-x+6}-x)=\lim_{x\to\infty}\frac{x^2-x+6-x^2}{\sqrt{x^2-x+6}+x}$$

$$=\lim_{x\to\infty}\frac{-x+6}{\sqrt{x^2-x+6}+x}=\lim_{x\to\infty}\frac{-1+\frac{6}{x}}{\sqrt{1-\frac{1}{x}+\frac{6}{x^2}}+1}=-\frac{1}{2}$$

故曲線的斜漸近線為 $y=x-\frac{1}{2}$.

⊙ 在正無限大或負無限大處的無窮極限

符號 $\lim_{x\to\infty}f(x)=\infty$ 的意義為：當 x 充分大時，$f(x)$ 的值變成任意大．其他的符號還有

例如，
$$\lim_{x \to -\infty} f(x) = \infty, \quad \lim_{x \to \infty} f(x) = -\infty, \quad \lim_{x \to -\infty} f(x) = -\infty,$$
$$\lim_{x \to \infty} x^3 = \infty, \quad \lim_{x \to -\infty} x^3 = -\infty, \quad \lim_{x \to \infty} \sqrt{x} = \infty,$$
$$\lim_{x \to \infty} (x + \sqrt{x}) = \infty, \quad \lim_{x \to -\infty} \sqrt[3]{x} = -\infty.$$

例題 14 **解題指引** ☺ 在正無限大處的無窮極限

求 (1) $\lim\limits_{x \to \infty} (x^2 - x)$ (2) $\lim\limits_{x \to \infty} (x - \sqrt{x})$

解 (1) 注意，我們不可寫成
$$\lim_{x \to \infty}(x^2 - x) = \lim_{x \to \infty} x^2 - \lim_{x \to \infty} x = \infty - \infty$$

極限定理無法適用於無窮極限，因為 ∞ 不是一個數 (∞ − ∞ 無法定義)．但是，我們可以寫成
$$\lim_{x \to \infty}(x^2 - x) = \lim_{x \to \infty} x(x - 1) = \infty.$$

(2) $\lim\limits_{x \to \infty}(x - \sqrt{x}) = \lim\limits_{x \to \infty} \sqrt{x}(\sqrt{x} - 1) = \infty.$

習題 1-4

求 1～10 題中的極限．

1. $\lim\limits_{x \to \infty} \dfrac{3x^3 - x + 1}{6x^3 + 2x^2 - 7}$

2. $\lim\limits_{x \to \infty} \dfrac{2x^2 - x + 3}{x^3 + 1}$

3. $\lim\limits_{x \to -\infty} \dfrac{4x - 3}{\sqrt{x^2 + 1}}$

4. $\lim\limits_{x \to \infty} (x - \sqrt{x^2 - 3x})$

5. $\lim\limits_{x \to -\infty} \dfrac{1 + \sqrt[5]{x}}{1 - \sqrt[5]{x}}$

6. $\lim\limits_{x \to 0} \left(\dfrac{1}{x^2} + \dfrac{1}{x^4}\right)$

7. $\lim\limits_{x \to 0} \left(\dfrac{1}{x^2} - \dfrac{1}{x^4}\right)$

8. $\lim\limits_{x \to \infty} \dfrac{x^2 + x}{3 - x}$

9. $\lim\limits_{x \to \infty} (x^3 - x^2)$

10. $\lim\limits_{x\to\infty}(x^{1/3}-x)$

11. $f(x)=\begin{cases}\dfrac{1}{x}, & \text{若 } x>0 \\ -x^2, & \text{若 } x\le 0\end{cases}$，求 $\lim\limits_{x\to 0}f(x)$.

求 12～17 題中各函數圖形的所有漸近線.

12. $f(x)=\dfrac{3x+2}{2x+4}$

13. $f(x)=\dfrac{2x^2}{9-x^2}$

14. $f(x)=\dfrac{3x^2}{(2x-9)^2}$

15. $f(x)=\dfrac{x}{x-2}$

16. $f(x)=\dfrac{2x^2-x-1}{x-2}$

17. $f(x)=\dfrac{8-x^3}{2x^2}$

求下列 18～22 題中之極限.

18. $\lim\limits_{x\to\infty}\dfrac{x^{1/3}}{x^3+1}$

19. $\lim\limits_{x\to-\infty}\dfrac{(2x-5)(3x+1)}{(x+7)(4x-9)}$

20. $\lim\limits_{x\to-\infty}\dfrac{-5x^2+6x+3}{\sqrt{x^4+x^2+1}}$

21. $\lim\limits_{x\to\infty}x(\sqrt{x+1}-\sqrt{x})$

22. $\lim\limits_{x\to\infty}\dfrac{4x+5}{[\![x]\!]+6}$

23. 設 $f(x)=\dfrac{a\sqrt{x^2+5}-b}{x-2}$，若 $\lim\limits_{x\to\infty}f(x)=1$，且 $\lim\limits_{x\to 2}f(x)$ 存在，試求 a 與 b 之值，並求 $\lim\limits_{x\to 2}f(x)$.

求 24～26 題中各函數圖形的所有漸近線.

24. $f(x)=\dfrac{x^2+3x+2}{x^2+2x-3}$

25. $f(x)=\dfrac{x}{\sqrt{x^2-4}}$

26. $f(x)=\dfrac{\sqrt{x^3+1}}{\sqrt{x+3}}$

2 微分法

本章學習目標

- 瞭解什麼是導數以及導數之幾何意義
- 瞭解單邊導數的觀念
- 瞭解可微分與連續的關係
- 熟悉導函數的基本公式
- 瞭解變化率之意義
- 熟悉高階導函數之運算
- 瞭解增量與微分以及線性近似
- 熟悉連鎖法則
- 瞭解隱函數微分法
- 能夠求反函數的導函數並瞭解幾何意義

2-1 導函數

在介紹過極限與連續的觀念之後，從本章開始，正式進入微分學的範疇．在本章中，我們將詳述導函數——它是研究變化率的基本數學工具的觀念．

首先，我們考慮如何求在曲線 C 上一點 P 之切線的斜率．若 $P(a, f(a))$ 與 $Q(x, f(x))$ 為函數 f 之圖形上的相異兩點，則連接 P 與 Q 之割線的斜率為

$$m_{\overleftrightarrow{PQ}} = \frac{f(x)-f(a)}{x-a} \tag{2-1}$$

[見圖 2-1(i)]．若令 x 趨近 a，則 Q 將沿著 f 的圖形趨近 P，且通過 P 與 Q 的割線將趨近在 P 的切線 L．於是，當 x 趨近 a 時，割線的斜率將趨近切線的斜率 m，所以，由 (2-1) 式，知

$$m = \lim_{x \to a} \frac{f(x)-f(a)}{x-a} \tag{2-2}$$

另外，若令 $h = x - a$，則 $x = a + h$，而當 $x \to a$ 時，$h \to 0$．於是，(2-2) 式又可寫成

$$m = \lim_{h \to 0} \frac{f(a+h)-f(a)}{h} \tag{2-3}$$

[見圖 2-1(ii)]．

(i) $m_{\overleftrightarrow{PQ}} = \dfrac{f(x)-f(a)}{x-a}$ (ii) $m_{\overleftrightarrow{PQ}} = \dfrac{f(a+h)-f(a)}{h}$

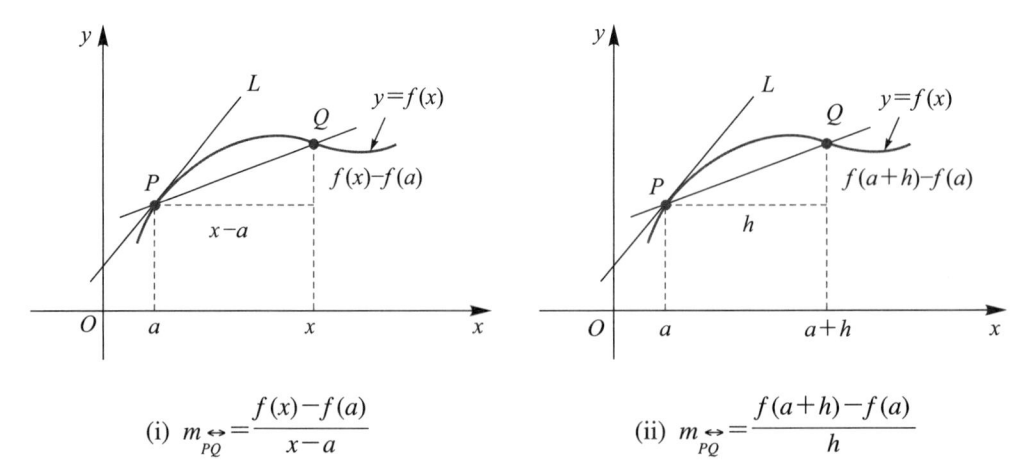

圖 2-1

定義 2-1

若 $P(a, f(a))$ 為函數 f 的圖形上一點，則在點 P 之切線的**斜率**為

$$m = \lim_{h \to 0} \frac{f(a+h)-f(a)}{h}$$

倘若上面的極限存在．

由點斜式知，曲線 $y=f(x)$ 在點 $(a, f(a))$ 的切線方程式為

$$y - f(a) = m(x-a)$$

或

$$y - f(a) + m(x-a) \tag{2-4}$$

而法線方程式為

$$y = f(a) - \frac{1}{m}(x-a). \tag{2-5}$$

例題 1　解題指引 ☺ 利用斜率求切線方程式

設 $f(x)=x^2$，試求在 f 的圖形上點 $(2, 4)$ 之切線的斜率與切線方程式．

解　利用定義 2-1，可得

$$m = \lim_{h \to 0} \frac{f(2+h)-f(2)}{h} = \lim_{h \to 0} \frac{(2+h)^2 - 2^2}{h}$$

$$= \lim_{h \to 0} \frac{4h+h^2}{h} = \lim_{h \to 0} (4+h) = 4$$

故利用點斜式可得切線方程式為

$$y - 4 = 4(x-2)$$

或

$$4x - y - 4 = 0.$$

定義 2-2

函數 f 在 a 的**導數**，記為 $f'(a)$，定義如下：

$$f'(a) = \lim_{h \to 0} \frac{f(a+h) - f(a)}{h}$$

或

$$f'(a) = \lim_{x \to a} \frac{f(x) - f(a)}{x - a}$$

倘若極限存在.

若 $f'(a)$ 存在，則稱函數 f 在 a 為**可微分**或**有導數**. 若在開區間 (a, b) 或 (a, ∞) 或 $(-\infty, a)$ 或 $(-\infty, \infty)$ 中之每一數皆為可微分，則稱在該區間為**可微分**.

特別注意，若函數 f 在 a 為可微分，則由定義 2-1 與定義 2-2 可知

$$f'(a) = \lim_{h \to 0} \frac{f(a+h) - f(a)}{h} = m$$

換句話說，$f'(a)$ 為曲線 $y = f(x)$ 在點 $(a, f(a))$ 的切線的斜率.

例題 2 　**解題指引** ☺ 利用導數的定義求 $f(x)$ 在 $x = 0$ 的導數

若 $f(x) = \dfrac{x(1+x)(2+x)(3+x)}{(1-x)(2-x)(3-x)}$，求 $f'(0)$.

解 利用定義 2-2，

$$f'(0) = \lim_{x \to 0} \frac{f(x) - f(0)}{x - 0}$$

$$= \lim_{x \to 0} \frac{\dfrac{x(1+x)(2+x)(3+x)}{(1-x)(2-x)(3-x)}}{x}$$

$$= \lim_{x \to 0} \frac{(1+x)(2+x)(3+x)}{(1-x)(2-x)(3-x)}$$

$$= \frac{1 \cdot 2 \cdot 3}{1 \cdot 2 \cdot 3} = 1.$$

例題 3 **解題指引** ☺ 利用導數的定義

若 $f'(a)$ 存在，求

(1) $\displaystyle\lim_{h \to 0} \frac{f(a+2h)-f(a)}{h}$ (2) $\displaystyle\lim_{h \to 0} \frac{f(a-h)-f(a)}{h}$.

解

(1) $\displaystyle\lim_{h \to 0} \frac{f(a+2h)-f(a)}{h} = 2\lim_{h \to 0} \frac{f(a+2h)-f(a)}{2h}$

$\qquad = 2\displaystyle\lim_{t \to 0} \frac{f(a+t)-f(a)}{t}$ （令 $2h=t$）

$\qquad = 2f'(a)$

(2) $\displaystyle\lim_{h \to 0} \frac{f(a-h)-f(a)}{h} = -\lim_{h \to 0} \frac{f(a-h)-f(a)}{-h}$

$\qquad = -\displaystyle\lim_{t \to 0} \frac{f(a+t)-f(a)}{t}$ （令 $-h=t$）

$\qquad = -f'(a).$

定義 2-3

函數 f' 稱為函數 f 的**導函數**，定義如下：

$$f'(x) = \lim_{h \to 0} \frac{f(x+h)-f(x)}{h}$$

倘若上面的極限存在.

在定義 2-3 中，f' 的定義域是由使得該極限存在之所有 x 所組成的集合，但與 f 之定義域不一定相同.

例題 4　**解題指引** ☺ 比較函數與其導函數的定義域

若 $f(x)=\sqrt{x-1}$，求 $f'(x)$，並比較 f 與 f' 的定義域．

解
$$f'(x)=\lim_{h\to 0}\frac{f(x+h)-f(x)}{h}=\lim_{h\to 0}\frac{\sqrt{x+h-1}-\sqrt{x-1}}{h}$$

$$=\lim_{h\to 0}\frac{(\sqrt{x+h-1}-\sqrt{x-1})(\sqrt{x+h-1}+\sqrt{x-1})}{h(\sqrt{x+h-1}+\sqrt{x-1})}$$

$$=\lim_{h\to 0}\frac{x+h-1-(x-1)}{h(\sqrt{x+h-1}+\sqrt{x-1})}=\lim_{h\to 0}\frac{1}{\sqrt{x+h-1}+\sqrt{x-1}}$$

$$=\frac{1}{2\sqrt{x-1}}$$

f 的定義域為 $D_f=\{x\,|\,x\geq 1\}$，而 f' 的定義域為 $D_{f'}=\{x\,|\,x>1\}$．

求導函數的過程稱為**微分**，其方法稱為**微分法**．通常，在自變數為 x 的情形下，常用的**微分算子**有 $\dfrac{d}{dx}$ 與 D_x，當它作用到函數 f 上時，就產生了新函數 f'．因而

$$f'(x)=\frac{d}{dx}f(x)=\frac{df(x)}{dx}=D_x f(x).\quad \frac{d}{dx}f(x)\ \text{或}\ D_x f(x)\ \text{唸成}\ \text{"}f\ \text{對}\ x\ \text{的導函數"}\ \text{或}$$

"f 對 x 微分"．若函數寫成 $y=f(x)$ 的形式，則 $f'(x)$ 又可寫成 y'，$\dfrac{dy}{dx}$ 或 $D_x y$．

註：符號 $\dfrac{dy}{dx}$ 是由萊布尼茲所提出．

又，我們對函數 f 在 a 的導數 $f'(a)$ 常常寫成如下：

$$f'(a)=f'(x)|_{x=a}=D_x f(x)|_{x=a}=\frac{d}{dx}f(x)|_{x=a}$$

故依定義 2-3，函數 f 在 a 的導數 $f'(a)$ 即為導函數 f' 在 a 的值．

例題 5 **解題指引** ☺ 利用導數的定義

求一函數 f 及實數 a 使得

$$\lim_{h \to 0} \frac{(2+h)^6 - 64}{h} = f'(a).$$

解 令 $f(x) = x^6$，則

$$\lim_{h \to 0} \frac{f(2+h) - f(2)}{h} = \lim_{h \to 0} \frac{(2+h)^6 - 64}{h} = f'(2)$$

故 $f(x) = x^6$，$a = 2$. ∎

我們在前面曾討論到，若 $\lim\limits_{h \to 0} \dfrac{f(a+h) - f(a)}{h}$ 存在，則定義此極限為 $f'(a)$. 如果我們只限制 $h \to 0^+$ 或 $h \to 0^-$，此時就產生**單邊導數**的觀念了.

定義 2-4 ↪

(1) 若 $\lim\limits_{h \to 0^+} \dfrac{f(a+h) - f(a)}{h}$ 或 $\lim\limits_{x \to a^+} \dfrac{f(x) - f(a)}{x - a}$ 存在，則稱此極限為 f 在 a 的**右導數**，記為：

$$f'_+(a) = \lim_{h \to 0^+} \frac{f(a+h) - f(a)}{h} \quad \text{或} \quad f'_+(a) = \lim_{x \to a^+} \frac{f(x) - f(a)}{x - a}.$$

(2) 若 $\lim\limits_{h \to 0^-} \dfrac{f(a+h) - f(a)}{h}$ 或 $\lim\limits_{x \to a^-} \dfrac{f(x) - f(a)}{x - a}$ 存在，則稱此極限為 f 在 a 的**左導數**，記為：

$$f'_-(a) = \lim_{h \to 0^-} \frac{f(a+h) - f(a)}{h} \quad \text{或} \quad f'_-(a) = \lim_{x \to a^-} \frac{f(x) - f(a)}{x - a}.$$

由定義 2-4，讀者應注意到，若函數 f 在 (a, ∞) 為可微分且 $f'_+(a)$ 存在，則稱函數 f 在 $[a, \infty)$ 為可微分．若函數 f 在 $(-\infty, a)$ 為可微分且 $f'_-(a)$ 存在，則稱函數 f 在 $(-\infty, a]$ 為可微分．又，若函數 f 在 (a, b) 為可微分且 $f'_+(a)$ 與 $f'_-(b)$ 皆存在，則稱 f 在 $[a, b]$ 為可微分．很明顯地，

$$f'(c) \text{ 存在} \Leftrightarrow f'_+(c) \text{ 與 } f'_-(c) \text{ 皆存在，且 } f'_+(c)=f'_-(c).$$

一般，我們所遇到的不可微分之處 a 所對應的點 $(a, f(a))$ 有三類（見圖 2-2）：

(1) 尖點（含折角）
(2) 具有垂直切線的點
(3) 不連續點

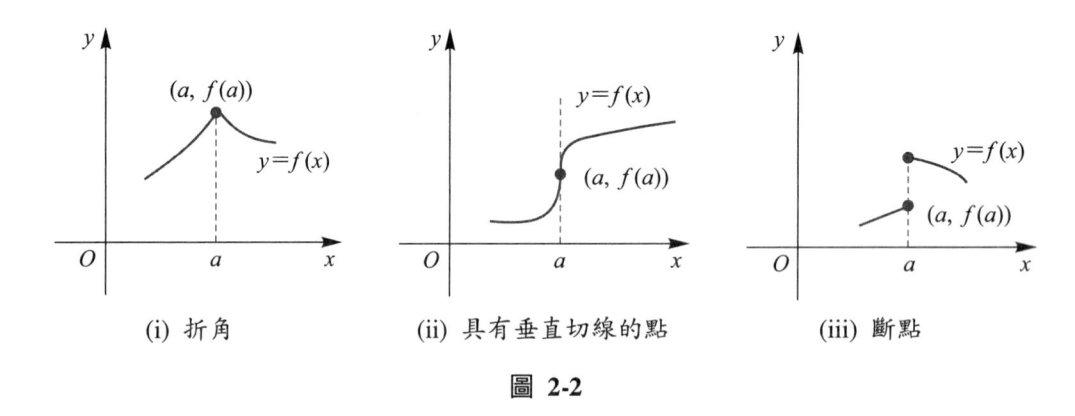

(i) 折角　　(ii) 具有垂直切線的點　　(iii) 斷點

圖 2-2

定義 2-5　垂直切線

若函數 f 在 a 為連續且 $\lim_{x \to a} |f'(x)| = \infty$，則曲線 $y = f(x)$ 在點 $(a, f(a))$ 有一條**垂直切線**，如圖 2-3 所示．

例題 6　**解題指引** ☺　判斷在 $x=0$ 是否有垂直切線

試證 $f(x) = x^{1/3}$ 在 $x = 0$ 處不可微分，並說明其幾何意義．

解　依定義，$f'(a) = \lim_{h \to 0} \dfrac{f(a+h) - f(a)}{h}$，可得

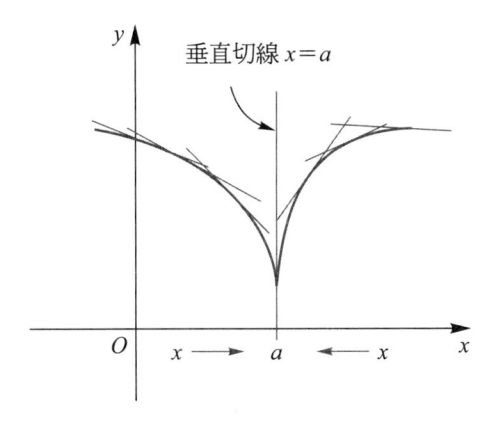

圖 2-3

$$f'(0)=\lim_{h\to 0}\frac{h^{1/3}}{h}=\lim_{h\to 0}h^{-2/3}=\infty$$

因為 $f'(0)$ 不存在，所以 $f(x)=x^{1/3}$ 在 $x=0$ 不可微分．其幾何意義說明 $f(x)=x^{1/3}$ 的圖形在 $x=0$ 處之切線的斜率為無限大，因此，曲線在原點有一條垂直切線，即 $x=0$ (y-軸)，如圖 2-4 所示．

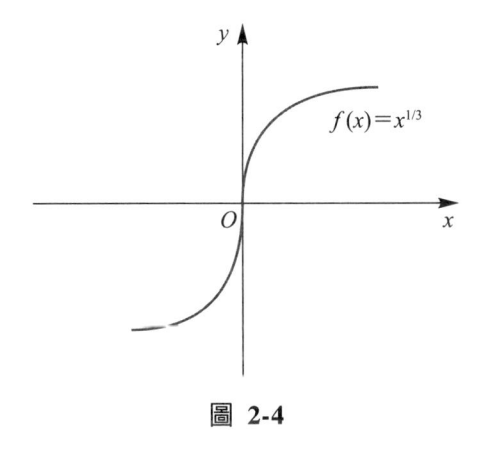

圖 2-4

例題 7 **解題指引** ☺ 求函數在 $x=1$ 的右導數與左導數並說明 $f'_-(1)\neq f'_+(1)$

設函數 f 定義如下：

$$f(x)=\begin{cases}-2x^2+4, & \text{若 } x<1 \\ x^2+1, & \text{若 } x\geq 1\end{cases}$$

求 $f'_-(1)$ 與 $f'_+(1)$. f 在 $x=1$ 是否可微分？

解 $f'_-(1)=\lim\limits_{x\to 1^-}\dfrac{f(x)-f(1)}{x-1}=\lim\limits_{x\to 1^-}\dfrac{-2x^2+4-2}{x-1}=\lim\limits_{x\to 1^-}\dfrac{-2(x^2-1)}{x-1}=-4$

$f'_+(1)=\lim\limits_{x\to 1^+}\dfrac{f(x)-f(1)}{x-1}=\lim\limits_{x\to 1^+}\dfrac{x^2+1-2}{x-1}=\lim\limits_{x\to 1^+}(x+1)=2$

由於 $f'_-(1)\neq f'_+(1)$，故 $f'(1)$ 不存在，亦即，f 在 $x=1$ 不可微分. 但 f 在 $x=1$ 為連續.

下面定理說明可微分性蘊涵連續性的關係.

定理 2-1

若函數 f 在 a 為可微分，則 f 在 a 為連續.

證 設 $x\neq a$，則

$$f(x)=\dfrac{f(x)-f(a)}{x-a}(x-a)+f(a)$$

對上式等號兩邊取極限，可得

$$\lim_{x\to a}f(x)=\left[\lim_{x\to a}\dfrac{f(x)-f(a)}{x-a}\right][\lim_{x\to a}(x-a)]+\lim_{x\to a}f(a)$$

$$=f'(a)\cdot 0+f(a)$$

$$=f(a)$$

故 f 在 a 為連續.

定理 2-1 之逆敘述不一定成立，即，雖然函數 f 在 a 為連續，但不能保證 f 在 a 為可微分. 例如，函數 $f(x)=|x|$ 在 $x=0$ 為連續，但不可微分.

註：若 $f(x)$ 在 $x=a$ 為可微分 $\Rightarrow f(x)$ 在 $x=a$ 為連續 $\Rightarrow \lim\limits_{x\to a}f(x)$ 存在.

例題 8　**解題指引** ☺ 可微分蘊涵函數的連續

求 p 與 q 的值使得函數

$$f(x) = \begin{cases} px+q, & x < a \\ x^2, & x \geq a \end{cases}$$

在 $x=a$ 為可微分.

解　若 f 在 $x=a$ 為可微分，則 f 在 $x=a$ 為連續.

$$\lim_{x \to a^+} f(x) = \lim_{x \to a^+} x^2 = a^2$$

$$\lim_{x \to a^-} f(x) = \lim_{x \to a^-} (px+q) = pa+q$$

$$pa+q = a^2 \cdots\cdots\cdots\cdots\cdots\cdots\cdots\cdots\cdots\cdots ①$$

$$f'_+(a) = \lim_{x \to a^+} \frac{f(x)-f(a)}{x-a} = \lim_{x \to a^+} \frac{x^2-a^2}{x-a} = \lim_{x \to a^+} (x+a) = 2a$$

$$f'_-(a) = \lim_{x \to a^-} \frac{f(x)-f(a)}{x-a} = \lim_{x \to a^-} \frac{px+q-a^2}{x-a} \text{ (由 ① 式得 } a^2 = pa+q\text{)}$$

$$= \lim_{x \to a^-} \frac{px+q-(pa+q)}{x-a} = p$$

$$p = 2a \cdots\cdots\cdots\cdots\cdots\cdots\cdots\cdots\cdots\cdots ②$$

① 與 ② 聯立，解得 $p=2a$, $q=-a^2$.

習題 2-1

1. 求 $f(x)=\sqrt{x}$ 的圖形在點 $(4, 2)$ 之切線的斜率.

2. 求 $f(x)=\dfrac{2}{x-2}$ 的圖形在點 $(0, -1)$ 之切線的斜率.

在 3～7 題中，求各曲線在所予點的切線與法線的方程式．

3. $y=2x^2-3x$ ； $(2, 2)$

4. $y=\sqrt{x}$ ； $(4, 2)$

5. $y=\dfrac{1}{x^2}$ ； $(1, 1)$

6. $y=\dfrac{1}{\sqrt{x}}$ ； $\left(\dfrac{1}{2}, \sqrt{2}\right)$

7. $y=\dfrac{1}{2x}$ ； $\left(\dfrac{1}{2}, 1\right)$

8. 求曲線 $y=\sqrt{x-1}$ 上切線斜角為 $\dfrac{\pi}{4}$ 之點的坐標．

9. 若 $f'(a)$ 存在，求 $\lim\limits_{x\to a}\dfrac{xf(a)-af(x)}{x-a}$．

10. 若 $f'(a)$ 存在，求 $\lim\limits_{h\to 0}\dfrac{f(a+3h)-f(a-2h)}{h}$．

11. 設 $f(x)=\dfrac{(x^5-1)(x^2-4)(x+1)}{x-4}$，求 $f'(2)$．

在 12～17 題中，求各函數的導函數，並確定其定義域．

12. $f(x)=x^2-1$

13. $f(x)=\dfrac{x}{x-1}$

14. $f(x)=\sqrt{4-x}$

15. $f(x)=\dfrac{1}{\sqrt{x}}$

16. $f(x)=7x^2-5$

17. $f(x)=\dfrac{1}{x-2}$

18. 判斷函數 $f(x)=|x^2-4|$ 在 $x=2$ 是否可微分？

19. 判斷函數 $f(x)=x|x|$ 在 $x=0$ 是否可微分？

20. 試證：$f(x)=\begin{cases} x[\![x]\!], & \text{若 } x<2 \\ 2x-2, & \text{若 } x\geq 2 \end{cases}$ 在 $x=2$ 處不可微分．

21. 若 $f(x)=[\![|x|]\!]$，求 $f'\left(\dfrac{3}{2}\right)$．

22. 設函數 $f(x)=\begin{cases} x^3 &, 若\ x \leq 1 \\ x^2+ax+b &, 若\ x > 1 \end{cases}$ 在 $x=1$ 為可微分，求 a 與 b 的值.

23. 設 $f(x)=\dfrac{(3x^2-4x+1)^5}{(2x^4+3x^2-6)^7}$，求 $f'(1)$.

24. 試證：$g(x)=\begin{cases} x^2-2x+2 &, 若\ x < 1 \\ -x^2+2x+5 &, 若\ x \geq 1 \end{cases}$ 在 $x=1$ 為不連續，亦不可微分.

▶▶ 2-2 求導函數的法則

在求一個函數的導函數時，若依導函數的定義去做，則相當繁雜．在本節中，我們要導出一些法則，而利用這些法則，可以很容易地將導函數求出來．

定理 2-2

若 f 為常數函數，即，$f(x)=k$，則

$$\frac{d}{dx}f(x)=\frac{d}{dx}k=0.$$

證　依導函數的定義，

$$\frac{d}{dx}k=\lim_{h\to 0}\frac{k-k}{h}=\lim_{h\to 0}0=0.$$

定理 2-3　冪法則

若 n 為正整數，則

$$\frac{d}{dx}x^n=nx^{n-1}.$$

證　依定義 2-3，
$$\frac{d}{dx}x^n = \lim_{h \to 0} \frac{(x+h)^n - x^n}{h}$$

利用公式
$$a^n - b^n = (a-b)(a^{n-1} + a^{n-2}b + \cdots + ab^{n-2} + b^{n-1})$$

故 $\dfrac{d}{dx}x^n = \lim\limits_{h \to 0} \dfrac{h[(x+h)^{n-1} + (x+h)^{n-2}x + \cdots + (x+h)x^{n-2} + x^{n-1}]}{h}$

$= \lim\limits_{h \to 0} [(x+h)^{n-1} + (x+h)^{n-2}x + \cdots + (x+h)x^{n-2} + x^{n-1}]$

$= nx^{n-1}.$ ❈

在定理 2-3 中，若 n 為任意實數時，結論仍可成立，即，

$$\frac{d}{dx}x^n = nx^{n-1}, \quad n \in \mathbb{R}.$$

定理 2-4　常數倍的導函數 ↵

令 c 為常數，若 f 為可微分函數，則 cf 也為可微分函數，且

$$\frac{d}{dx}[cf(x)] = c\frac{d}{dx}f(x).$$

證　$\dfrac{d}{dx}[cf(x)] = \lim\limits_{h \to 0} \dfrac{cf(x+h) - cf(x)}{h} = c\lim\limits_{h \to 0} \dfrac{f(x+h) - f(x)}{h} = c\dfrac{d}{dx}f(x).$ ❈

定理 2-5　兩函數和的導函數 ↵

若 f 與 g 皆為可微分函數，則 $f+g$ 也為可微分函數，且

$$\frac{d}{dx}[f(x) + g(x)] = \frac{d}{dx}f(x) + \frac{d}{dx}g(x).$$

證　$\dfrac{d}{dx}[f(x)+g(x)] = \lim\limits_{h\to 0} \dfrac{[f(x+h)+g(x+h)]-[f(x)+g(x)]}{h}$

$= \lim\limits_{h\to 0} \dfrac{[f(x+h)-f(x)]+[g(x+h)-g(x)]}{h}$

$= \lim\limits_{h\to 0} \dfrac{f(x+h)-f(x)}{h} + \lim\limits_{h\to 0} \dfrac{g(x+h)-g(x)}{h}$

$= \dfrac{d}{dx}f(x) + \dfrac{d}{dx}g(x).$ ✽

利用定理 2-4 與定理 2-5 可得下列的結果：

1. 若 f 與 g 皆為可微分函數，則 $f-g$ 也為可微分函數，且

$$\dfrac{d}{dx}[f(x)-g(x)] = \dfrac{d}{dx}f(x) - \dfrac{d}{dx}g(x)$$

2. 若 $f_1, f_2, \cdots, f_n$ 皆為可微分函數，$c_1, c_2, \cdots, c_n$ 皆為常數，則 $c_1f_1+c_2f_2+\cdots+c_nf_n$ 也為可微分函數，且

$$\dfrac{d}{dx}[c_1f_1(x)+c_2f_2(x)+\cdots+c_nf_n(x)]$$

$$= c_1\dfrac{d}{dx}f_1(x) + c_2\dfrac{d}{dx}f_2(x) + \cdots + c_n\dfrac{d}{dx}f_n(x).$$

例題 1　**解題指引** ☺ **去掉絕對值符號**

若 $f(x)=|x^3|$，求 $f'(x)$.

解　(1) 當 $x>0$ 時，$f(x)=|x^3|=x^3$，$f'(x)=3x^2$.
(2) 當 $x<0$ 時，$f(x)=|x^3|=-x^3$，$f'(x)=-3x^2$.
(3) 當 $x=0$ 時，依定義，

$$\lim\limits_{x\to 0^+} \dfrac{f(x)-f(0)}{x-0} = \lim\limits_{x\to 0^+} \dfrac{x^3}{x} = \lim\limits_{x\to 0^+} x^2 = 0$$

$$\lim_{x \to 0^-} \frac{f(x)-f(0)}{x-0} = \lim_{x \to 0^-} \frac{-x^3}{x} = \lim_{x \to 0^-} (-x^2) = 0$$

可得 $f'(0)=0$.

所以，
$$f'(x) = \begin{cases} -3x^2, & \text{若 } x < 0 \\ 0, & \text{若 } x = 0 \\ 3x^2, & \text{若 } x > 0 \end{cases}$$

例題 2 **解題指引** ☺ 去掉絕對值符號

若 $f(x) = |x-1| + |x+2|$，求 $f'(x)$.

解 若 $x \geq 1$，則

$$f(x) = |x-1| + |x+2| = x-1+x+2 = 2x+1$$

若 $-2 < x < 1$，則

$$f(x) = |x-1| + |x+2| = -(x-1)+x+2 = 3$$

若 $x \leq -2$，則

$$f(x) = |x-1| + |x+2| = -(x-1)-(x+2) = -2x-1$$

綜合以上之討論，

$$f(x) = \begin{cases} -2x-1, & \text{若 } x \leq -2 \\ 3, & \text{若 } -2 < x < 1 \\ 2x+1, & \text{若 } x \geq 1 \end{cases}$$

所以，
$$f'(x) = \begin{cases} -2, & \text{若 } x < -2 \\ 0, & \text{若 } -2 < x < 1 \\ 2, & \text{若 } x > 1 \end{cases}$$

$f'(1)$ 與 $f'(-2)$ 皆不存在．(何故？)

例題 3 **解題指引** ☺ 利用直線 $y=x$ 之斜率為 1

已知直線 $y=x$ 切拋物線 $y=ax^2+bx+c$ 於原點，且該拋物線通過點 $(1, 2)$，求 a、b 與 c.

解 依題意，以 $x=0$，$y=0$ 代入 $y=ax^2+bx+c$，可得 $c=0$，因而，$y=ax^2+bx$. 再依題意，以 $x=1$，$y=2$ 代入 $y=ax^2+bx$，可得 $a+b=2$.

又，$\dfrac{dy}{dx}=2ax+b$. 因直線 $y=x$（其斜率為 1）與拋物線相切於點 $(0, 0)$，

故 $\left.\dfrac{dy}{dx}\right|_{x=0}=b=1$. 因此，$a=1$.

定理 2-6　兩函數積的導函數

若 f 與 g 皆為可微分函數，則 fg 也為可微分函數，且

$$\frac{d}{dx}[f(x)\,g(x)] = f(x)\frac{d}{dx}g(x) + g(x)\frac{d}{dx}f(x).$$

證
$$\frac{d}{dx}[f(x)\,g(x)] = \lim_{h\to 0}\frac{f(x+h)\,g(x+h)-f(x)\,g(x)}{h}$$

$$=\lim_{h\to 0}\frac{f(x+h)\,g(x+h)-f(x+h)\,g(x)+f(x+h)\,g(x)-f(x)\,g(x)}{h}$$

$$=\lim_{h\to 0}\left[f(x+h)\,\frac{g(x+h)-g(x)}{h}+g(x)\,\frac{f(x+h)-f(x)}{h}\right]$$

$$=\left[\lim_{h\to 0}f(x+h)\right]\left[\lim_{h\to 0}\frac{g(x+h)-g(x)}{h}\right]+\left[\lim_{h\to 0}g(x)\right]\left[\lim_{h\to 0}\frac{f(x+h)-f(x)}{h}\right]$$

$$=f(x)\,\frac{d}{dx}g(x)+g(x)\,\frac{d}{dx}f(x).$$

定理 2-6 可以推廣到 n 個函數之乘積的微分．若 $f_1, f_2, \cdots, f_n$ 皆為可微分函數，則 $f_1 f_2 \cdots f_n$ 也為可微分函數，且

$$\frac{d}{dx}(f_1 f_2 \cdots f_n) = \left(\frac{d}{dx}f_1\right) f_2 \cdots f_n + f_1\left(\frac{d}{dx}f_2\right) f_3 \cdots f_n + \cdots + f_1 f_2 \cdots \left(\frac{d}{dx}f_n\right)$$

$$= f_1 f_2 \cdots f_n \left(\frac{\frac{d}{dx}f_1}{f_1} + \frac{\frac{d}{dx}f_2}{f_2} + \cdots + \frac{\frac{d}{dx}f_n}{f_n} \right)$$

$$= f_1 f_2 \cdots f_n \left(\frac{f_1'}{f_1} + \frac{f_2'}{f_2} + \cdots + \frac{f_n'}{f_n} \right). \tag{2-6}$$

例題 4　**解題指引** ☺ 利用函數積的導函數

若 $f(x)=(5x+6)(4x^3-3x+2)$，求 $f'(x)$.

解
$$f'(x) = \frac{d}{dx}[(5x+6)(4x^3-3x+2)]$$

$$= (5x+6)\frac{d}{dx}(4x^3-3x+2) + (4x^3-3x+2)\frac{d}{dx}(5x+6)$$

$$= (5x+6)(12x^2-3) + 5(4x^3-3x+2)$$

$$= 80x^3 + 72x^2 - 30x - 8.$$

例題 5　**解題指引** ☺ 利用 (2-6) 式

若 $f(x)=(x^2+2)(2x+3)(3x+4)(4x^3+5)$，求 $f'(x)$.

解
$$f'(x) = \frac{d}{dx}[(x^2+2)(2x+3)(3x+4)(4x^3+5)]$$

$$= (x^2+2)(2x+3)(3x+4)(4x^3+5)\left(\frac{2x}{x^2+2} + \frac{2}{2x+3} + \frac{3}{3x+4} + \frac{12x^2}{4x^3+5} \right).$$

定理 2-7　一般冪法則

若 f 為可微分函數，n 為正整數，則 f^n 也為可微分函數，且

$$\frac{d}{dx}[f(x)]^n = n[f(x)]^{n-1}\frac{d}{dx}f(x).$$

本定理在 n 為實數時仍可成立.

證 $\dfrac{d}{dx}[f(x)]^n = \dfrac{d}{dx}\overbrace{f(x)\cdot f(x)\cdots f(x)}^{n\text{ 個}}$

$\qquad = \overbrace{f(x)\cdot f(x)\cdots f(x)}^{n\text{ 個}} \cdot \overbrace{\left(\dfrac{f'(x)}{f(x)} + \dfrac{f'(x)}{f(x)} + \cdots + \dfrac{f'(x)}{f(x)}\right)}^{n\text{ 個}}$ （由 (2-6) 式）

$\qquad = [f(x)]^n \left(n\cdot\dfrac{f'(x)}{f(x)}\right) = n[f(x)]^{n-1}f'(x).$ ✻

例題 6 **解題指引** ☺ 利用一般冪法則

若 $f(x)=(x^2-2x+5)^{20}$，求 $f'(x)$.

解
$$f'(x) = \dfrac{d}{dx}(x^2-2x+5)^{20} = 20(x^2-2x+5)^{19}\dfrac{d}{dx}(x^2-2x+5)$$
$$= 40(x^2-2x+5)^{19}(x-1).$$

例題 7 **解題指引** ☺ 利用一般冪法則

若 $y = x^2\sqrt{1-x^2}$，求 $\dfrac{dy}{dx}$.

解
$$\dfrac{dy}{dx} = \dfrac{d}{dx}(x^2\sqrt{1-x^2})$$
$$= x^2\dfrac{d}{dx}[(1-x^2)^{1/2}] + (1-x^2)^{1/2}\dfrac{d}{dx}x^2$$
$$= x^2\left[\dfrac{1}{2}(1-x^2)^{-1/2}(-2x)\right] + (1-x^2)^{1/2}(2x)$$
$$= -x^3(1-x^2)^{-1/2} + 2x(1-x^2)^{1/2}$$
$$= x(1-x^2)^{-1/2}[-x^2+2(1-x^2)]$$
$$= x(1-x^2)^{-1/2}(2-3x^2)$$

$$= \frac{x(2-3x^2)}{\sqrt{1-x^2}}.$$

例題 8　解題指引 ☺ 利用一般冪法則

若 $y = \sqrt{x+\sqrt{x}}$，求 $\dfrac{dy}{dx}$。

解
$$\frac{dy}{dx} = \frac{d}{dx}\sqrt{x+\sqrt{x}} = \frac{1}{2}(x+\sqrt{x})^{-1/2}\frac{d}{dx}(x+\sqrt{x})$$

$$= \frac{1}{2\sqrt{x+\sqrt{x}}}\left(1+\frac{d}{dx}\sqrt{x}\right) = \frac{1}{2\sqrt{x+\sqrt{x}}}\left(1+\frac{1}{2\sqrt{x}}\right)$$

$$= \frac{2\sqrt{x}+1}{4\sqrt{x}\sqrt{x+\sqrt{x}}}.$$

定理 2-8　兩函數商的導函數

若 f 與 g 皆為可微分函數，且 $g(x) \neq 0$，則 $\dfrac{f}{g}$ 也為可微分函數，且

$$\frac{d}{dx}\left[\frac{f(x)}{g(x)}\right] = \frac{g(x)\dfrac{d}{dx}f(x) - f(x)\dfrac{d}{dx}g(x)}{[g(x)]^2}.$$

證
$$\frac{d}{dx}\left[\frac{f(x)}{g(x)}\right] = \lim_{h\to 0}\frac{\dfrac{f(x+h)}{g(x+h)} - \dfrac{f(x)}{g(x)}}{h}$$

$$= \lim_{h\to 0}\frac{f(x+h)\,g(x) - f(x)\,g(x+h)}{h\,g(x)\,g(x+h)}$$

$$= \lim_{h\to 0}\frac{f(x+h)\,g(x) - f(x)\,g(x) - f(x)\,g(x+h) + f(x)\,g(x)}{h\,g(x)\,g(x+h)}$$

$$= \lim_{h \to 0} \frac{\left[g(x)\dfrac{f(x+h)-f(x)}{h}\right] - \left[f(x)\dfrac{g(x+h)-g(x)}{h}\right]}{g(x)\,g(x+h)}$$

$$= \frac{[\lim_{h \to 0} g(x)]\left[\lim_{h \to 0}\dfrac{f(x+h)-f(x)}{h}\right] - [\lim_{h \to 0} f(x)]\left[\lim_{h \to 0}\dfrac{g(x+h)-g(x)}{h}\right]}{[\lim_{h \to 0} g(x)][\lim_{h \to 0} g(x+h)]}$$

$$= \frac{g(x)\dfrac{d}{dx}f(x) - f(x)\dfrac{d}{dx}g(x)}{[g(x)]^2}.$$

例題 9　解題指引 ☺ 利用函數商的導函數

若 $y = \dfrac{2-x^3}{1+x^4}$，求 $\dfrac{dy}{dx}$.

解

$$\frac{dy}{dx} = \frac{d}{dx}\left(\frac{2-x^3}{1+x^4}\right) = \frac{(1+x^4)\dfrac{d}{dx}(2-x^3) - (2-x^3)\dfrac{d}{dx}(1+x^4)}{(1+x^4)^2}$$

$$= \frac{(1+x^4)(-3x^2) - 4x^3(2-x^3)}{(1+x^4)^2} = \frac{x^2(x^4-8x-3)}{(1+x^4)^2}.$$

若函數 f 的導函數 f' 為可微分，即，f 為二次可微分，則 f' 的導函數記為 f''，稱為 f 的**二階導函數**. 只要有可微分性，我們就可以將導函數的微分過程繼續下去而求得 f 的三、四、五、甚至更高階的導函數. 它們皆為**高階導函數**. f 的依次導函數記為

$$\begin{aligned}
&f' && (f\text{ 的一階導函數}) \\
&f'' = (f')' && (f\text{ 的二階導函數}) \\
&f''' = (f'')' && (f\text{ 的三階導函數}) \\
&f^{(4)} = (f''')' && (f\text{ 的四階導函數})
\end{aligned}$$

$$f^{(5)} = (f^{(4)})' \qquad (f \text{ 的五階導函數})$$
$$\vdots \qquad \vdots$$
$$f^{(n)} = (f^{(n-1)})' \qquad (f \text{ 的 } n \text{ 階導函數})$$

在 f 為 x 之函數的情形下，若利用算子 D_x 與 $\dfrac{d}{dx}$ 來表示，則

$$f'(x) = D_x f(x) = \frac{d}{dx} f(x)$$

$$f''(x) = D_x (D_x f(x)) = D_x^2 f(x) = \frac{d}{dx}\left(\frac{d}{dx} f(x)\right) = \frac{d^2}{dx^2} f(x)$$

$$f'''(x) = D_x (D_x^2 f(x)) = D_x^3 f(x) = \frac{d}{dx}\left(\frac{d^2}{dx^2} f(x)\right) = \frac{d^3}{dx^3} f(x)$$

$$\vdots \qquad \vdots$$

$$f^{(n)}(x) = D_x^n f(x) = \frac{d^n}{dx^n} f(x), \text{ 此唸成 "} f \text{ 對 } x \text{ 的 } n \text{ 階導函數"}.$$

若 $y = f(x)$，則 y 的依次導函數可記為

$$y',\ y'',\ y''',\ y^{(4)},\ \cdots,\ y^{(n)},\ \cdots$$

或

$$D_x y,\ D_x^2 y,\ D_x^3 y,\ D_x^4 y,\ \cdots,\ D_x^n y,\ \cdots$$

或

$$\frac{dy}{dx},\ \frac{d^2 y}{dx^2},\ \frac{d^3 y}{dx^3},\ \frac{d^4 y}{dx^4},\ \cdots,\ \frac{d^n y}{dx^n},\ \cdots$$

在論及函數 f 的高階導函數時，為方便起見，通常規定 $f^{(0)} = f$，即，f 的零階導函數為其本身．

例題 10 **解題指引** ☺ 利用二階導數及定理 2-6

若 $f(3) = -4$，$f'(3) = 2$，且 $f''(3) = 5$，求 $\left.\dfrac{d^2}{dx^2}[f(x)]^2\right|_{x=3}$．

解 因
$$\frac{d^2}{dx^2}[f(x)]^2 = \frac{d}{dx}\left(\frac{d}{dx}[f(x)]^2\right) = \frac{d}{dx}[2f(x)f'(x)]$$
$$= 2\left[f(x)\frac{d}{dx}f'(x) + f'(x)\frac{d}{dx}f(x)\right]$$
$$= 2[f(x)f''(x) + (f'(x))^2]$$

故
$$\left.\frac{d^2}{dx^2}[f(x)]^2\right|_{x=3} = 2[f(3)f''(3) + (f'(3))^2]$$
$$= 2[(-4)5 + 2^2]$$
$$= -32.$$

例題 11 **解題指引** 利用高階導數先求 $f^{(n)}(x)$

設 $f(x) = \dfrac{1-x}{1+x}$，求 $f^{(100)}(2)$.

解
$$f(x) = \frac{1-x}{1+x} = \frac{2-(1+x)}{1+x} = 2(1+x)^{-1} - 1$$
$$f'(x) = -2(1+x)^{-2}$$
$$f''(x) = (-2)(-2)(1+x)^{-3}$$
$$f'''(x) = (-2)(-2)(-3)(1+x)^{-4}$$
$$\vdots$$
$$f^{(n)}(x) = (-2)(-2)(-3)(-4)\cdots(1+x)^{-(n+1)}$$
$$= 2(-1)^n n!\,(1+x)^{-(n+1)},\ n \in \mathbf{N}$$

故 $f^{(100)}(2) = 2(-1)^{100}\,100!\,(1+2)^{-101} = 2 \cdot 100!\,(3)^{-101}.$

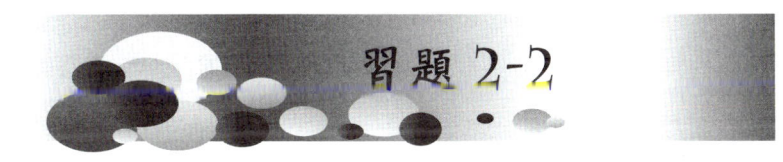

習題 2-2

在 1～11 題中，求各函數的一階導函數.

1. $f(x) = 6x^3 - 5x^2 + x + 9$ 　　**2.** $f(x) = (x^3 + x - 7)(2x^2 + 3)$

3. $f(x) = \sqrt{\dfrac{x+1}{x-2}}$

4. $f(t) = \dfrac{8t+15}{t^2-2t+3}$

5. $g(x) = \dfrac{1}{1+x+x^2+x^3}$

6. $h(x) = \dfrac{x^2+2}{\sqrt{x^2+4}}$

7. $f(x) = (1+x)(2+x^2)^{1/2}(3+x^3)^{1/3}$

8. $g(z) = (z+1)(2z^3-5z-1)(6z^2+7)$

9. $f(x) = x(x^2+1)^4$

10. $f(x) = \left(\dfrac{3x^2-1}{2x+1}\right)^3$

11. $f(x) = (5x^2-4x+1)^6$

12. 若 $f(x) = |x+1| + |x-5| - |4x-3|$，求 $f'(-5)$.

13. 若 $y = |x+1| + |x-5|$，求 $\dfrac{dy}{dx}$.

14. 兩拋物線 $y = x^2 + ax + b$ 與 $y = cx - x^2$ 在點 $(1, 0)$ 有一條公切線，求 a、b 與 c 的值.

15. (1) 試證：$\dfrac{d}{dx}|x| = \dfrac{x}{|x|} = \dfrac{|x|}{x}$ $(x \neq 0)$. (2) 求 $\dfrac{d}{dx}\left(\dfrac{|x|}{x}\right)$.

16. 設 $f(x) = \begin{cases} x^2, & x \leq 1 \\ ax+b, & x > 1 \end{cases}$ 且 $f'(1)$ 存在，求 a 與 b 的值.

17. 設 $g(x) = \sqrt[3]{x + |x|}$，求 $g'(x)$.

18. 求切於 $y = 3x^2 + 4x - 6$ 上的圖形，且平行於直線 $5x - 2y - 1 = 0$ 之切線的方程式.

19. 已知在曲線 $y = x^2 + 4x + 2$ 上某點的切線垂直於直線 $2x - 4y + 5 = 0$，求在該點處之切線與法線的方程式.

20. 曲線 $y = x^2 - 2x + 5$ 上哪一點的切線垂直於直線 $y = x$？

21. 曲線 $y = x^4 - 2x^2 + 2$ 在何處有水平切線？

22. 求在 $f(x) = \sqrt[3]{(x^2-1)^2}$ 的圖形上使 $f'(x) = 0$ 與 $f'(x)$ 不存在之所有點的 x-坐標.

23. 若 $y = \dfrac{\sqrt{x+1} - \sqrt{x}}{\sqrt{x+1} + \sqrt{x}}$，求 $\dfrac{dy}{dx}$.

24. 求切於曲線 $y = 4x - x^2$ 且通過點 $(2, 5)$ 之切線的方程式.

25. 令 $P(a, b)$ 為第一象限中曲線 $y = \dfrac{1}{x}$ 上的一點，且在 P 的切線交 x-軸於 A，試證三角形 AOP 為等腰，並求其面積.

26. 求下列各題的 $\dfrac{dy}{dx}$ 與 $\dfrac{d^2y}{dx^2}$.

    (1) $y = \dfrac{1}{x^2}$ (2) $y = x - \sqrt{x}$ (3) $y = (1 + \sqrt{x})^3$

    (4) $y = (3x - 2)^{4/3}$ (5) $y = x^2 + \sqrt{x+1}$

27. 若 $f(x) = \dfrac{x}{x^2 + 1}$，求 $f''(2)$.

28. 若 $f(x) = \dfrac{1-x}{1+x}$，導出 $f^{(n)}(x)$ 的公式，其中 n 為正整數.

29. 若 $f(x) = \sqrt{x}$，導出 $f^{(n)}(x)$ 的公式，其中 n 為正整數.

30. 若 $f(x) = \dfrac{1}{(1-x)^2}$，導出 $f^{(n)}(x)$ 的公式，其中 n 為正整數.

31. 試證：$f(x) = x^{4/3}$ 在 $x = 0$ 為可微分，但在 $x = 0$ 為二次不可微分.

32. 設 $f(x) = \begin{cases} x^2, & \text{若 } x \leq 1 \\ 2x - 1, & \text{若 } x > 1 \end{cases}$，求 $f'(x)$ 與 $f''(x)$.

33. 若 $f(x) = x^4 - x^3 - 6x^2 + 7x$，求在 f' 之圖形上一點 $P(2, 3)$ 的切線方程式與法線方程式.

▶▶ 2-3 視導函數為變化率

　　大部分在日常生活中遇到的量皆隨時間而改變，特別是在科學研究的領域中．舉例來說，化學家或許會對某物在水中的溶解速率感到興趣，電子工程師或許希望知道電路中電流的變化率，生物學家可能正在研究培養基中細菌增加或減少的速率，此外，尚有許多其它自然科學領域以外的例子．

定義 2-6

設 $w=f(t)$ 為可微分函數，且 t 代表時間．

(1) $w=f(t)$ 在時間區間 $[t, t+h]$ 上的平均變化率為

$$\frac{f(t+h)-f(t)}{h}.$$

(2) $w=f(t)$ 對 t 的 (瞬時) 變化率為

$$\frac{dw}{dt}=f'(t)=\lim_{h\to 0}\frac{f(t+h)-f(t)}{h}.$$

例題 1　解題指引 ☺ 利用平均變化率與變化率的觀念

一科學家發現某物被加熱 t 分鐘後的攝氏溫度為 $f(t)=30t+6\sqrt{t}+8$，其中 $0\leq t\leq 5$．

(1) 求 $f(t)$ 在時間區間 $[4, 4.41]$ 上的平均變化率．

(2) 求 $f(t)$ 在 $t=4$ 的變化率．

解 (1) f 在 $[4, 4.41]$ 上的平均變化率為

$$\frac{f(4.41)-f(4)}{0.41}=\frac{30(4.41)+6\sqrt{4.41}+8-(120+12+8)}{0.41}$$

$$=\frac{12.9}{0.41}\approx 31.46 \text{ (°C／分)}$$

(2) 因 f 在 t 的變化率為 $f'(t)=30+\dfrac{3}{\sqrt{t}}$，故

$$f'(4)=30+\frac{3}{2}=31.5 \text{ (°C／分)}.$$

利用變化率的觀念，我們可以研究質點的直線運動．如圖 2-5 所示，L 表坐標線 (即，x-軸)，O 表原點，若質點 P 在時間 t 的坐標為 $s(t)$，則稱 s 為 P 的位置函數．

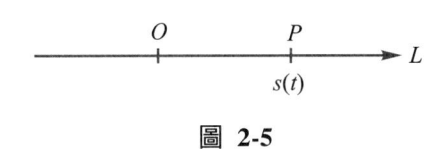

$$O \quad P \atop s(t) \quad L$$

圖 2-5

定義 2-7

令坐標線 L 上一質點 P 在時間 t 的位置為 $s(t)$.
(1) P 的速度函數為 $v(t)=s'(t)$.
(2) P 在時間 t 的速率為 $|v(t)|$.
(3) P 的加速度函數為 $a(t)=v'(t)$.

例題 2 解題指引 ☺ 利用速度與加速度的觀念

若沿著直線運動的質點的位置（以呎計）為 $s(t)=4t^2-3t+1$，其中 t 是以秒計，求它在 $t=2$ 的位置、速度與加速度.

解
(1) 在 $t=2$ 的位置為 $s(2)=16-6+1=11$（呎）.
(2) $v(t)=s'(t)=8t-3$ 在 $t=2$ 的速度為 $v(2)=16-3=13$（呎／秒）.
(3) $a(t)=v'(t)=8$ 在 $t=2$ 的加速度為 $a(2)=8$（呎／秒²）.

例題 3 解題指引 ☺ 利用速度與加速度的觀念

某砲彈以 400 呎／秒的速度垂直向上發射，在 t 秒後離地面的高度（以呎計）為 $s(t)=-16t^2+400t$，求該砲彈撞擊地面的時間與速度. 它達到的最大高度為何？在任何時間 t 的加速度為何？

解 設砲彈的路徑在垂直坐標線上，原點在地上，而向上為正.

由 $-16t^2+400t=0$ 可得 $t=25$，因此，砲彈在 25 秒末撞擊地面. 在時間 t 的速度為

$$v(t)=s'(t)=-32t+400$$

故 $v(25)=-400$（呎／秒）. 最大高度發生在 $s'(t)=0$ 之時，即，$-32t+400=$

0，解得 $t=\dfrac{25}{2}$. 所以，最大高度為

$$s\left(\dfrac{25}{2}\right)=-16\left(\dfrac{25}{2}\right)^2+400\left(\dfrac{25}{2}\right)=2500 \text{ (呎)}$$

最後，在任何時間的加速度為 $a(t)=v'(t)=-32$ (呎／秒^2).

我們可以研究對於除了時間以外的其它變數的變化率，如下面定義所述.

定義 2-8

設 $y=f(x)$ 為可微分函數.

(1) y 在區間 $[x, x+h]$ 上對 x 的平均變化率為

$$\dfrac{f(x+h)-f(x)}{h}.$$

(2) y 對 x 的變化率為

$$\dfrac{dy}{dx}=f'(x)=\lim_{h\to 0}\dfrac{f(x+h)-f(x)}{h}.$$

例題 4 解題指引 ☺ 利用變化率

在某一電路中，電流（以安培計）為 $I=\dfrac{100}{R}$，其中 R 為電阻（以歐姆計）. 當電阻為 20 歐姆時，求 $\dfrac{dI}{dR}$.

解 因 $\dfrac{dI}{dR}=-\dfrac{100}{R^2}$，故當 $R=20$ 歐姆時，

$$\dfrac{dI}{dR}=-\dfrac{100}{400}=-\dfrac{1}{4} \text{ 安培／歐姆}.$$

習題 2-3

1. 當一圓球形氣球充氣時，其半徑 (以厘米計) 在時間 t (以分計) 時為 $r(t) = 3\sqrt[3]{t+8}$, $0 \leq t \leq 10$. 試問在 $t=8$ 時，
   (1) $r(t)$　　　(2) 氣球的體積　　　(3) 表面積
   對時間 t 的變化率為何？

2. 氣體的波義耳定律為 $PV=k$，其中 P 表壓力，V 表體積，k 為常數. 假設在時間 t (以分計) 時，壓力為 $20+2t$ 克／平方厘米，其中 $0 \leq t \leq 10$，而在 $t=0$ 時，體積為 60 立方厘米. 試問在 $t=5$ 時，體積對 t 的變化率為何？

3. 一砲彈以 144 呎／秒的速度垂直向上發射，在 t 秒末的高度 (以呎計) 為 $s(t) = 144t - 16t^2$，試問 t 秒末的速度與加速度為何？3 秒末的速度與加速度為何？最大高度為何？

4. 一球沿斜面滾下，在 t 秒內滾動的距離 (以吋計) 為 $s(t) = 5t^2 + 2$. 試問 1 秒末、2 秒末的速度為何？何時速度可達 28 吋／秒？

5. 作直線運動之質點的位置函數為 $s(t) = 2t^3 - 15t^2 + 48t - 10$，其中 t 是以秒計，$s(t)$ 是以米計，求它在速度為 12 米／秒時的加速度，並求加速度為 10 米／秒^2 時的速度．

6. 光源的照度 I 與光源的強度 S 成正比，而與距該光源的距離 d 的平方成反比. 當在 2 呎處時，照度為 120 單位. 試問在 20 呎處時，I 對 d 的變化率為何？

7. 試證：圓的半徑對其周長的變化率與該圓的大小無關.

8. 試證：球體積對其半徑的變化率為其表面積.

9. 已知華氏溫度 F 與攝氏溫度 C 的關係為 $C = \dfrac{5}{9}(F-32)$，求 F 對 C 的變化率．

10. 若總額為 P_0 的資金以年利率 $100r\%$ 投資，按月計息，則在一年後的本金為

$$P = P_0\left(1 + \frac{r}{12}\right)^{12}$$

當 $P_0 = 1000$ 元，$r = 0.12$ 時，求 P 對 r 的變化率．

11. 在光學中，$\dfrac{1}{f}=\dfrac{1}{p}+\dfrac{1}{q}$，其中 f 為凸透鏡的焦距，p 與 q 分別為物與像到透鏡的距離. 若 f 固定，求 q 對 p 的變化率的一般公式.

12. 一個電阻器的電阻 $R=6000+0.002\,T^2$ (單位為歐姆)，其中 T 為溫度 (°C). 若其溫度以 0.2 °C／秒增加，試求當 $T=120$ °C 時，電阻的變化率為若干？

13. 已知一串聯交流電路的共振頻率為

$$f=\dfrac{1}{2\pi\sqrt{LC}}$$

其中 L 與 C 分別表電路的電感與電容，試求 f 對 C 的變化率，假設 L 為常數.

14. 在電路中，某一點的瞬時電流 $I=\dfrac{dq}{dt}$，其中 q 為電量 (庫侖)，t 為時間 (秒)，求 $q=1000t^3+50t$ 在 $t=0.01$ 秒時的電流 I (安培).

15. 假設在 t 秒內流過一電線的電荷為 $\dfrac{1}{3}t^3+4t$，求 2 秒末電流的安培數. 一條 20 安培的保險絲於何時燒斷？

▶▶ 2-4　連鎖法則

我們已討論了有關函數之和、差、積及商的導函數. 在本節中，我們要利用**連鎖法則**來討論如何求得兩個 (或兩個以上) 可微分函數之合成函數的導函數.

定理 2-9　連鎖法則

若 $y=f(u)$ 與 $u=g(x)$ 皆為可微分函數，則合成函數 $y=(f\circ g)(x)=f(g(x))$ 為可微分，且

$$\dfrac{d}{dx}f(g(x))=f'(g(x))g'(x) \qquad (2\text{-}7)$$

上式亦可用萊布尼茲符號表成

$$\frac{dy}{dx} = \frac{dy}{du}\frac{du}{dx}. \tag{2-8}$$

在 (2-7) 式中，我們稱 f 為 "外函數" 而 g 為 "內函數"．因此，$f(g(x))$ 的導函數為外函數在內函數的導函數乘以內函數的導函數．

(2-8) 式很容易記憶，因為，若我們 "消去" 右邊的 du，則恰好得到左邊的結果．當使用 x、y 與 u 以外的變數時，此 "消去" 方式提供一個很好的方法去記憶．

例題 1 **解題指引** ☺ 利用連鎖法則

求 $\dfrac{d}{dx}[(2x^2+3x+1)^5]$．

解 令 $f(x)=x^5$ 且 $g(x)=2x^2+3x+1$ (於是，$f(g(x))=(2x^2+3x+1)^5$)，則 $f'(x)=5x^4$，$g'(x)=4x+3$，故由 (2-7) 式，可得

$$\frac{d}{dx}[(2x^2+3x+1)^5] = \frac{d}{dx}[f(g(x))] = f'(g(x))\,g'(x)$$
$$= 5[g(x)]^4\,g'(x)$$
$$= 5(2x^2+3x+1)^4(4x+3).$$

例題 2 **解題指引** ☺ 利用連鎖法則

若 $y=u^3+1$，$u=\dfrac{1}{x^2}$，求 $\dfrac{dy}{dx}$．

解
$$\frac{dy}{dx} = \frac{dy}{du}\cdot\frac{du}{dx} = \frac{d}{du}(u^3+1)\,\frac{d}{dx}\left(\frac{1}{x^2}\right)$$
$$= (3u^2)\left(-\frac{2}{x^3}\right)$$
$$= 3\left(\frac{1}{x^2}\right)^2\left(-\frac{2}{x^3}\right)$$

$$= -\frac{6}{x^7}.$$

例題 3　**解題指引** ☺ 先利用 $|f(x)| = \sqrt{(f(x))^2}$ 去掉絕對值符號

已知 $y = |x^2 - 1|$，求 $\dfrac{dy}{dx}$。

解
$$\frac{dy}{dx} = \frac{d}{dx}|x^2 - 1| = \frac{d}{dx}\sqrt{(x^2-1)^2}$$

$$= \frac{1}{2}[(x^2-1)^2]^{-1/2}\frac{d}{dx}(x^2-1)^2$$

$$= \frac{1}{2}[(x^2-1)^2]^{-1/2} \cdot 2(x^2-1) \cdot 2x$$

$$= \frac{2x(x^2-1)}{\sqrt{(x^2-1)^2}} = \frac{2x(x^2-1)}{|x^2-1|}, \ x \neq \pm 1.$$

例題 4　**解題指引** ☺ 利用連鎖法則

若 $y = f\left(\dfrac{2x-1}{x+1}\right)$ 且 $f'(x) = x^2$，求 $\dfrac{dy}{dx}$。

解
$$\frac{dy}{dx} = \frac{d}{dx}f\left(\frac{2x-1}{x+1}\right) = f'\left(\frac{2x-1}{x+1}\right)\frac{d}{dx}\left(\frac{2x-1}{x+1}\right)$$

$$= f'\left(\frac{2x-1}{x+1}\right)\frac{(x+1)(2)-(2x-1)}{(x+1)^2} = f'\left(\frac{2x-1}{x+1}\right)\frac{3}{(x+1)^2}$$

$$= \left(\frac{2x-1}{x+1}\right)^2\frac{3}{(x+1)^2} = \frac{3(2x-1)^2}{(x+1)^4}.$$

　　若 y 為 u 的可微分函數，u 為 v 的可微分函數，v 為 x 的可微分函數，則 y 為 x 的可微分函數，且

$$\frac{dy}{dx} = \frac{dy}{du}\frac{du}{dv}\frac{dv}{dx} \tag{2-9}$$

或可寫成

$$\frac{d}{dx}f(g(h(x)))=f'(g(h(x)))\,g'(h(x))\,h'(x) \tag{2-10}$$

例如，$$y=[3+(x^3-2x)^5]^8$$

令
$$y=f(u)=u^8\ (\text{"外層"函數})$$
$$u=g(v)=3+v^5\ (\text{"中層"函數})$$
$$v=h(x)=x^3-2x\ (\text{"內層"函數})$$

則 $$y=f(g(h(x)))$$

且
$$\frac{dy}{dx}=\underbrace{8(3+(x^3-2x)^5)^7}_{\frac{dy}{du}}\underbrace{(5(x^3-2x)^4)}_{\frac{du}{dv}}\underbrace{(3x^2-2)}_{\frac{dv}{dx}}.$$

例題 5 解題指引 ☺ 利用連鎖法則

若 $y=u^3-1$，$u=-\dfrac{2}{v}$，$v=x^3$，求 $\dfrac{dy}{dx}$。

解
$$\frac{dy}{dx}=\frac{dy}{du}\frac{du}{dv}\frac{dv}{dx}=(3u^2)(2v^{-2})(3x^2)$$

$$=3\left(-\frac{2}{v}\right)^2(2)(x^3)^{-2}(3x^2)=3\left(-\frac{2}{x^3}\right)^2(6x^{-4})=72x^{-10}.$$

例題 6 解題指引 ☺ 利用連鎖法則

求 $y=\sqrt{x+\sqrt{x+\sqrt{x}}}$，求 $\dfrac{dy}{dx}$。

解
$$\frac{dy}{dx}=\frac{d}{dx}\sqrt{x+\sqrt{x+\sqrt{x}}}=\frac{1}{2}\left(x+\sqrt{x+\sqrt{x}}\right)^{-1/2}\frac{d}{dx}\left(x+\sqrt{x+\sqrt{x}}\right)$$

$$=\frac{1}{2\sqrt{x+\sqrt{x+\sqrt{x}}}}\left(1+\frac{1}{2}(x+\sqrt{x})^{-1/2}\frac{d}{dx}(x+\sqrt{x})\right)$$

$$= \frac{1}{2\sqrt{x+\sqrt{x+\sqrt{x}}}}\left(1+\frac{1}{2\sqrt{x+\sqrt{x}}}\left(1+\frac{1}{2\sqrt{x}}\right)\right)$$

$$= \frac{1+2\sqrt{x}+4\sqrt{x}\sqrt{x+\sqrt{x}}}{8\sqrt{x+\sqrt{x+\sqrt{x}}}\sqrt{x+\sqrt{x}}\sqrt{x}}.$$

例題 7 **解題指引** ☺ 利用連鎖法則

已知 $f(0)=0$，$f'(0)=2$，求 $f(f(f(x)))$ 在 $x=0$ 的導數.

解 $\dfrac{d}{dx}[f(f(f(x)))]=f'(f(f(x)))f'(f(x))f'(x)$

故 $\dfrac{d}{dx}[f(f(f(x)))]\Big|_{x=0}=f'(f(f(0)))f'(f(0))f'(0)=f'(f(0))f'(0)(2)$

$=f'(0)(2)(2)=(2)(2)(2)$

$=8.$

習題 2-4

1. 求方程式 $y=(2x-1)^{10}$ 的圖形在點 $(1, 1)$ 的切線方程式.

2. 若質量 m 的一物體以速度 v 作直線運動，則其動能 K 為 $K=\dfrac{1}{2}mv^2$. 若 v 為時間 t 的函數，試利用連鎖法則求 $\dfrac{dK}{dt}$ 的公式.

3. 已知 $h(x)=f(g(x))$，$g(2)=2$，$f'(2)=3$ 與 $g'(2)=5$，求 $h'(2)$.

4. 試證：若 $(ax+b)^2$ 為多項式 $P(x)$ 的因式，則 $ax+b$ 為 $P'(x)$ 的因式.

5. 若 f 為可微分函數，且 $f\left(\dfrac{x^2-1}{x^2+1}\right)=x$，$f'(0)>0$，求 $f'(0)$.

6. 若 $f(x)=x|2x-1|$，求 $f'(x)$.

7. 設 f 是可微分函數，且 $f(1)=1$，$f(2)=2$，$f'(1)=1$，$f'(2)=2$，$f'(3)=3$. 若 $g(x)=f(x^3+f(x^2+f(x)))$，求 $g'(1)$.

8. 已知 $f(0)=0$，$f'(0)=2$，求 $f(f(f(f(x))))$ 在 $x=0$ 的導數.

9. 設 f 為可微分，試利用連鎖法則證明：

(1) 若 f 為偶函數，則 f' 為奇函數.

(2) 若 f 為奇函數，則 f' 為偶函數.

10. 利用連鎖法則，證明公式 $\dfrac{d}{dx}(x^n)=nx^{n-1}$ 對下列函數 x^n 成立.

(1) $x^{1/4}=\sqrt{x\sqrt{x}}$ (2) $x^{3/4}=\sqrt{x\sqrt{x}}$

11. 設 $y=f(u)$，$u=g(x)$ 皆為二次可微分函數，試證：

$$\frac{d^2y}{dx^2}=\frac{d^2y}{du^2}\left(\frac{du}{dx}\right)^2+\left(\frac{dy}{du}\right)\frac{d^2u}{dx^2}.$$

12. 求合成函數 $f(x)=g(h(x))$ 的二階導函數 $f''(x)$.

13. 設 f 為可微分函數，且 $f'(x)=\dfrac{1}{x^2+1}$，$g(x)=f(x^3+2)$，求 $g'(x)$.

14. (1) 若 f 為 x 的可微分函數，試證：$\dfrac{d}{dx}(|f(x)|)=\dfrac{f(x)}{|f(x)|}f'(x)$ $(f(x)\neq 0)$.

(2) 利用 (1) 的結果，求 $\dfrac{d}{dx}|x^2-x|$.

15. 若 $f(x)=\sqrt{1-\sqrt{2-\sqrt{3-x}}}$，求 $f'(x)$.

16. 若 $g(x)=f(a+nx)+f(a-nx)$，此處 f 在 a 為可微分，求 $g'(0)$.

▶▶ 2-5 隱微分法

前面所討論的函數皆由 $y=f(x)$ 的形式來定義. 例如，方程式 $y=x^2+x+1$ 定義 $f(x)=x^2+x+1$，這種函數的導函數可以很容易求出. 但是，並非所有的函數皆是如此定義的. 試看下面方程式

$$x^2+y^2=1 \qquad (2\text{-}11)$$

x 與 y 之間顯然不是函數關係，但是對函數 $y=f(x)=\sqrt{1-x^2}$，$x\in[-1,1]$，其定義域內所有 x 皆可滿足上式，即，

$$x^2+(\sqrt{1-x^2})^2=1$$

此時，我們說 f 為方程式 $x^2+y^2=1$ 所定義的隱函數. 一般而言，由 x 與 y 的方程式所定義的函數並非唯一. 例如，$y=g(x)=-\sqrt{1-x^2}$，$x\in[-1,1]$，也為 (2-11) 式所定義的隱函數.

同理，考慮方程式

$$x^2-2xy+y^2=x \qquad (2\text{-}12)$$

若令 $y=f(x)$，則 $f(x)=x+\sqrt{x}$，$x\in[0,\infty)$，滿足 (2-12) 式，故 f 為此 (2-12) 式所定義的隱函數.

若我們要求 f 的導函數，依前面學過的微分方法，勢必要先求出 f，但是，有時候要從所給的方程式解出 f 並不是一件很容易的事. 因此，我們不必從方程式解出 f，只要對原方程式直接微分就可求出 f 的導函數，這種求隱函數的導函數的方法稱為**隱微分法**.

例題 1 解題指引☺ 利用隱微分法

設 $\sqrt{x}+\sqrt{y}=8$，定義一 $y=f(x)$ 之可微分函數.

(1) 利用隱微分法求 $\dfrac{dy}{dx}$.

(2) 先解 y 而且用 x 表之，然後求 $\dfrac{dy}{dx}$.

(3) 驗證 (1) 與 (2) 的解是一致的.

解 (1) $\sqrt{x}+\sqrt{y}=8 \Rightarrow \dfrac{d}{dx}(\sqrt{x}+\sqrt{y})=\dfrac{d}{dx}(8)$

$\Rightarrow \dfrac{1}{2\sqrt{x}}+\dfrac{1}{2\sqrt{y}}\dfrac{dy}{dx}=0$

$$\Rightarrow \frac{dy}{dx} = -\frac{\sqrt{y}}{\sqrt{x}} \quad (x > 0)$$

(2) $\sqrt{x} + \sqrt{y} = 8 \Rightarrow \sqrt{y} = 8 - \sqrt{x}$

$$\Rightarrow y = (8-\sqrt{x})^2 = 64 - 16\sqrt{x} + x$$

$$\Rightarrow \frac{dy}{dx} = \frac{d}{dx}(64 - 16\sqrt{x} + x) = -\frac{8}{\sqrt{x}} + 1.$$

(3) $\dfrac{dy}{dx} = -\dfrac{\sqrt{y}}{\sqrt{x}} = -\dfrac{8-\sqrt{x}}{\sqrt{x}} = -\dfrac{8}{\sqrt{x}} + 1.$

例題 2 解題指引 ☺ 利用隱微分法

若 $x^2 = \dfrac{x-y}{x+y}$，求 $\dfrac{dy}{dx}$.

解 $x^2 = \dfrac{x-y}{x+y} \Rightarrow x^3 + x^2 y = x - y$

$$\Rightarrow \frac{d}{dx}(x^3 + x^2 y) = \frac{d}{dx}(x-y)$$

$$\Rightarrow 3x^2 + x^2 \frac{dy}{dx} + 2xy = 1 - \frac{dy}{dx}$$

$$\Rightarrow (x^2 + 1)\frac{dy}{dx} = 1 - 3x^2 - 2xy$$

$$\Rightarrow \frac{dy}{dx} = \frac{1 - 3x^2 - 2xy}{x^2 + 1}.$$

例題 3 解題指引 ☺ 利用隱微分法

求通過曲線 $x^2 + xy + y^2 = 3$ 上點 $(-1, -1)$ 的切線與法線的方程式.

解 $\dfrac{d}{dx}(x^2 + xy + y^2) = \dfrac{d}{dx}(3)$，可得

$$2x+y+x\frac{dy}{dx}+2y\frac{dy}{dx}=0$$

因而
$$\frac{dy}{dx}=-\frac{2x+y}{x+2y}$$

通過點 $(-1, -1)$ 的切線的斜率為

$$\left.\frac{dy}{dx}\right|_{(-1, -1)}=-\left.\frac{2x+y}{x+2y}\right|_{(-1, -1)}=-1$$

故切線方程式為 $y+1=-(x+1)$，即，$x+y+2=0$.
通過點 $(-1, -1)$ 的法線方程式為 $y+1=x+1$，即，$x-y=0$.

例題 4 解題指引 ☺ 利用隱微分法

若 r 為有理數，試證：$\dfrac{d}{dx}x^r=rx^{r-1}$.

解 設 $r=\dfrac{p}{q}$，其中 p 與 q 皆為整數.

令 $y=x^r=x^{p/q}$，則 $y^q=x^p$，可得 $qy^{q-1}\dfrac{dy}{dx}=px^{p-1}$，

故
$$\frac{dy}{dx}=\frac{p}{q}x^{p-1}y^{1-q}=\frac{p}{q}x^{p-1}(x^{p/q})^{1-q}$$

$$=\frac{p}{q}x^{p-1+(p/q)(1-q)}=\frac{p}{q}x^{(p/q)-1}=rx^{r-1}.$$

例題 5 解題指引 ☺ 利用隱微分法求二階導數

若 $xy+y^2=1$，求 $\left.\dfrac{d^2y}{dx^2}\right|_{(0, -1)}$.

解 $xy+y^2=1 \Rightarrow x\dfrac{dy}{dx}+y+2y\dfrac{dy}{dx}=0$

$\Rightarrow (x+2y)\dfrac{dy}{dx}=-y$

$$\Rightarrow \frac{dy}{dx} = \frac{-y}{x+2y}$$

$$\Rightarrow \frac{d^2y}{dx^2} = \frac{(x+2y)\left(-\frac{dy}{dx}\right)-(-y)\left(1+2\frac{dy}{dx}\right)}{(x+2y)^2}$$

因 $$\left.\frac{dy}{dx}\right|_{(0,-1)} = \frac{-(-1)}{0+2(-1)} = -\frac{1}{2}$$

故 $$\left.\frac{d^2y}{dx^2}\right|_{(0,-1)} = \frac{(0-2)\left(\frac{1}{2}\right)-(1)\left[1+2\left(-\frac{1}{2}\right)\right]}{(0-2)^2}$$

$$=\frac{-1-0}{4} = -\frac{1}{4}.$$

習題 2-5

在 1～5 題中，利用隱微分法求 $\dfrac{dy}{dx}$.

1. $x^2y + 2xy^3 - x = 3$
2. $\dfrac{1}{x} + \dfrac{1}{y} = 1$
3. $\sqrt{x} + \sqrt{y} = 8$
4. $\sqrt{xy} + 1 = y$
5. $\dfrac{\sqrt{x}+1}{\sqrt{y}+1} = y$

在 6～7 題中，求所予方程式圖形在指定點的切線方程式.

6. $x + x^2y^2 - y = 1$；$(1,1)$
7. $\dfrac{1-y}{1+y} = x$；$(0,1)$

8. 試證：方程式 $x^2 + y^2 + 1 = 0$ 無法決定函數 f 使得 $y = f(x)$.
9. 下列方程式各決定若干隱函數？

(1) $x^4+y^4-1=0$ (2) $x^4+y^4=0$

在 10～12 題中，利用隱微分法求 $\dfrac{d^2y}{dx^2}$．

10. $x^3+y^3=1$ **11.** $2xy-y^2=3$ **12.** $x^2+y^2=36$

13. 已知方程式 $y^3-3y^2+x=0$ 定義 $x=f(y)$ 為二次可微分函數，求 $\left.\dfrac{d^2x}{dy^2}\right|_{(1,\ 2)}$．

14. 試證：在拋物線 $y^2=cx$ 上點 $(x_0,\ y_0)$ 的切線方程式為 $y_0y=\dfrac{c}{2}(x_0+x)$．

15. 試證：在橢圓 $\dfrac{x^2}{a^2}+\dfrac{y^2}{b^2}=1$ 上點 $(x_0,\ y_0)$ 的切線方程式為 $\dfrac{x_0x}{a^2}+\dfrac{y_0y}{b^2}=1$．

16. 試證：在雙曲線 $\dfrac{x^2}{a^2}-\dfrac{y^2}{b^2}=1$ 上點 $(x_0,\ y_0)$ 的切線方程式為 $\dfrac{x_0x}{a^2}-\dfrac{y_0y}{b^2}=1$．

17. 若 $s^2t+t^3=2$，求 $\dfrac{ds}{dt}$ 與 $\dfrac{dt}{ds}$．

▶▶ 2-6 微　分

若 $y=f(x)$，則

$$\Delta y=f(x+\Delta x)-f(x)$$

增量記號可以用在導函數的定義中，我們僅需將定義 2-3 中的 h 以 Δx 取代即可，即，

$$f'(x)=\lim_{\Delta x\to 0}\frac{f(x+\Delta x)-f(x)}{\Delta x}=\lim_{\Delta x\to 0}\frac{\Delta y}{\Delta x} \tag{2-13}$$

(2-13) 式可以敘述如下：f 的導函數為因變數的增量 Δy 與自變數的增量 Δx 的比值在 Δx 趨近零時的極限．注意，在圖 2-6 中，$\dfrac{\Delta y}{\Delta x}$ 為通過 P 與 Q 之割線的斜率．由 (2-13) 式可知，若 $f'(x)$ 存在，則

$$\frac{\Delta y}{\Delta x}\approx f'(x),\ \text{當}\ \Delta x\approx 0$$

圖 2-6

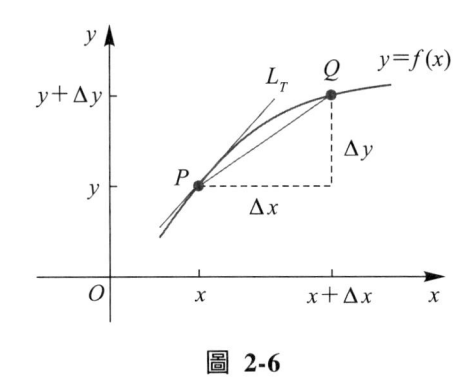

就圖形上而言，若 $\Delta x \to 0$，則通過 P 與 Q 之割線的斜率 $\dfrac{\Delta y}{\Delta x}$ 趨近在點 P 之切線 L_T 的斜率 $f'(x)$，也可寫成

$$\Delta y \approx f'(x)\,\Delta x, \text{ 當 } \Delta x \approx 0$$

在下面定義中，我們給 $f'(x)\,\Delta x$ 一個特別的名稱.

定義 2-9

若 $y=f(x)$ 為可微分函數，且 Δx 為 x 的增量，則
(1) 自變數 x 的微分記為 dx，定義為 $dx=\Delta x$.
(2) 因變數 y 的微分記為 dy，定義為 $dy=f'(x)\,\Delta x=f'(x)\,dx$.

注意，dy 的值與 x 及 Δx 兩者有關. 由定義 2-9(1) 可看出，只要涉及自變數 x，則增量 Δx 與微分 dx 沒有差別.

由前面的討論與定義 2-9(2) 可以得出，若 $\Delta x > 0$，則

$$\Delta y \approx dy = f'(x)\,dx$$

因此，若 $y=f(x)$，則對微小的變化量 Δx 而言，因變數的真正變化量 Δy 可以用 dy 來近似. 因 $\dfrac{dy}{dx}=f'(x)$ 為曲線 $y=f(x)$ 在點 $(x, f(x))$ 之切線的斜率，故微分 dy 與 dx 可解釋為該切線的對應縱差與橫差. 由圖 2-7 可以了解增量 Δy 與微分 dy 的區別. 假設我們給予 dx 與 Δx 同樣的值，即，$dx=\Delta x$. 當我們由 x 開始沿著曲線 $y=$

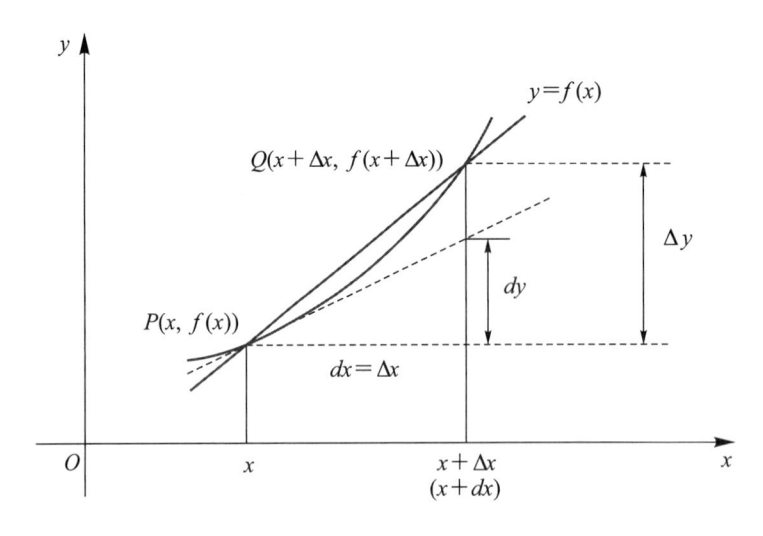

圖 2-7

$f(x)$ 直到在 x-方向移動 $\Delta x\,(=dx)$ 單位時，Δy 代表 y 的變化量；而若我們由 x 開始沿著切線直到在 x-方向移動 $dx\,(=\Delta x)$ 單位，則 dy 代表 y 的變化量.

例題 1 **解題指引** ☺ 求 Δy 與 dy 的差

設 $y=x^3$，求 Δy 與 dy. 當 x 由 1 變到 1.01 時，$\Delta y - dy$ 的值為何？

解 $\Delta y = f(x+\Delta x) - f(x) = (x+\Delta x)^3 - x^3 = 3x^2(\Delta x) + 3x(\Delta x)^2 + (\Delta x)^3$

$$dy = f'(x)\,dx = 3x^2\,dx = 3x^2(\Delta x)$$

$$\Delta y - dy = 3x^2(\Delta x) + 3x(\Delta x)^2 + (\Delta x)^3 - 3x^2(\Delta x) = 3x(\Delta x)^2 + (\Delta x)^3$$

在上式中，代換 $x=1$ 與 $\Delta x = 0.01$，可得

$$\Delta y - dy = 3(0.0001) + 0.000001 = 0.000301.$$

定理 2-10

設 $y=f(x)$ 為可微分函數，若 $\Delta x \approx 0$，則 $dy \approx \Delta y$.

證 依定義，

$$\Delta y = f(x+\Delta x) - f(x)$$

$$dy = f'(x)\Delta x$$

可得

$$\Delta y - dy = f(x+\Delta x) - f(x) - f'(x)\Delta x$$

以 $\Delta x\ (\Delta x \neq 0)$ 除之，

$$\frac{\Delta y - dy}{\Delta x} = \frac{f(x+\Delta x) - f(x)}{\Delta x} - f'(x)$$

因而

$$\lim_{\Delta x \to 0} \frac{\Delta y - dy}{\Delta x} = \lim_{\Delta x \to 0} \left[\frac{f(x+\Delta x) - f(x)}{\Delta x} - f'(x)\right]$$

$$= \lim_{\Delta x \to 0} \frac{f(x+\Delta x) - f(x)}{\Delta x} - \lim_{\Delta x \to 0} f'(x)$$

$$= f'(x) - f'(x) = 0$$

可得

$$\lim_{\Delta x \to 0} (\Delta y - dy) = 0 (\lim_{\Delta x \to 0} \Delta x) = 0$$

即，當 $\Delta x \approx 0$ 時，$dy \approx \Delta y$. ✢

通常要計算 Δy 往往不太容易，我們可以改用較容易計算的 $f'(x)\Delta x$ 來代替，換句話說，我們用 dy 來取代 Δy，故

$$f(x+\Delta x) \approx f(x) + f'(x)\Delta x$$

若令 $x = a$，則上式變成

$$f(a+\Delta x) \approx f(a) + f'(a)\Delta x \tag{2-14}$$

由於 f 之圖形在 P 點的切線斜率為 $f'(a)$ 且 Q 點位於該切線上，故 Q 點之 y-坐標應為 $f(a) + f'(a)\Delta x$. 當 $\Delta x \to 0$ 時，ε (誤差) $\to 0$，如圖 2-8 所示，此時 $f(a) + f'(a)\Delta x$ 充分接近於 $f(a+\Delta x)$，故稱 (2-14) 式的右端為左端的最佳近似值. 此結果稱為 f 在 a 附近的**線性近似**或**切線近似**，且函數

$$L(x) = f(a) + f'(a)\Delta x = f(a) + f'(a)(x-a) \tag{2-15}$$

(其圖形為切線) 稱為 f 在 a 的**線性化**.

由於 $f'(a)\Delta x$ 為 f 之實際增量 (變化量) $\Delta f = f(a+\Delta x) - f(a)$ 的近似值，故

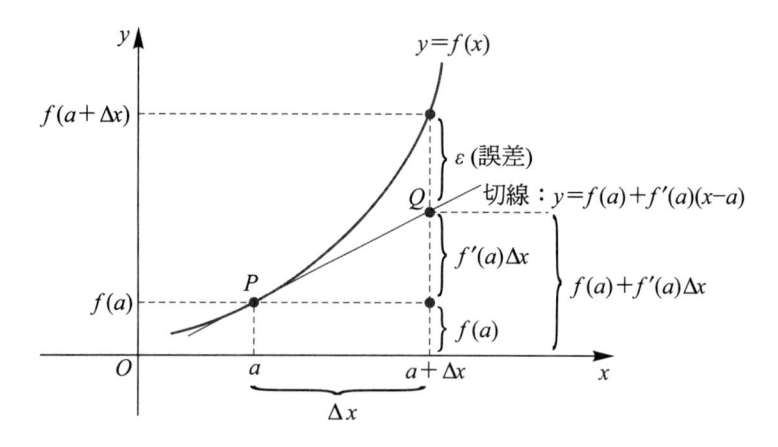

$f(a)+f'(a)\Delta x$ 線性近似於 $f(a+\Delta x)$

圖 2-8

$$\begin{aligned}
\text{近似誤差} &= \Delta f - f'(a)\Delta x \\
&= f(a+\Delta x) - f(a) - f'(a)\Delta x \\
&= \underbrace{\left(\frac{f(a+\Delta x)-f(a)}{\Delta x} - f'(a)\right)}_{\text{稱此部分為 }\varepsilon}\Delta x \qquad (2\text{-}16)\\
&= \varepsilon\Delta x
\end{aligned}$$

當 $\Delta x \to 0$ 時，$\dfrac{f(a+\Delta x)-f(a)}{\Delta x} \approx f'(a)$，故 (2-16) 式括弧內的量變成一微小的數 (這就是為什麼稱為 ε 的原因). 事實上

當 $\Delta x \to 0$ 時，$\varepsilon \to 0$

於是，當 Δx 很微小時，近似誤差 $\varepsilon\Delta x$ 會更微小. 故

$$\underbrace{\Delta f}_{\substack{\text{實際}\\\text{變化}}} = \underbrace{f'(a)\Delta x}_{\substack{\text{估計}\\\text{變化}}} + \underbrace{\varepsilon\Delta x}_{\text{誤差}}. \qquad (2\text{-}17)$$

定理 2-11

若 $y=f(x)$ 在 $x=a$ 為可微分，且 x 自 a 變化至 $a+\Delta x$，則 f 的實際變化 Δy 為

$$\Delta y = f'(a)\Delta x + \varepsilon \Delta x$$

其中，當 $\Delta x \to 0$ 時，$\varepsilon \to 0$.

例題 2　解題指引 ☺ 求線性化函數

求函數 $f(x)=\sqrt{x+3}$ 在 $x=1$ 的線性化，並利用它計算 $\sqrt{4.02}$ 的近似值.

解 $f(x)=\sqrt{x+3}$ 的導函數為 $f'(x)=\dfrac{1}{2}(x+3)^{-1/2}=\dfrac{1}{2\sqrt{x+3}}$，

可得 $f(1)=2$，$f'(1)=\dfrac{1}{4}$，代入 (2-15) 式，故線性化為

$$L(x) = f(1)+f'(1)(x-1)$$
$$= 2+\dfrac{1}{4}(x-1)$$
$$= \dfrac{7}{4}+\dfrac{x}{4}$$

見圖 2-9.

$$\sqrt{x+3} \approx \dfrac{7}{4}+\dfrac{x}{4}$$

圖 2-9

故 $\sqrt{4.02} \approx \dfrac{7}{4}+\dfrac{1.02}{4} = 2.005$.

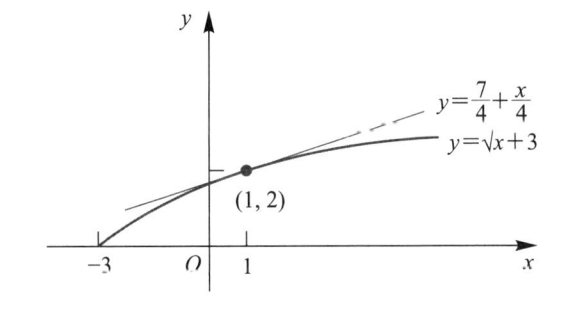

例題 3　解題指引 ☺ 利用線性近似

利用微分計算 $\sqrt[6]{64.05}$ 的近似值到小數第四位.

解 令 $f(x)=\sqrt[6]{x}$，則 $f'(x)=\dfrac{1}{6}x^{-5/6}$.

取 $a=64$，則
$$\Delta x=64.05-64=0.05$$

可得
$$f(64.05)\approx 2+f'(64)(0.05)$$

即，
$$\sqrt[6]{64.05}\approx 2+\dfrac{1}{6(64)^{5/6}}(0.05)=2+\dfrac{1}{192}(0.05)\approx 2.0003.$$

我們在前面提過，若 $y=f(x)$ 為可微分函數，當 $\Delta x\approx 0$ 時，$dy\approx \Delta y$，此結果在誤差傳遞的研究裡有很多的應用. 例如，在測量某物理量時，由於儀器的限制與其它因素，通常無法得到正確值 x，但會得到 $x+\Delta x$，此處 Δx 為測量誤差. 這種記錄值可用來計算其它的量 y. 以此方法，測量誤差 Δx 傳遞到在 y 的計算值中所產生的誤差 Δy.

例題 4 **解題指引** ☺ 利用 $\Delta V\approx dV$

若測得某球的半徑為 50 厘米，可能的測量誤差為 ± 0.01 厘米，試估計球體積之計算值的可能誤差.

解 若球的半徑為 r，則其體積為 $V=\dfrac{4}{3}\pi r^3$. 已知半徑的誤差為 ± 0.01，我們希望求 V 的誤差 ΔV，因 $\Delta V\approx 0$，故 ΔV 可由 dV 去近似. 於是，
$$\Delta V\approx dV=4\pi r^2\,dr$$

以 $r=50$ 與 $dr=\Delta r=\pm 0.01$ 代入上式，可得
$$\Delta V\approx 4\pi(2500)(\pm 0.01)\approx \pm 314.16$$

所以，體積的可能誤差約為 ± 314.16 立方厘米.

註：在例題 4 中，r 代表半徑的正確值. 因 r 的正確值未知，故我們代以測量值 $r=50$ 得到 ΔV. 又因為 $\Delta r\approx 0$，所以這個結果是合理的.

若某量的正確值是 q，而測量或計算的誤差是 Δq，則 $\dfrac{\Delta q}{q}$ 稱為測量或計算的**相對誤差**；當它表成百分比時，$\dfrac{\Delta q}{q}$ 稱為**百分誤差**．實際上，正確值通常是未知的，以致於使用 q 的測量值或計算值，而以 $\dfrac{dq}{q}$ 去近似相對誤差．在例題 4 中，半徑 r 的相對誤差 $\approx \dfrac{dr}{r} = \dfrac{\pm 0.01}{50} = \pm 0.0002$，而百分誤差約為 $\pm 0.02\%$；體積 V 的相對誤差 $\approx \dfrac{dV}{V} = 3\dfrac{dr}{r} = \pm 0.0006$，而百分誤差約為 $\pm 0.06\%$．

例題 5　解題指引 ☺ 利用百分誤差

設某電線的電阻為 $R = \dfrac{k}{r^2}$，此處 k 為常數，r 為電線的半徑．若半徑 r 的可能誤差為 $\pm 5\%$，試利用微分估計 R 的百分誤差．

解
$$R = \dfrac{k}{r^2} \Rightarrow dR = \left(-\dfrac{2k}{r^3}\right) dr$$

$$\dfrac{dR}{R} = \dfrac{\left(-\dfrac{2k}{r^3}\right) dr}{\dfrac{k}{r^2}} = -2\dfrac{dr}{r}$$

因 $\dfrac{dr}{r} \approx \pm 0.05$，可得

$$\dfrac{dR}{R} \approx -2(\pm 0.05) = \pm 0.1$$

故 R 的百分誤差約為 $\pm 10\%$．

在表 2-1 中，當以 $dx \neq 0$ 來乘遍左欄的導函數公式時，可得右欄的微分公式．

表 2-1

導函數公式	微分公式
$\dfrac{dk}{dx}=0$	$dk=0$
$\dfrac{d}{dx}x^n=nx^{n-1}$	$d(x^n)=nx^{n-1}\,dx$
$\dfrac{d}{dx}(cf)=c\dfrac{df}{dx}$	$d(cf)=c\,df$
$\dfrac{d}{dx}(f\pm g)=\dfrac{df}{dx}\pm\dfrac{dg}{dx}$	$d(f\pm g)=df\pm dg$
$\dfrac{d}{dx}(fg)=f\dfrac{dg}{dx}+g\dfrac{df}{dx}$	$d(fg)=f\,dg+g\,df$
$\dfrac{d}{dx}\left(\dfrac{f}{g}\right)=\dfrac{g\dfrac{df}{dx}-f\dfrac{dg}{dx}}{g^2}$	$d\left(\dfrac{f}{g}\right)=\dfrac{g\,df-f\,dg}{g^2}$
$\dfrac{d}{dx}(f^n)=nf^{n-1}\dfrac{df}{dx}$	$d(f^n)=nf^{n-1}\,df$

例題 6　**解題指引** ☺ 利用微分公式求 dy

若 $y=\dfrac{x^2}{x+1}$，求 dy．

解　
$$dy=d\left(\dfrac{x^2}{x+1}\right)=\dfrac{(x+1)d(x^2)-x^2 d(x+1)}{(x+1)^2}$$

$$=\dfrac{(x+1)2x\,dx-x^2\,dx}{(x+1)^2}=\dfrac{2x^2+2x-x^2}{(x+1)^2}\,dx$$

$$=\dfrac{x^2+2x}{(x+1)^2}\,dx.$$

例題 7 解題指引 ☺ 利用微分公式求 dy

若 $x^2+y^2=xy$，求 dy 與 $\dfrac{dy}{dx}$.

解
$$d(x^2+y^2)=d(xy)$$
$$d(x^2)+d(y^2)=d(xy)$$

可得
$$2x\,dx+2y\,dy=x\,dy+y\,dx$$

$$(2y-x)\,dy=(y-2x)\,dx$$

故
$$dy=\dfrac{y-2x}{2y-x}dx=\dfrac{2x-y}{x-2y}dx \text{ (若 } x\neq 2y\text{)}$$

而
$$\dfrac{dy}{dx}=\dfrac{2x-y}{x-2y} \text{ (若 } x\neq 2y\text{)}.$$

習題 2-6

在 1～4 題中，計算 Δy、dy 與 $dy-\Delta y$.

1. $y=3x^2+5x-2$
2. $y=\dfrac{1}{x}$
3. $y=x^4$
4. $y=\dfrac{1}{x^2}$

5. 設 $y=x^3-3x^2+2x-7$，若 x 由 4 變到 3.95，試利用 dy 去近似 Δy.

在 6～8 題中，利用微分計算各數的近似值.

6. $\sqrt[3]{26.91}$
7. $(3.99)^4$
8. $\sqrt[3]{1.02}+\sqrt[4]{1.02}$

9. 求函數 $f(x)=\sqrt[3]{1+x}$ 在 $x=0$ 的線性化，並計算 $\sqrt[3]{0.95}$ 的近似值.

10. 利用微分計算 $\dfrac{\sqrt{4.02}}{2+\sqrt{9.02}}$ 的近似值.

11. 利用 $(1+x)^k\approx 1+kx$ 計算下列的近似值.

(1) $(1.0002)^{50}$ (2) $\sqrt[3]{1.009}$

12. 已知測得正方體的邊長為 25 厘米，可能誤差為 ±1 厘米．

(1) 利用微分估計所計算體積的誤差．

(2) 估計邊長與體積的百分誤差．

13. 設圓球形的氣球充以氣體而膨脹，若直徑由 2 米增為 2.02 米，試利用微分去近似氣球表面積的增量．

14. 若長為 15 厘米且直徑為 5 厘米的金屬管覆以 0.001 厘米厚的絕緣體（兩端除外），試利用微分估計絕緣體的體積．

15. 若鐘擺的長度為 L（以呎計）且週期為 T（以秒計），則 $T=2\pi\sqrt{\dfrac{L}{g}}$，此處 g 為常數．利用微分證明 T 的百分誤差約為 L 的百分誤差的一半．

16. 波義耳定律為：密閉容器中的氣體壓力 P 與體積 V 的關係式為 $PV=k$，其中 k 為常數．試證：$P\,dV+V\,dP=0$．

▶▶ 2-7　反函數的導函數

在本節中，我們將討論如何求代數函數之反函數的導函數，作為以後研習**超越函數**之導函數的基礎．

已知 $f(x)=\dfrac{1}{3}x+1$，則其反函數為 $f^{-1}(x)=3x-3$，可得

$$\frac{d}{dx}f(x)=\frac{d}{dx}\left(\frac{1}{3}x+1\right)=\frac{1}{3}$$

$$\frac{d}{dx}f^{-1}(x)=\frac{d}{dx}(3x-3)=3$$

這兩個導函數互為倒數．f 的圖形為直線 $y=\dfrac{1}{3}x+1$，而 f^{-1} 的圖形為直線 $y=3x-3$（圖 2-10），它們的斜率互為倒數．

圖 2-10

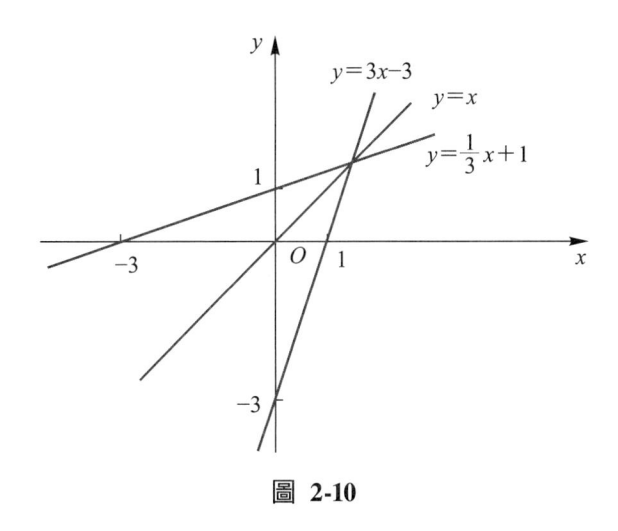

　　這並非特殊的情形，事實上，將任一條非水平線或非垂直線對於直線 $y=x$ 作鏡射，一定會顛倒斜率．若原直線的斜率為 m，則經由鏡射所得對稱直線的斜率為 $\dfrac{1}{m}$ (圖 2-11).

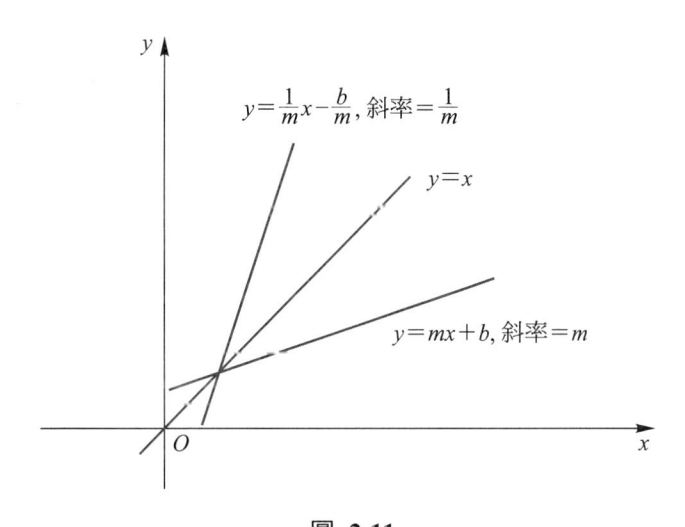

圖 2-11

　　上面所述的倒數關係對其它函數而言也成立．若 $y=f(x)$ 的圖形在點 $(a, f(a))$ 的切線斜率為 $f'(a) \neq 0$，則 $y=f^{-1}(x)$ 的圖形在對稱點 $(f(a), a)$ 的切線斜率為 $\dfrac{1}{f'(a)}$．於是，f^{-1} 在 $f(a)$ 的導數等於 f 在 a 的導數之倒數．

定理 2-12

若 f 為定義在某區間的一對一連續函數，則其反函數 f^{-1} 為連續.

上述定理在高等微積分書籍中會有正式的證明，我們在此不予證明.

定理 2-13

若可微分函數 f 的反函數為 g，且 $f'(g(a))\neq 0$，則 g 在 a 為可微分，且

$$g'(a)=\frac{1}{f'(g(a))}. \tag{2-18}$$

證 依導數的定義，

$$g'(a)=\lim_{x\to a}\frac{g(x)-g(a)}{x-a}$$

因 f 與 g 互為反函數，故

$$g(x)=y, \quad 若且唯若 f(y)=x$$
$$g(a)=b, \quad 若且唯若 f(b)=a$$

因 f 為可微分，故其為連續. 因此，依定理 2-12，g 為連續. 於是，若 $x\to a$，則 $g(x)\to g(a)$，即 $y\to b$. 所以，

$$g'(a)=\lim_{x\to a}\frac{g(x)-g(a)}{x-a}=\lim_{y\to b}\frac{y-b}{f(y)-f(b)}=\lim_{y\to b}\frac{1}{\frac{f(y)-f(b)}{y-b}}$$

$$=\frac{1}{\lim_{y\to b}\frac{f(y)-f(b)}{y-b}}=\frac{1}{f'(b)}=\frac{1}{f'(g(a))}.$$

以 x 代換定理 2-13 中的公式，可得

$$g'(x) = \frac{1}{f'(g(x))}. \tag{2-19}$$

令 $y = g(x)$，則 $x = f(y)$，於是，

$$\frac{dy}{dx} = g'(x), \quad \frac{dx}{dy} = f'(y) = f'(g(x))$$

將此結果代入 (2-19) 式，可得

$$\frac{dy}{dx} = \frac{1}{\frac{dx}{dy}}. \tag{2-20}$$

例題 1 **解題指引** ☺ **利用公式 (2-18)**

已知 $f(x) = \sqrt{2x-3}$ 有反函數 g，求 $g'(1)$。

解 $f'(x) = \dfrac{d}{dx}\sqrt{2x-3} = \dfrac{2}{2\sqrt{2x-3}} = \dfrac{1}{\sqrt{2x-3}}$

令 $x = g(1)$，則 $f(x) = 1$，即

$$\sqrt{2x-3} = 1, \quad 2x-3 = 1$$

可得 $x = 2$。所以，

$$g'(1) = \frac{1}{f'(g(1))} = \frac{1}{f'(2)} = \frac{1}{\frac{1}{\sqrt{4-3}}} = 1.$$

另解 先求得 $f(x) = \sqrt{2x-3}$ 的反函數 $g(x) = \dfrac{x^2+3}{2}$，故 $g'(1) = 1$。

例題 2 **解題指引** ☺ **求反函數圖形上一點的斜率再求該點的切線方程式**

求 $f(x) = x^3 - 5$ 的反函數圖形 $y = f^{-1}(x)$ 在 $x = 3$ 的切線方程式。

解 $f'(x) = \dfrac{d}{dx}(x^3-5) = 3x^2$。令 $f^{-1}(3) = a$，則 $f(a) = 3$。因此，$a^3 - 5 = 3$，

可得 $a=2$.

所以，在反函數 $f^{-1}(x)$ 圖形上點 $(3, 2)$ 之切線斜率為

$$m = \frac{d}{dx}f^{-1}(x)\bigg|_{x=3} = \frac{1}{f'(f^{-1}(3))} = \frac{1}{f'(2)} = \frac{1}{12}$$

故通過反函數圖形上點 $(3, 2)$ 的切線方程式為

$$y-2 = \frac{1}{12}(x-3) \quad 或 \quad x-12y+21=0.$$

例題 3 **解題指引** ☺ 若 g 為 f 的反函數，故 $f(g(x))=x$，則 $\frac{d}{dx}f(g(x)) = \frac{d}{dx}x = 1$

若 $f'(x) = \frac{1}{\sqrt{1-[f(x)]^2}}$，$g = f^{-1}$，求 $g'(x)$.

解 因 g 為 f 的反函數，故 $f(g(x))=x$.

上式等號兩端對 x 微分，可得 $f'(g(x)) \cdot g'(x) = 1$，所以，

$$g'(x) = \frac{1}{f'(g(x))} = \frac{1}{\dfrac{1}{\sqrt{1-[f'(g(x))]^2}}} = \sqrt{1-x^2}.$$

習題 2-7

1. 設 $f(x) = x^3 - x$ 的反函數為 f^{-1}，求 $(f^{-1})'(6)$.
2. 設 $f(x) = x^4 + 2x^2 - 3$ $(x > 0)$ 的反函數為 g，求 $g'(0)$.
3. 設 $f(x) = x^5 + 1$ 的反函數為 f^{-1}，求 $(f^{-1})'(2)$.
4. 設 $f(x) = x^5 + x^3 + x + 1$ 的反函數為 f^{-1}，求 $(f^{-1})'(4)$.
5. 求 $f(x) = x^3 + x$ 的反函數圖形在點 $(10, 2)$ 的切線方程式.

6. 利用公式 $\dfrac{dy}{dx}=\dfrac{1}{\dfrac{dx}{dy}}$，求 $f(x)=x^3+x$ 的反函數圖形在點 $(10, 2)$ 的切線斜率.

7. 利用公式 $\dfrac{dy}{dx}=\dfrac{1}{\dfrac{dx}{dy}}$，求 $f(x)=x^5+2x^3+x+4$ 的反函數圖形在點 $(0, -1)$ 的切線方程式.

8. 令 $F(x)=f(2g(x))$，此處 $f(x)=x^4+x^3+1$，$0 \leq x \leq 2$，且 $g(x)=f^{-1}(x)$，求 $F'(3)$.

3 微分的應用

本章學習目標

- 瞭解極大值與極小值的求法
- 瞭解洛爾定理與均值定理之幾何意義及二者間之關係
- 瞭解遞增函數與遞減函數及單調性定理
- 能夠求函數的相對極值
- 瞭解圖形之凹性及反曲點
- 瞭解函數圖形的描繪步驟
- 瞭解極值之應用
- 瞭解相關變化率及應用
- 瞭解牛頓法求方程式近似根之原理

▶▶ 3-1 極大值與極小值

在日常生活中，我們對一些問題必須以尋求最佳決策的方法處理之．例如，某人開一家成衣工廠，希望工資愈低而產品價格愈高，以便獲得更多利潤．但這是行不通的，因為工資低，工人可以怠工，而產品價格過高，則產品會賣不出去，造成庫存過多．如何在可能的狀況下，使工資與價格恰到好處，而又達到利潤最多的目標，這些都是**最佳化問題**．

最佳化問題可簡化為求函數的最大值與最小值並判斷此值發生於何處．在本節中，我們將對求解這種問題的某些數學觀念作詳細說明．往後，我們將使用這些觀念去求解一些應用問題．

定義 3-1

令函數 f 定義在區間 I，且 $c \in I$．
(1) 若對 I 中所有 x，恆有 $f(c) \geq f(x)$，則稱 f 在 c 處有極大值或絕對極大值，$f(c)$ 為 f 在 I 上的極大值或絕對極大值．
(2) 若對 I 中所有 x，恆有 $f(c) \leq f(x)$，則稱 f 在 c 處有極小值或絕對極小值，$f(c)$ 為 f 在 I 上的極小值或絕對極小值．
上述的 $f(c)$ 稱為 f 的極值或絕對極值．

在圖 3-1 中，函數 f 在 d 處有絕對極大值而在 a 處有絕對極小值．注意 $(d, f(d))$ 為圖形的最高點而 $(a, f(a))$ 為最低點．

在圖 3-1 中，若僅考慮 b 附近的 x 值（例如，考慮區間 (a, c)），則 $f(b)$ 為那些 $f(x)$ 值的最大者而稱為 f 的相對（或局部）極大值．同樣，若考慮區間 (b, d)，則 $f(c)$ 為 f 的相對（或局部）極小值．

图 3-1

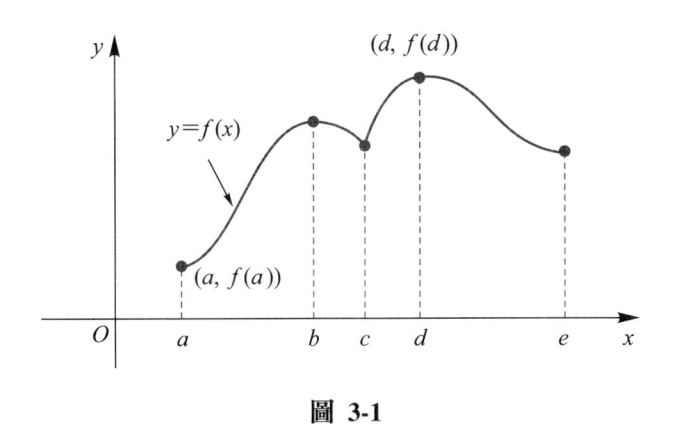

定義 3-2

令函數 f 定義在某區間, 且 c 在該區間內.

(1) 若存在包含 c 的開區間 I, 使得 $f(c) \geq f(x)$ 對 I 中的所有 x 皆成立, 則稱 f 在 c 處有**相對極大值** (或**局部極大值**).

(2) 若存在包含 c 的開區間 I, 使得 $f(c) \leq f(x)$ 對 I 中的所有 x 皆成立, 則稱 f 在 c 處有**相對極小值** (或**局部極小值**).

上述的 $f(c)$ 稱為 f 的**相對極值** (或**局部極值**).

例題 1 解題指引 ☺ 函數有極小值存在

若 $f(x) = x^2$, 則 $f(x) \geq f(0)$, 故 $f(0) = 0$ 為 f 的絕對極小值. 這表示原點為拋物線 $y = x^2$ 上的最低點. 然而, 在此拋物線上無最高點, 故此函數無極大值.

例題 2 解題指引 ☺ 函數無絕對極值存在

若 $f(x) = x^3$, 則此函數無絕對極大值也無絕對極小值.

我們已看出有些函數有極值, 而有些則沒有. 下面定理給出保證函數的極大值與極小值存在的條件.

定理 3-1　極值存在定理

若函數 f 在閉區間 $[a, b]$ 為連續，則 f 在 $[a, b]$ 上不但有極大值且有極小值.

本定理的證明從略. 然而，若我們想像成質點沿著連續函數在閉區間 $[a, b]$ 的圖形移動，則結果在直觀上是很顯然的；在整個歷程中，質點必須通過最高點與最低點.

在極值存在定理中，f 為連續與閉區間的假設是絕對必要的. 若任一假設不滿足，則不能保證極大值或極小值存在.

例題 3　**解題指引** ☺ 函數有極小值存在

若函數 $f(x) = \begin{cases} x^2, & 0 \leq x < 1 \\ \dfrac{1}{2}, & 1 \leq x \leq 2 \end{cases}$

定義在閉區間 $[0, 2]$，則它有絕對極小值 0，但無絕對極大值. 事實上，f 在 $x = 1$ 有不連續點 (見圖 3-2).

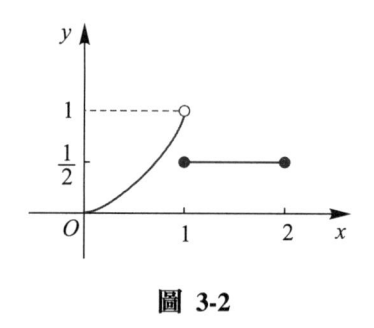

圖 3-2

例題 4　**解題指引** ☺ 函數不存在任何極值

函數 $f(x) = x^2 \ (0 < x < 1)$ 在開區間 $(0, 1)$ 為連續，但無極大值也無極小值.

如圖 3-3 所示，函數 f 的相對極值發生於 f 之圖形的水平切線所在的點或 f 之圖形的尖點或折角處，此為下面定理的要旨.

図 3-3

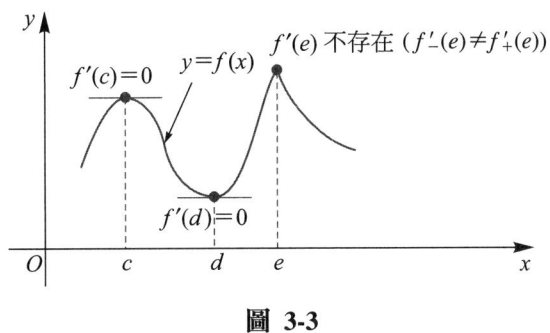

定理 3-2

若函數 f 在 c 處有相對極值，則 $f'(c)=0$ 抑或 $f'(c)$ 不存在．

證 (1) 設 f 在 c 處有相對極值，若 $f'(c)$ 不存在，則不必再證．

(2) 設 f 在 c 處有相對極大值，依定義 3-2，若 x 充分接近 c，則 $f(c) \geq f(x)$．此蘊涵若 h 充分接近 0，此處 $h>0$ 或 $h<0$，則 $f(c) \geq f(c+h)$，所以，

$$f(c+h)-f(c) \leq 0$$

於是，若 $h>0$ 且 h 夠小，則

$$\frac{f(c+h)-f(c)}{h} \leq 0$$

可得

$$\lim_{h \to 0^+} \frac{f(c+h)-f(c)}{h} \leq \lim_{h \to 0^+} 0 = 0$$

但 $f'(c)$ 存在，故

$$f'(c)=\lim_{h \to 0} \frac{f(c+h)-f(c)}{h} = \lim_{h \to 0^+} \frac{f(c+h)-f(c)}{h}$$

因此，$f'(c) \leq 0$．

若 $h<0$，則

$$\frac{f(c+h)-f(c)}{h} \geq 0$$

可知 $f'(c) = \lim\limits_{h \to 0} \dfrac{f(c+h)-f(c)}{h} = \lim\limits_{h \to 0^-} \dfrac{f(c+h)-f(c)}{h} \geq 0$

於是，$f'(c) = 0$.

同理，可證得 f 在 c 處有相對極小值的情形.

所以，證明完畢.

例題 5　解題指引 ☺ 函數在有相對極小值之處不可微分

函數 $f(x) = |x-1|$ 在 $x=1$ 處有 (相對且絕對) 極小值，但 $f'(1)$ 不存在.

例題 6　解題指引 ☺ 導數為零的地方無任何相對極值

若 $f(x) = x^3$，則 $f'(x) = 3x^2$，故 $f'(0) = 0$. 但是，f 在 $x=0$ 處無相對極大值或相對極小值. $f'(0) = 0$ 僅表示曲線 $y = x^3$ 在點 $(0, 0)$ 有一條水平切線.

定義 3-3 ↻

設 c 為函數 f 之定義域中的一數，若 $f'(c) = 0$ 抑或 $f'(c)$ 不存在，則稱 c 為 f 的**臨界數** (或稱**臨界值**，或稱**臨界點**).

依定理 3-2，若函數有相對極值，則相對極值發生於臨界數處；但是，並非在每一個臨界數處皆有相對極值，如例題 6 所示.

若函數 f 在閉區間 $[a, b]$ 為連續，則求其極值的步驟如下：

1. 在 (a, b) 中，求 f 的所有臨界數，並計算 f 在這些臨界數的值.
2. 計算 $f(a)$ 與 $f(b)$.
3. 從 1 與 2 中所計算的最大值即為極大值，最小值即為極小值.

在步驟 2 中，若 $f(a)$ 與 $f(b)$ 為極大值或極小值，則稱為**端點極值**.

例題 7　解題指引 ☺ 在閉區間上求函數的極值

求函數 $f(x) = x^3 - 3x^2 + 2$ 在區間 $[-2, 3]$ 上的極大值與極小值.

解 $f'(x)=3x^2-6x=3x(x-2)$. 於是，在 $(-2, 3)$ 中，f 的臨界數為 0 與 2.

f 在這些臨界數的值為
$$f(0)=2, \quad f(2)=-2$$

而在兩端點的值為
$$f(-2)=-18, \quad f(3)=2$$

所以，極大值為 2，極小值為 -18.

例題 8 **解題指引** ☺ 在閉區間上求函數的極值

求函數 $f(x)=(x-2)\sqrt{x}$ 在 $[0, 4]$ 上的極大值與極小值.

解 $f'(x)=\sqrt{x}+(x-2)\dfrac{1}{2\sqrt{x}}=\dfrac{3x-2}{2\sqrt{x}}$.

於是，在 $(0, 4)$ 中，f 的臨界數為 $\dfrac{2}{3}$.

因 $f(0)=0$，$f\left(\dfrac{2}{3}\right)=-\dfrac{4\sqrt{6}}{9}$，$f(4)=4$，故 $f(4)>f(0)>f\left(\dfrac{2}{3}\right)$.

所以，極大值為 4，極小值為 $-\dfrac{4\sqrt{6}}{9}$.

例題 9 **解題指引** ☺ 在閉區間上求函數的極值

求函數 $f(x)=\sqrt{|x-4|}$ 在區間 $[2, 5]$ 上的極大值與極小值.

解 因
$$f(x)=\sqrt{|x-4|}=\begin{cases}\sqrt{x-4}, & \text{若 } x\geq 4\\ \sqrt{4-x}, & \text{若 } x<4\end{cases}$$

故
$$f'(x)=\begin{cases}\dfrac{1}{2\sqrt{x-4}}, & \text{若 } x>4\\ \dfrac{-1}{2\sqrt{4-x}}, & \text{若 } x<4\end{cases}$$

由於 $f'(4)$ 不存在. 可知 f 在 $(2, 5)$ 中的唯一臨界數為 4，$f(4)=0$.

又 $f(2)=\sqrt{2}$, $f(5)=1$,

故極大值為 $\sqrt{2}$，極小值為 0.

習題 3-1

在 1～5 題中，求 f 在所予閉區間上的極大值與極小值.

1. $f(x)=2x^3-3x^2-12x$; $[-2, 3]$

2. $f(x)=\dfrac{x}{x^2+2}$; $[-1, 4]$

3. $f(x)=(x^2+x)^{2/3}$; $[-2, 3]$

4. $f(x)=1+|9-x^2|$; $[-5, 1]$

5. $f(x)=|6-4x|$; $[-3, 3]$

6. 求 $f(x)=\begin{cases} 4x-2, & \text{若 } x<1 \\ (x-2)(x-3), & \text{若 } x\geq 1 \end{cases}$ 在 $\left[\dfrac{1}{2}, \dfrac{7}{2}\right]$ 上的極大值與極小值.

7. 令 $f(x)=x^2+px+q$，求 p 與 q 的值使得 $f(1)=3$ 為 f 在 $[0, 2]$ 上的極值. 它是極大值或極小值？

▶▶ 3-2 均值定理

在本節中，我們將討論一個重要結果，稱為**均值定理**，此定理非常有用，被視為微積分學裡的最重要結果之一. 我們先著手於均值定理的特例，稱為**洛爾定理**，是由法國大數學家洛爾（1652～1719 年）所提出，它提供了臨界數存在的充分條件. 此定理是對在閉區間 $[a, b]$ 為連續，在開區間 (a, b) 為可微分且 $f(a)=f(b)$ 的函數 f 來討論的，這種函數的一些代表性的圖形如圖 3-4 所示.

參照圖 3-4 中的圖形，可知至少存在一數 c 介於 a 與 b 之間，使得在點 $(c, f(c))$ 處的切線為水平，或者，$f'(c)=0$.

圖 3-4

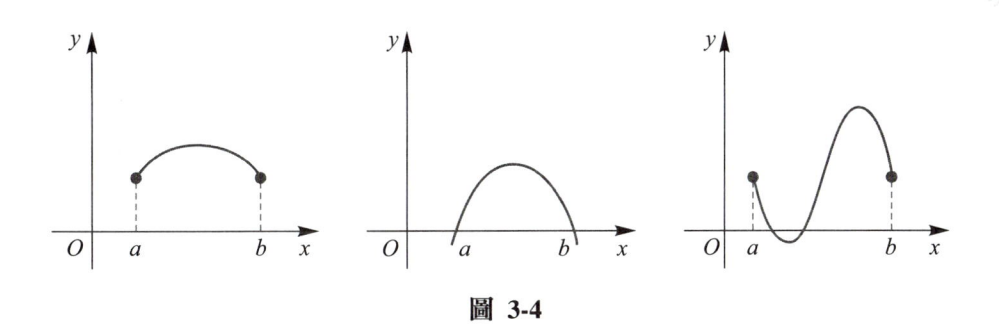

定理 3-3　洛爾定理

若
(1) f 在 $[a, b]$ 為連續
(2) f 在 (a, b) 為可微分
(3) $f(a)=f(b)$ （或 $f(a)=f(b)=0$）

則在 (a, b) 中存在一數 c 使得 $f'(c)=0$.

例題 1　**解題指引** 應用洛爾定理

設 $f(x)=x^4-2x^2-8$，求區間 $(-2, 2)$ 中的所有 c 值使得 $f'(c)=0$.

解　因 f 在 $[-2, 2]$ 為連續，在 $(-2, 2)$ 為可微分，且 $f(-2)=0=f(2)$，故滿足洛爾定理的三個條件．所以至少存在一數 c，$-2 < c < 2$，使得 $f'(c)=0$.

又　　　　　　　　　　$f'(x)=4x^3-4x$

故　　　　　　　　　　$f'(c)=4c^3-4c=0$

解得　　　　　　　　　$c=0, 1, -1$

故在 $(-2, 2)$ 中的所有 c 值為 -1、0 與 1.

例題 2　**解題指引** 缺少洛爾定理的可微分條件，則洛爾定理不成立

試說明函數 $f(x)=1-(x-1)^{2/3}$ 在 $[0, 2]$ 中無法滿足洛爾定理.

解　因為 $f(0)=f(2)=0$，又 f 在 $[0, 2]$ 為連續，但 f 於 $x=1$ 處不可微分，所以無法找到一數 $c \in (0, 2)$ 使得 $f'(c)=0$，其圖形如圖 3-5 所示.

圖 3-5

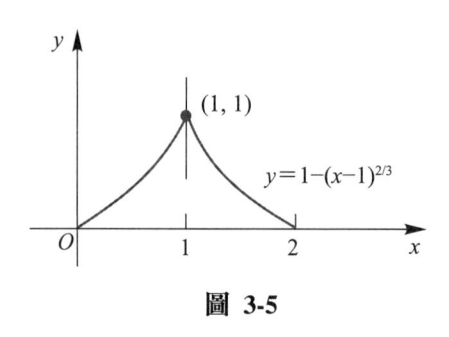

例題 3　**解題指引** ☺ 應用洛爾定理

試證：方程式 $x^4+3x+1=0$ 在區間 $(-2, -1)$ 中至多有一個實根．

解　令 $f(x)=x^4+3x+1$，則 $f'(x)=4x^3+3$，故 f 的唯一臨界數為 $-\sqrt[3]{\dfrac{3}{4}}$，但此數不在 $(-2, -1)$ 中．設方程式 $f(x)=0$ 在區間 $(-2, -1)$ 中至少有兩個實根，令其兩根為 x_1、x_2，則 $f(x_1)=f(x_2)=0$．於是，在 x_1 與 x_2 之間存在一數 c 使得 $f'(c)=0$．因而，$c \in (-2, -1)$．但 $-\sqrt[3]{\dfrac{3}{4}} \notin (-2, -1)$，可知 $c \neq -\sqrt[3]{\dfrac{3}{4}}$．這與 f 有唯一的臨界數 $-\sqrt[3]{\dfrac{3}{4}}$ 不合．證明完畢．

例題 4　**解題指引** ☺ 應用洛爾定理

試證：方程式 $x^3+3x+1=0$ 有唯一的實根．

解　令 $f(x)=x^3+3x+1$，則 $f'(x)=3x^2+3=3(x^2+1) \geq 3$．因 $f(-1)=-3<0$，$f(0)=1>0$，故依中間值定理，在 $(-1, 0)$ 中存在一數 c 使得 $f(c)=0$．於是，所予方程式有一實根．

　　設方程式 $f(x)=0$ 有兩實根 a 與 b，則 $f(a)=0=f(b)$．於是，在 a 與 b 之間存在一數 c 使得 $f'(c)=0$，此為矛盾，因而所予方程式不可能有兩個實根．所以，我們證得所予方程式有唯一實根．

例題 5 解題指引 😊 應用洛爾定理

若 $a_0, a_1, a_2, \cdots, a_n$ 皆為實數且滿足

$$\frac{a_0}{1}+\frac{a_1}{2}+\frac{a_2}{3}+\cdots+\frac{a_n}{n+1}=0$$

試證：方程式 $a_0+a_1x+a_2x^2+\cdots+a_nx^n=0$ 至少有一個實根．

解 令

$$F(x)=a_0x+\frac{a_1}{2}x^2+\frac{a_2}{3}x^3+\cdots+\frac{a_n}{n+1}x^{n+1}$$

$$F(1)=\frac{a_0}{1}+\frac{a_1}{2}+\frac{a_2}{3}+\cdots+\frac{a_n}{n+1}=0$$

$$F(0)=0$$

又因多項式函數 F 在 $\mathbb{R}$ 為連續且可微，$F(1)=F(0)=0$，故存在一數 $c\in(0, 1)$ 使得 $F'(c)=0$．

又 $$F'(x)=a_0+a_1x+a_2x^2+\cdots+a_nx^n$$

所以，方程式 $a_0+a_1x+a_2x^2+\cdots+a_nx^n=0$ 至少有一個實根．

下面的定理可以看作是將洛爾定理推廣到 $f(a) \neq f(b)$ 的情形．在討論此一定理之前，先考慮 f 的圖形上的兩點 $A(a, f(a))$ 與 $B(b, f(b))$，如圖 3-6 所示．若 $f'(x)$ 對所有 $x\in(a, b)$ 皆存在，則從圖中顯然可以看出，在圖形上存在一點 $P(c, f(c))$ 使得在該點的切線與通過 A 及 B 的割線平行．此一事實可用斜率表示如下：

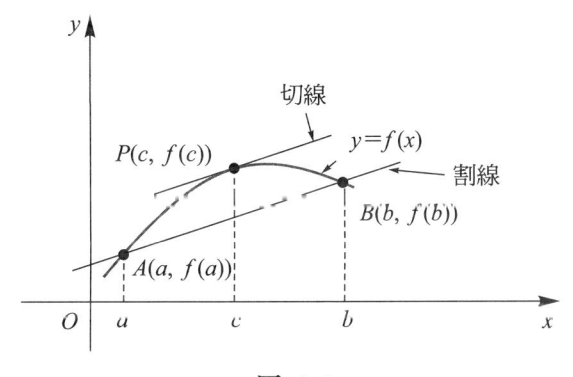

圖 3-6

$$f'(c) = \frac{f(b)-f(a)}{b-a}$$

等號右邊的式子是由通過 A 與 B 之直線的斜率公式求出，若將等號兩邊同時乘以 $b-a$，則可得下面定理中的公式.

定理 3-4 均值定理

若
(1) f 在 $[a, b]$ 為連續
(2) f 在 (a, b) 為可微分
則在 (a, b) 中存在一數 c 使得

$$\frac{f(b)-f(a)}{b-a} = f'(c)$$

或
$$f(b)-f(a) = f'(c)(b-a).$$

證 由圖 3-7 所示，定義函數 h 如下：

$$h(x) = f(x) - f(a) - \frac{f(b)-f(a)}{b-a}(x-a)$$

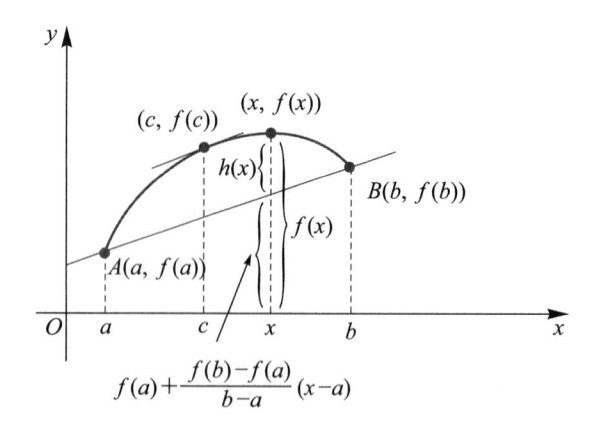

圖 3-7

(1) h 在 $[a, b]$ 為連續且在 (a, b) 為可微分.

(2) $h'(x) = f'(x) - \dfrac{f(b)-f(a)}{b-a}$.

因 $h(a) = 0 = h(b)$，故依洛爾定理，在 (a, b) 中存在一數 c 使得 $h'(c) = 0$.

於是，
$$h'(c) = f'(c) - \dfrac{f(b)-f(a)}{b-a} = 0$$

所以，
$$f'(c) = \dfrac{f(b)-f(a)}{b-a}$$

即
$$f(b) - f(a) = f'(c)(b-a).$$

例題 6　解題指引 ☺ 應用均值定理

令 $f(x) = x^3 - x^2 - x + 1$，$x \in [-1, 2]$，求所有 c 值使滿足均值定理的結論.

解 $f'(x) = 3x^2 - 2x - 1$，而

$$\dfrac{f(2) - f(-1)}{2 - (-1)} = \dfrac{3-0}{3} = 3c^2 - 2c - 1$$

故
$$3c^2 - 2c - 1 = 1$$

解
$$3c^2 - 2c - 2 = 0$$

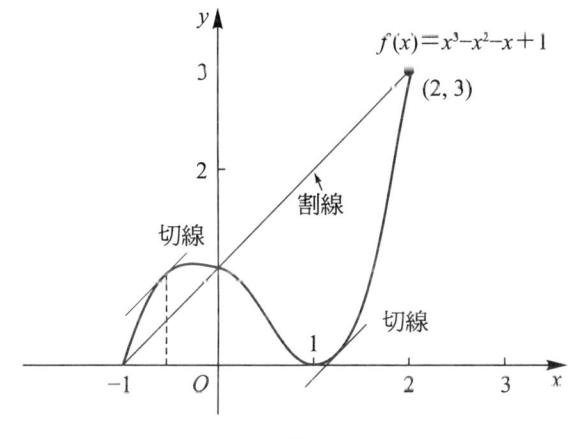

圖 3-8

可得 $$c = \frac{2 \pm \sqrt{4+24}}{6} = \frac{1 \pm \sqrt{7}}{3}$$

即，$c_1 = \dfrac{1-\sqrt{7}}{3}$，$c_2 = \dfrac{1+\sqrt{7}}{3}$，兩數皆位於區間 $(-1, 2)$ 中．

圖形如圖 3-8 所示．

例題 7 **解題指引** ☺ 缺少均值定理的可微分條件，則均值定理不成立

令 $f(x) = x^{2/3}$，$x \in [-8, 27]$，試說明 f 不滿足均值定理的結論，原因何在？

解 $f'(x) = \dfrac{d}{dx} x^{2/3} = \dfrac{2}{3} x^{-1/3}$，$x \neq 0$，且

$$\frac{f(27) - f(-8)}{27 - (-8)} = \frac{9 - 4}{35} = \frac{1}{7}$$

我們必須解

$$\frac{2}{3} c^{-1/3} = \frac{1}{7}$$

可得 $$c = \left(\frac{14}{3}\right)^3 = \frac{2744}{27}$$

但 $c = \dfrac{2744}{27}$ 不在區間 $(-8, 27)$ 中．因為 $f'(0)$ 不存在，所以 f 不滿足均值定理的結論．圖形如圖 3-9 所示．

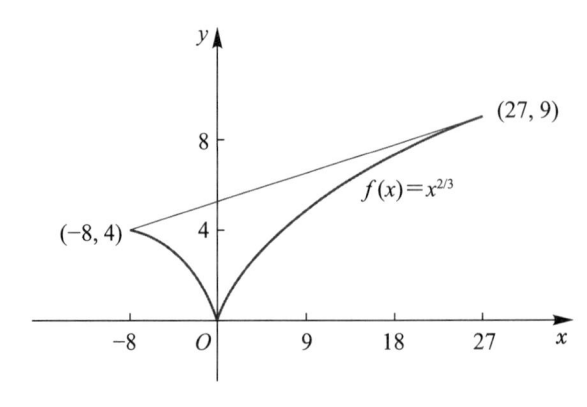

圖 3-9

例題 8　應用均值定理的物理說明

若一物體的位置函數為 $s=f(t)$，則它在時間區間 $[a, b]$ 中的平均速度為 $\dfrac{f(b)-f(a)}{b-a}$，在 $t=c$ $(a<c<b)$ 的速度為 $f'(c)$. 均值定理告訴我們，在時間 $t=c$ 的瞬時速度 $f'(c)$ 等於平均速度. 例如，若一汽車在 2 小時內行駛了 160 公里，則其速度錶上一定至少一次顯示出時速 80 公里.

例題 9　應用均值定理求估計值

試利用均值定理求 $\sqrt[4]{82}$ 的近似值到小數第四位.

解　令 $f(x)=\sqrt[4]{x}$, $a=81$, $b=82$. 依均值定理，

$$f(b)-f(a)=f'(c)(b-a),\ a<c<b$$

當 $b \to a$ 時，則 $c \to a$，故

$$f(b)-f(a) \approx f'(a)(b-a)$$

即，

$$f(b) \approx f(a)+f'(a)(b-a)$$

故

$$\sqrt[4]{82}=f(82) \approx f(81)+f'(81)(82-81)$$
$$=3+\dfrac{1}{4\times(81)^{3/4}}\times 1 = 3+\dfrac{1}{108} \approx 3.0093.$$

定理 3-5

若 $f'(x)=0$ 對區間 I 中所有 x 皆成立，則 f 在 I 上為常數函數.

證　令 x_1 與 x_2 為 I 中任意兩數，且 $x_1<x_2$. 因 f 在 I 為可微分，故它必在 (x_1, x_2) 為可微分且在 $[x_1, x_2]$ 為連續. 依均值定理，存在一數 $c \in (x_1, x_2)$，使得

$$f(x_2)-f(x_1)=f'(c)(x_2-x_1)$$

因 $f'(x)=0$，可知 $f'(c)=0$，故 $f(x_2)-f(x_1)=0$，即，$f(x_1)=f(x_2)$.

但 x_1 與 x_2 為 I 中任意兩數，所以 f 在 I 上為常數函數.

習題 3-2

1. 試說明 $f(x)=x^3-4x$ 在 $[0, 2]$ 中滿足洛爾定理，並求定理中所敘述的 c 值.

2. 洛爾定理是否適用於 (1) $f(x)=\dfrac{x^2-4x}{x-2}$ 與 (2) $f(x)=\dfrac{x^2-4x}{x+2}$?

3. 試說明函數 $f(x)=(x-2)^{2/3}$ 在 $[1, 3]$ 中無法滿足洛爾定理.

4. 利用洛爾定理證明方程式 $4x^3+9x^2-4x-2=0$ 在區間 $(0, 1)$ 中有解.

    [提示：$\dfrac{d}{dx}(x^4+3x^3-2x^2-2x)=4x^3+9x^2-4x-2$]

5. 利用洛爾定理證明方程式 $x^3+4x-1=0$ 至多有一個實根.

6. 試證：方程式 $x^7+5x^3+x-6=0$ 恰有一個實根.

7. 試證：方程式 $x^4+4x+c=0$ 至多有兩個實根.

8. (1) 試證：三次方程式至多有三個實根.

    (2) 試證：n 次方程式至多有 n 個實根.

在 9～13 題中，驗證 f 在所予區間滿足均值定理的假設，並求 c 的所有值使其滿足定理的結論.

9. $f(x)=x^2-6x+8$；$[2, 4]$

10. $f(x)=x^3+x-4$；$[-1, 2]$

11. $f(x)=\dfrac{x^2-1}{x-2}$；$[-1, 1]$

12. $f(x)=\sqrt{x+1}$；$[0, 3]$

13. $f(x)=x+\dfrac{1}{x}$；$[3, 4]$

14. 令 $f(x)=x^{2/3}$.

    (1) 試說明在 $(-1, 8)$ 中不存在 c，使得 $f'(c)=\dfrac{f(b)-f(a)}{b-a}$.

    (2) 解釋為何在 (1) 中的結果不牴觸均值定理.

15. 利用均值定理證明 $1.5 < \sqrt{3} < 1.75$. [提示：在均值定理中令 $f(x)=\sqrt{x}$，$a=3$，$b=4$.]

16. 利用均值定理證明 $\dfrac{1}{9} < \sqrt{66}-8 < \dfrac{1}{8}$.

17. 利用均值定理求 $\sqrt[6]{64.05}$ 的近似值到小數第四位.

18. 試證：對二次函數而言，均值定理中的 c 值恆為所予區間 $[a, b]$ 的中點.

19. 試證：若 $f(x)=x(x-1)(x-2)(x-3)$，則方程式 $f'(x)=0$ 有三個相異實根.

20. 令 $P_1(x_1, y_1)$ 與 $P_2(x_2, y_2)$ 為拋物線 $y=ax^2+bx+c$ 上的任意兩點，且在弧 P_1P_2 上一點 $P_3(x_3, y_3)$ 的切線平行於弦 P_1P_2，試證：$x_3 = \dfrac{x_1+x_2}{2}$.

▶▶ 3-3 單調函數，相對極值判別法

在描繪函數的圖形時，知道何處上升與何處下降是很有用的. 圖 3-10 所示的圖形由 A 上升到 B，由 B 下降到 C，然後再由 C 上升到 D；我們稱函數 f 在區間 $[a, b]$ 為遞增，在 $[b, c]$ 為遞減，又在 $[c, d]$ 為遞增. 若 x_1 與 x_2 為介於 a 與 b 之間的任意兩數，其中 $x_1 < x_2$，則 $f(x_1) < f(x_2)$.

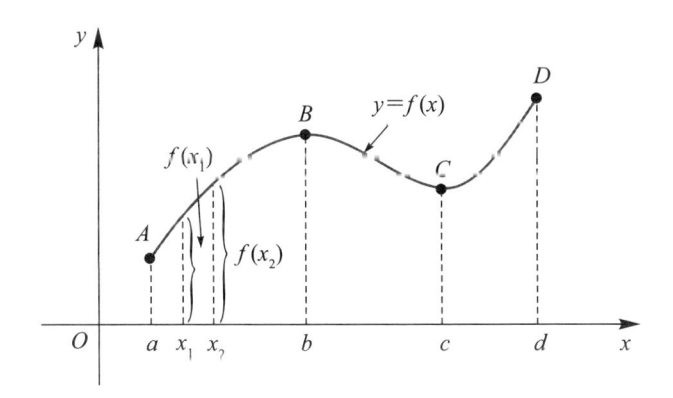

圖 3-10

定義 3-4

設函數 f 定義在某區間 I.
(1) 對 I 中的所有 x_1、x_2，若 $x_1 < x_2$，恆有 $f(x_1) < f(x_2)$，則稱 f 在 I 為遞增，而 I 稱為 f 的**遞增區間**.
(2) 對 I 中的所有 x_1、x_2，若 $x_1 < x_2$，恆有 $f(x_1) > f(x_2)$，則稱 f 在 I 為遞減，而 I 稱為 f 的**遞減區間**.
(3) 若 f 在 I 為**遞增**抑或為**遞減**，則稱 f 在 I 為**單調**.

註：單調函數必有反函數.

例題 1　解題指引 ☺ 確定遞增與遞減區間

函數 $f(x) = x^2$ 在 $(-\infty, 0]$ 為遞減而在 $[0, \infty)$ 為遞增，故在 $(-\infty, 0]$ 與 $[0, \infty)$ 皆為單調，但它在 $(-\infty, \infty)$ 不為單調.

圖 3-11 暗示若函數圖形在某區間的切線斜率為正，則函數在該區間為遞增；同理，若圖形的切線斜率為負，則函數為遞減.

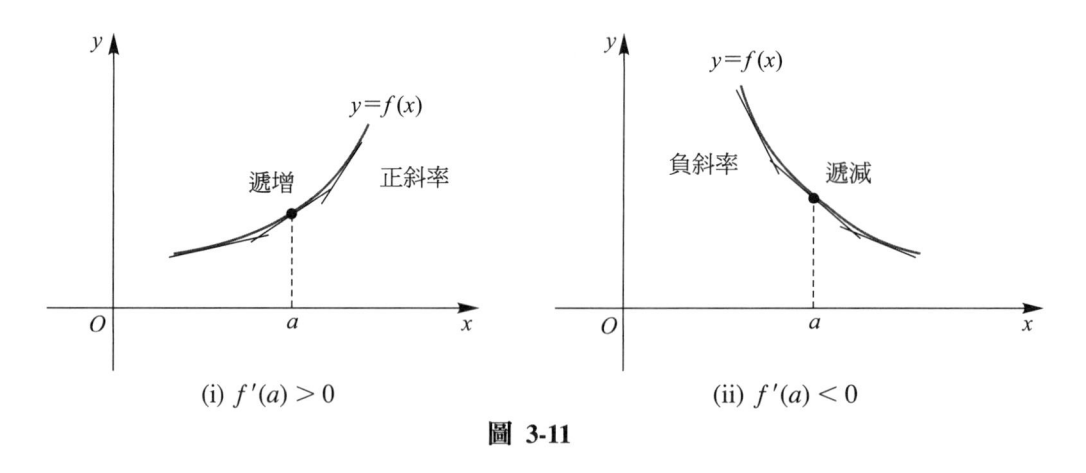

(i) $f'(a) > 0$　　　　(ii) $f'(a) < 0$
圖 3-11

下面定理指出如何利用導數來判斷函數在區間為遞增或遞減.

定理 3-6　單調性判別法

設函數 f 在 $[a, b]$ 為連續，且在 (a, b) 為可微分．
(1) 若 $f'(x) > 0$ 對於 (a, b) 中所有 x 皆成立，則 f 在 $[a, b]$ 為遞增．
(2) 若 $f'(x) < 0$ 對於 (a, b) 中所有 x 皆成立，則 f 在 $[a, b]$ 為遞減．

證　我們僅證明 (1)，而 (2) 的證明留給讀者自證之．

假設對 (a, b) 中所有的 x 皆有 $f'(x) > 0$，且令 x_1 與 x_2 為 (a, b) 中任何兩點使得 $x_1 < x_2$，我們希望證明 $f(x_1) < f(x_2)$．

在區間 $[x_1, x_2]$ 上應用均值定理，

$$f(x_2) - f(x_1) = f'(c)(x_2 - x_1)$$

其中 $c \in (x_1, x_2)$．因 $x_2 - x_1 > 0$，並由假設可知 $f'(c) > 0$，故上列等式右邊為正，可得 $f(x_2) - f(x_1) > 0$，即，$f(x_1) < f(x_2)$，故 f 在 $[a, b]$ 為遞增．

例題 2　解題指引 ☺ 利用單調性判別法

若 $f(x) = x^3 + x^2 - 5x - 5$，則 f 在何區間為遞增？遞減？

解
$$f'(x) = 3x^2 + 2x - 5 = (3x + 5)(x - 1)$$

可得臨界數為 $x = -\dfrac{5}{3}$ 與 $x = 1$．

$x < -\dfrac{5}{3}$	$-\dfrac{5}{3}$	$-\dfrac{5}{3} < x < 1$	1	$x > 1$
$f'(x) > 0$	$f'\left(-\dfrac{5}{3}\right) = 0$	$f'(x) < 0$	$f'(1) = 0$	$f'(x) > 0$

因 f 為處處連續，故 f 在 $\left(-\infty, -\dfrac{5}{3}\right]$ 與 $[1, \infty)$ 為遞增，在 $\left[-\dfrac{5}{3}, 1\right]$ 為遞減．

例題 3 解題指引 ☺ 利用單調性判別法

函數 $f(x) = \dfrac{2x}{x^2+1}$ 在何區間為遞增？遞減？找出 f 的遞增區間與遞減區間.

解 $f'(x) = \dfrac{d}{dx}\left(\dfrac{2x}{x^2+1}\right) = \dfrac{(x^2+1)2 - 2x(2x)}{(x^2+1)^2} = \dfrac{2(1-x^2)}{(x^2+1)^2}$

$f'(-1) = 0,\ f'(1) = 0.$

$x < -1$	-1	$-1 < x < 1$	1	$x > 1$
$f'(x) < 0$	$f'(-1) = 0$	$f'(x) > 0$	$f'(1) = 0$	$f'(x) < 0$

因 f 為處處連續，故 f 在 $[-1, 1]$ 為遞增，在 $(-\infty, -1]$ 與 $[1, \infty)$ 為遞減. $[-1, 1]$ 為遞增區間，$(-\infty, -1]$ 與 $[1, \infty)$ 為遞減區間.

例題 4 解題指引 ☺ 利用單調性判別法

函數 $f(x) = x - x^{2/3}$ 在何區間為遞增？遞減？

解 $f'(x) = 1 - \dfrac{2}{3x^{1/3}} = \dfrac{3x^{1/3} - 2}{3x^{1/3}}$

令 $f'(x) = 0 \Leftrightarrow 3x^{1/3} - 2 = 0 \Leftrightarrow x = \dfrac{8}{27}$

又 $f'(0)$ 不存在，故 f 的臨界數為 0 與 $\dfrac{8}{27}$. 我們僅討論在 $x=0$ 與 $x=\dfrac{8}{27}$ 附近 f' 之變化情形，並作出有關 $f'(x)$ 之正負號圖如下：

$-\infty < x < 0$	0	$0 < x < \dfrac{8}{27}$	$\dfrac{8}{27}$	$x > \dfrac{8}{27}$
$f'(x) > 0$	$f'(0)$ 不存在	$f'(x) < 0$	$f'\left(\dfrac{8}{27}\right) = 0$	$f'(x) > 0$

故 f 在 $(-\infty, 0]$ 與 $\left[\dfrac{8}{27}, \infty\right)$ 為遞增，f 在 $\left[0, \dfrac{8}{27}\right]$ 為遞減.

例題 5 解題指引 ☺ 利用遞增函數證明不等式

試證：若 $x > 0$ 且 $n > 1$，則 $(1+x)^n > 1+nx$.

解 令
$$f(x) = (1+x)^n - (1+nx)$$
則
$$f'(x) = n(1+x)^{n-1} - n = n[(1+x)^{n-1} - 1]$$

若 $x > 0$ 且 $n > 1$，則 $(1+x)^{n-1} > 1$，故 $f'(x) > 0$.

又 f 在 $[0, \infty)$ 為連續，故 f 在 $[0, \infty)$ 為遞增. 尤其，若 $x > 0$，則 $f(x) > f(0)$. 但 $f(0) = 0$，故 $(1+x)^n - (1+nx) > 0$，即，$(1+x)^n > 1+nx$.

我們知道，欲求相對極值，首先必須找出函數所有的臨界數，再檢查每一個臨界數，以決定是否有相對極值發生. 做這個檢查的方法有很多，下面的定理是根據 f 的一階導數的正負號來判斷 f 是否有相對極值. 大致說來，這個定理說明了，當 x 遞增通過臨界數 c 時，若 $f'(x)$ 變號，則 f 在 c 處有相對極大值或相對極小值；若 $f'(x)$ 不變號，則在 c 處無極值發生.

定理 3-7 一階導數判別法 ↩

設函數 f 在包含臨界數 c 的開區間 (a, b) 為連續.
(1) 當 $a < x < c$ 時，$f'(x) > 0$，且 $c < x < b$ 時，$f'(x) < 0$，則 $f(c)$ 為 f 的相對極大值.
(2) 當 $a < x < c$ 時，$f'(x) < 0$，且 $c < x < b$ 時，$f'(x) > 0$，則 $f(c)$ 為 f 的相對極小值.
(3) 當 $a < x < b$ 時，$f'(x)$ 同號，則 $f(c)$ 不為 f 的相對極值.

證 (1) 令 $x \in (a, b)$. 當 $a < x < c$ 時，$f'(x) > 0$，可知 f 在 $[a, c]$ 為遞增，因此，$f(x) < f(c)$. 當 $c < x < b$ 時，$f'(x) < 0$，可知 f 在 $[c, b]$ 為遞減，因此，$f(c) > f(x)$. 所以，$f(c) \geq f(x)$ 對 (a, b) 中所有 x 皆成立. 於是，$f(c)$ 為 f 的相對極大值.

(2) 與 (3) 的證明留給讀者.

圖 3-12 中的圖形可作為記憶一階導數判別法的方法. 在相對極大值的情形, 如圖 3-12(i) 所示, 若 $x < c$, 則在點 $(x, f(x))$ 處的切線的斜率為正；若 $x > c$, 則斜率為負. 在相對極小值的情形, 如圖 3-12(ii) 所示, 結果恰好相反. 若圖形在點 $(c, f(c))$ 有折角, 類似的圖形也可繪出. 在無極值的情形, 如圖 3-12(iii) 所示, 斜率皆為正；如圖 3-12(iv) 所示, 斜率皆為負.

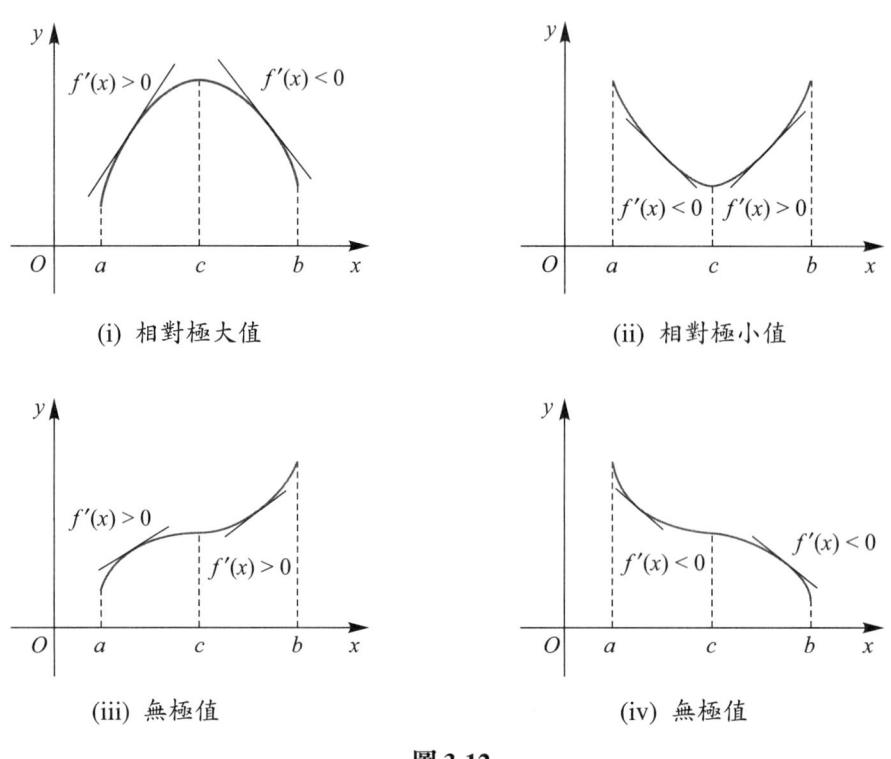

(i) 相對極大值

(ii) 相對極小值

(iii) 無極值

(iv) 無極值

圖 3-12

例題 6　解題指引 ☺ 利用一階導數判別法

求函數 $f(x) = x^3 - 3x + 3$ 的相對極值.

解 $f'(x) = 3x^2 - 3 = 3(x-1)(x+1)$. 於是, f 的臨界數為 1 與 -1.
我們作一階導數之正負號圖如下：

$x < -1$	-1	$-1 < x < 1$	1	$x > 1$
$f'(x) > 0$	$f'(-1) = 0$	$f'(x) < 0$	$f'(1) = 0$	$f'(x) > 0$

依一階導數判別法，f 在 $x=-1$ 處有相對極大值 $f(-1)=5$，在 $x=1$ 處有相對極小值 $f(1)=1$.

例題 7 解題指引 ☺ 利用一階導數判別法

求函數 $f(x)=x-x^{2/3}$ 在 $[-1, 2]$ 上的相對與絕對極值.

解 $f'(x)=1-\dfrac{2}{3\sqrt[3]{x}}=\dfrac{3\sqrt[3]{x}-2}{3\sqrt[3]{x}}$

令 $f'(x)=0$，則 $3\sqrt[3]{x}-2=0$，可得 $x=\dfrac{8}{27}$.

又 $f'(0)$ 不存在，但 $f(0)$ 有定義，故 f 的臨界數為 0 與 $\dfrac{8}{27}$.

我們作一階導數之正負號圖如下：

-1	$-1 \leq x < 0$	0	$0 < x < \dfrac{8}{27}$	$\dfrac{8}{27}$	$\dfrac{8}{27} < x \leq 2$	2
	$f'(x)>0$	$f'(0)$ 不存在	$f'(x)<0$	$f'\left(\dfrac{8}{27}\right)=0$	$f'(x)>0$	

依一階導數判別法，$f(0)=0$ 為 f 的相對極大值，$f\left(\dfrac{8}{27}\right)=-\dfrac{4}{27}$ 為 f 的相對極小值.

又 $f(-1)=-2$，$f(2)=2-\sqrt[3]{4}$，可知 $f(-1)<f\left(\dfrac{8}{27}\right)<f(0)<f(2)$，故 $f(-1)=-2$ 為 f 的絕對極小值，$f(2)=2-\sqrt[3]{4}$ 為 f 的絕對極大值.

習題 3-3

1. 試證：函數 $f(x)=x^5+x^3+x+1$ 無相對極大值也無相對極小值.
2. 試求下列各函數的遞增區間與遞減區間.

(1) $f(x)=3x^3+9x^2-13$ (2) $f(x)=\dfrac{2x}{x^2+1}$

(3) $f(x)=\dfrac{x}{2}-\sqrt{x}$ (4) $f(x)=x^{1/3}(x-3)^{2/3}$

在 3～9 題中，求 f 的相對極值.

3. $f(x)=x^3-x+1$ **4.** $f(x)=2x^2-x^4$

5. $f(x)=x\sqrt{1-x^2}$ **6.** $f(x)=\sqrt[3]{x}-\sqrt[3]{x^2}$

7. $f(x)=\dfrac{x}{x^2+1}$ **8.** $f(x)=x+\dfrac{1}{x}$

9. $f(x)=|4-x^2|$

10. 求三次函數 $f(x)=ax^3+bx^2+cx+d$ 使其在 $x=-2$ 處有相對極大值 3，而在 $x=1$ 處有相對極小值 0.

11. 試證：若 $1<a<b$，則 $a+\dfrac{1}{a}<b+\dfrac{1}{b}$.

▶▶ 3-4 凹性，反曲點

雖然函數 f 的導數能告訴我們 f 的圖形在何處為遞增或遞減，但是它並不能顯示圖形如何彎曲. 為了研究這個問題，我們必須探討如圖 3-13 所示切線的變化情形.

在圖 3-13(i) 中的曲線位於其切線的下方，稱為下凹. 當我們由左到右沿著此曲線前進時，切線旋轉，它們的斜率遞減. 對照之下，圖 3-13(ii) 中的曲線位於其切線的上方，稱為上凹. 當我們由左到右沿著此曲線前進時，切線旋轉，它們的斜率遞增. 因 f

(i)　　　　　　　　　　　　　(ii)

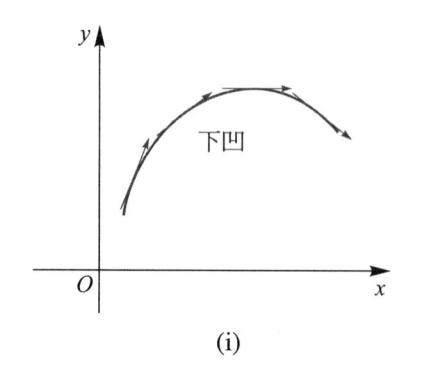

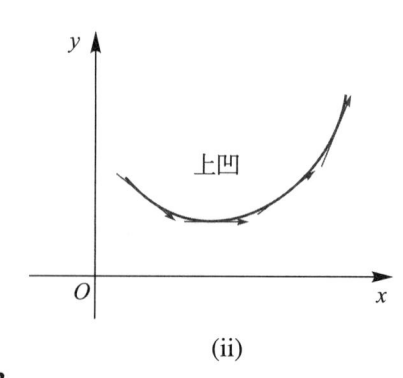

圖 3-13

之圖形的切線斜率為 f'，故我們有下面的定義.

定義 3-5

設函數 f 在某開區間為可微分.
(1) 若 f' 在該區間為遞增，則稱函數 f 的圖形在該區間為上凹.
(2) 若 f' 在該區間為遞減，則稱函數 f 的圖形在該區間為下凹.

如圖 3-14 所示.

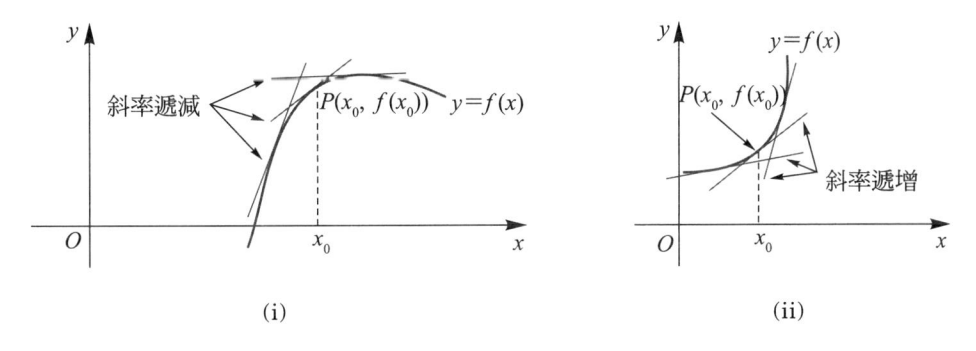

圖 3-14

因 f'' 是 f' 的導函數，故由定理 3-6 可知，若 $f''(x) > 0$ 對 (a, b) 中所有 x 皆成立，則 f' 在 (a, b) 為遞增；若 $f''(x) < 0$ 對 (a, b) 中所有 x 皆成立，則 f' 在 (a, b) 為遞減. 於是，我們有下面的結果.

定理 3-8 凹性判別法

設函數 f 在開區間 I 為二次可微分.
(1) 若 $f''(x) > 0$ 對 I 中所有 x 皆成立，則 f 的圖形在 I 為上凹.
(2) 若 $f''(x) < 0$ 對 I 中所有 x 皆成立，則 f 的圖形在 I 為下凹.

例題 1 解題指引 ☺ 利用凹性判別法確定上凹與下凹區間

函數 $f(x) = \dfrac{1}{1+x^2}$ 的圖形在何處為上凹？下凹？

解 $f'(x) = \dfrac{d}{dx}\left(\dfrac{1}{1+x^2}\right) = \dfrac{-2x}{(1+x^2)^2} = -2x(1+x^2)^{-2}$

$f''(x) = -\dfrac{d}{dx} 2x(1+x^2)^{-2} = -2(1+x^2)^{-2} + 4x(1+x^2)^{-3}(2x)$
$\qquad\quad = -2(1+x^2)^{-2} + 8x^2(1+x^2)^{-3}$
$\qquad\quad = 2(1+x^2)^{-3}(3x^2-1)$

令 $f''(x) = 0$，解 $3x^2 - 1 = 0$，得 $x = \pm\dfrac{1}{\sqrt{3}} = \pm\dfrac{\sqrt{3}}{3}$.

我們作 $f''(x)$ 之正負號圖如下：

$x < -\dfrac{\sqrt{3}}{3}$	$-\dfrac{\sqrt{3}}{3}$	$-\dfrac{\sqrt{3}}{3} < x < \dfrac{\sqrt{3}}{3}$	$\dfrac{\sqrt{3}}{3}$	$x > \dfrac{\sqrt{3}}{3}$
$f''(x) > 0$	$f''\left(-\dfrac{\sqrt{3}}{3}\right) = 0$	$f''(x) < 0$	$f''\left(\dfrac{\sqrt{3}}{3}\right) = 0$	$f''(x) > 0$
上凹		下凹		上凹

故 f 之圖形在 $\left(-\infty, -\dfrac{\sqrt{3}}{3}\right)$ 與 $\left(\dfrac{\sqrt{3}}{3}, \infty\right)$ 為上凹，在 $\left(-\dfrac{\sqrt{3}}{3}, \dfrac{\sqrt{3}}{3}\right)$ 為下凹.

在例題 1 中，函數圖形上的點 $\left(-\dfrac{\sqrt{3}}{3}, \dfrac{3}{4}\right)$ 與 $\left(\dfrac{\sqrt{3}}{3}, \dfrac{3}{4}\right)$ 改變圖形的凹性，而對於這種點，我們給予一個名稱.

定義 3-6

設函數 f 在包含 c 的開區間 (a, b) 為連續，若 f 的圖形在 (a, c) 為上凹且在 (c, b) 為下凹，抑或 f 的圖形在 (a, c) 為下凹且在 (c, b) 為上凹，則稱點 $(c, f(c))$ 為 f 之圖形上的反曲點.

定理 3-9　反曲點存在的必要條件

設 $(c, f(c))$ 為 f 之圖形上的反曲點，若 $f''(x)$ 對包含 c 的某開區間中所有 x 皆存在，則 $f''(c)=0$.

證　依假設，f' 在包含 c 的一開區間為可微分．因 $(c, f(c))$ 為反曲點，故在其左右附近之圖形的凹性不同，因而，f'' 在 c 處左邊附近之 x 的函數值 $f''(x)$ 與 f'' 在 c 處右邊附近之 x 的函數值是異號．依定理 3-7，f' 在 c 處有相對極值，於是，$f''(c)=0$. ✾

由上述定義 3-6 知，反曲點僅可能發生於 $f''(x)=0$ 抑或 $f''(x)$ 不存在的點，如圖 3-15 所示．但讀者應注意，在某處的二階導數為零或不存在，並不一定保證圖形在該處就有反曲點．例如，$f(x)=x^3$，$f''(0)=0$，點 $(0, 0)$ 是 f 之圖形的反曲點．至於 $f(x)=x^4$，雖然 $f''(0)=0$，但點 $(0, 0)$ 並非 f 之圖形的反曲點．

另外，$f(x)=x^{1/3}$，$f''(0)$ 不存在，但點 $(0, 0)$ 是 f 之圖形的反曲點，至於 $f(x)=x^{2/3}$，雖然 $f''(0)$ 不存在，但點 $(0, 0)$ 並非 f 之圖形的反曲點．

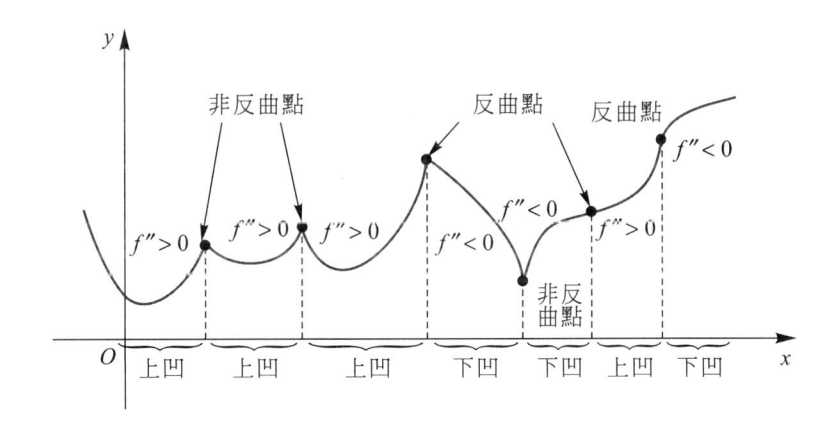

圖 3-15

例題 2　解題指引 決定函數圖形的上凹區間與下凹區間

判斷函數 $f(x)=x^{4/3}-4x^{1/3}$ 之圖形在何處為上凹？下凹？並求圖形的反曲點．

解 $f'(x) = \dfrac{d}{dx}(x^{4/3} - 4x^{1/3}) = \dfrac{d}{dx}(x^{4/3}) - 4\dfrac{d}{dx}(x^{1/3})$

$= \dfrac{4}{3}x^{1/3} - \dfrac{4}{3}x^{-2/3}$

$f''(x) = \dfrac{d}{dx}\left(\dfrac{4}{3}x^{1/3} - \dfrac{4}{3}x^{-2/3}\right) = \dfrac{4}{9}x^{-2/3} + \dfrac{8}{9}x^{-5/3}$

$= \dfrac{4}{9}x^{-5/3}(x+2)$

我們作 $f''(x)$ 之正負號圖如下：

$x < -2$	-2	$-2 < x < 0$	0	$x > 0$
$f''(x) > 0$	$f''(-2) = 0$	$f''(x) < 0$	$f''(0)$	$f''(x) > 0$
上凹		下凹	不存在	上凹

f 的圖形在 $(-\infty, -2)$ 與 $(0, \infty)$ 為上凹，在 $(-2, 0)$ 為下凹，故反曲點為 $(-2, 6\sqrt[3]{2})$ 與 $(0, 0)$。

例題 3 **解題指引** ☺ 反曲點的意義

試求 $f(x) = x^2 - 1 + |x^3 - 1|$ 圖形的反曲點。

解 因 $f(x) = \begin{cases} x^2 - 1 + x^3 - 1, & \text{若 } x \geq 1 \\ x^2 - 1 + 1 - x^3, & \text{若 } x < 1 \end{cases}$

故 $f'(x) = \begin{cases} 2x + 3x^2, & \text{若 } x > 1 \\ 2x - 3x^2, & \text{若 } x < 1 \end{cases}$

又 $f''(x) = \begin{cases} 2 + 6x, & \text{若 } x > 1 \\ 2 - 6x, & \text{若 } x < 1 \end{cases}$

當 $x > 1$ 時，$f''(x) = 2 + 6x$。令 $f''(x) = 0$，則 $2 + 6x = 0$，求得：

$x = -\dfrac{1}{3}$ (不合，因 $x > 1$)

當 $x<1$ 時，$f''(x)=2-6x$. 令 $f''(x)=0$，則 $2-6x=0$，求得：

$$x=\frac{1}{3}, \text{ 而 } f\left(\frac{1}{3}\right)=\frac{2}{27}.$$

當 $x<\frac{1}{3}$ 時，$f''(x)>0$；$\frac{1}{3}<x<1$ 時，$f''(x)<0$.

所以，點 $\left(\frac{1}{3}, \frac{2}{27}\right)$ 為 f 圖形的反曲點.

定理 3-10　二階導數判別法

設函數 f 在包含 c 的開區間 (a, b) 為二次可微分，且 $f'(c)=0$.
(1) 若 $f''(c)>0$，則 $f(c)$ 為 f 的相對極小值.
(2) 若 $f''(c)<0$，則 $f(c)$ 為 f 的相對極大值.

例題 4　**解題指引** 利用二階導數求相對極值

若 $f(x)=5+2x^2-x^4$，利用二階導數判別法求 f 的相對極值.

解
$$f'(x)=4x-4x^3=4x(1-x^2)$$
$$f''(x)=4-12x^2=4(1-3x^2).$$

解方程式 $f'(x)=0$，可得 f 的臨界數為 0、1 與 -1，而 f'' 在這些臨界數的值分別為

$$f''(0)=4>0, \ f''(1)=-8<0, \ f''(-1)=-8<0$$

因此，依二階導數判別法，f 的相對極大值為 $f(1)=6=f(-1)$，相對極小值為 $f(0)=5$.

讀者應注意，當 $f'(c)$ 與 $f''(c)$ 不存在時，點 $(c, f(c))$ 仍可能是反曲點，如下例所示.

例題 5 **解題指引** ☺ 二階導數不存在之處有反曲點

若 $f(x) = 1 - x^{1/3}$，求其相對極值．討論凹性，並找出反曲點．

解 $f'(x) = -\dfrac{1}{3} x^{-2/3}$, $f''(x) = \dfrac{2}{9} x^{-5/3}$.

$f'(0)$ 不存在，而 0 是 f 唯一的臨界數．因 $f''(0)$ 無定義，故不能利用二階導數判別法．但是，當 $x \neq 0$ 時，$f'(x) < 0$；也就是說，f 在其定義域上為遞減，故 $f(0)$ 不是相對極值．

我們檢查點 $(0, 1)$ 是否為反曲點．若 $x < 0$，則 $f''(x) < 0$．這蘊涵了 f 的圖形在 $(-\infty, 0)$ 為下凹．若 $x > 0$，則 $f''(x) > 0$，這蘊涵了 f 的圖形在 $(0, \infty)$ 為上凹．所以，點 $(0, 1)$ 為反曲點．由這些資料，再描出一些點，可得圖 3-16 中的圖形．

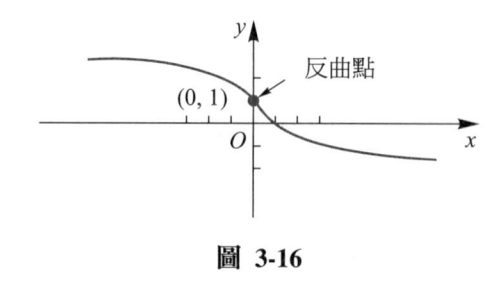

圖 3-16

習題 3-4

在 1～6 題中，求 f 的相對極值．

1. $f(x) = 2x^2 - x^4$

2. $f(x) = \dfrac{x^2}{x^2 + 1}$

3. $f(x) = x^4 + 2x^3 - 1$

4. $f(x) = 2x - 3x^{2/3}$

5. $f(x) = x^4 - x^2$

6. $f(x) = |x^2 - 4|$

7. 試證：二次多項式函數 $f(x) = ax^2 + bx + c$ 的圖形無反曲點．

8. 試證：三次多項式函數 $f(x)=ax^3+bx^2+cx+d$ 的圖形恰有一個反曲點.

9. 試求函數 $f(x)=\dfrac{x^2-1}{x^2+1}$ 的凹性區間及反曲點.

10. 若 $f(x)=\dfrac{1}{x^2+1}$，求 f 的相對極值，討論凹性，並作 f 的圖形.

11. 試求 a 與 b 之值使得 $f(x)=a\sqrt{x}+\dfrac{b}{\sqrt{x}}$ 具有一反曲點 $(4, 13)$.

12. 假設 f 與 g 的圖形在 $(-\infty, \infty)$ 皆為上凹. 試問 f 在何條件下，合成函數 $h(x)=f(g(x))$ 的圖形亦為上凹？

13. 試證：n 次多項式函數 $f(x)=a_nx^n+a_{n-1}x^{n-1}+\cdots+a_1x+a_0$ $(n>2)$ 的圖形至多有 $n-2$ 個反曲點.

14. 試證：函數 $f(x)=x|x|$ 的圖形有一個反曲點，但 $f''(0)$ 不存在.

15. 求 a、b 與 c 的值使得函數 $f(x)=ax^3+bx^2+cx$ 的圖形在反曲點 $(1, 1)$ 有一條水平切線.

16. 利用均值定理證明上凹圖形恆位於其切線的上方.

▶▶ 3-5　函數圖形的描繪

　　過去描繪的圖形，通常使用"按點描圖"法，這與所取點的疏密有關，與圖形的特性無關，因此，所繪的圖形難以達到所要求的標準.

　　在作函數的圖形時，應注意下列幾點：

1. 確定函數的定義域
2. 找出圖形的截距
3. 確定圖形有無對稱性
4. 確定有無漸近線
5. 確定函數遞增或遞減的區間
6. 求出函數的相對極值
7. 確定凹性並找出反曲點

例題 1 **解題指引** ☺ 多項式函數圖形的描繪

試繪函數 $f(x)=x^4-4x^3+10$ 的圖形.

解 (1) $f(x)=x^4-4x^3+10 \Rightarrow f'(x)=4x^3-12x^2=4x^2(x-3)$
$\Rightarrow f$ 的臨界數為 0 與 3.

(2) $f''(x)=12x^2-24x=12x(x-2)$

$f''(x)>0 \Leftrightarrow x>2$ 或 $x<0$

$f''(x)<0 \Leftrightarrow 0<x<2$

(3) 作表如下：

區間	$f(x)$	$f'(x)$	$f''(x)$	結論
$x<0$		−	+	遞減；上凹
$x=0$	10	0	0	(0, 10) 為反曲點
$0<x<2$		−	−	遞減；下凹
$x=2$	−6	−	0	(2, −6) 為反曲點
$2<x<3$		−	+	遞減；上凹
$x=3$	−17	0	+	$f(3)=-17$ 為相對極小值
$x>3$		+	+	遞增；上凹

(4) 圖示如圖 3-17.

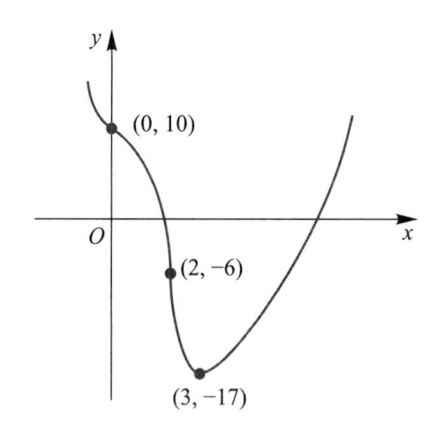

圖 3-17

例題 2 **解題指引** ☺ **有理函數圖形的描繪**

試繪函數 $f(x)=\dfrac{x^2-x+4}{x+1}$ 的圖形.

解 (1) 函數圖形的垂直漸近線為 $x=-1$ 及斜漸近線 $y=x-2$.

(2) $f'(x)=\dfrac{d}{dx}\left(\dfrac{x^2-x+4}{x+1}\right)=\dfrac{(x+1)(2x-1)-(x^2-x+4)(1)}{(x+1)^2}$

$=\dfrac{x^2+2x-5}{(x+1)^2}$

$f'(x)>0 \Leftrightarrow x>-1+\sqrt{6}$ 或 $x<-1-\sqrt{6}$

$f'(x)<0 \Leftrightarrow -1-\sqrt{6}<x<-1+\sqrt{6}$

(3) $f''(x)=\dfrac{d}{dx}\left(\dfrac{x^2+2x-5}{(x+1)^2}\right)=\dfrac{12}{(x+1)^3}$

$\Rightarrow \begin{cases} ① \ f''(x)>0 \Rightarrow x>-1 \\ ② \ f''(x)<0 \Rightarrow x<-1 \end{cases}$

(4) 作表如下：

區　　間	$f(x)$	$f'(x)$	$f''(x)$	結　　論
$x<-1-\sqrt{6}\approx-3.449$		+	−	遞增；下凹
$x=-1-\sqrt{6}$	約 -7.89	0	−	$f(-1-\sqrt{6})\approx-7.89$ 為相對極大值
$-1-\sqrt{6}<x<-1$		−	−	遞減；下凹
$x=-1$	無定義			$x=-1$ 為垂直漸近線
$-1<x<-1+\sqrt{6}$		−	+	遞減；上凹
$x=-1+\sqrt{6}\approx1.449$	約 1.89	0	+	$f(-1+\sqrt{6})\approx1.89$ 為相對極小值
$x>-1+\sqrt{6}$		+	+	遞增；上凹

(5) 圖示如圖 3-18.

圖 3-18

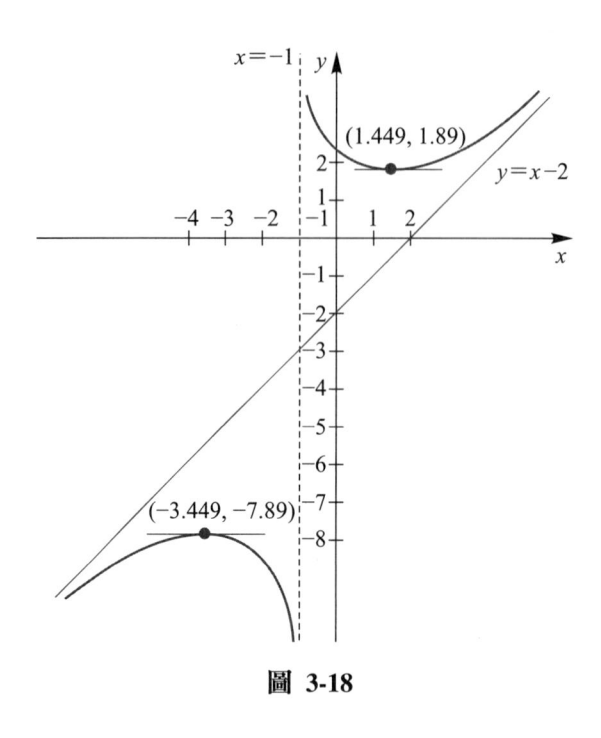

例題 3　解題指引 ☺ 代數函數圖形的描繪

試繪函數 $f(x)=5(x-1)^{2/3}-2(x-1)^{5/3}$ 的圖形.

解　(1) $f'(x)=5\dfrac{d}{dx}(x-1)^{2/3}-2\dfrac{d}{dx}(x-1)^{5/3}$

$\qquad =\dfrac{10}{3}(x-1)^{-1/3}-\dfrac{10}{3}(x-1)^{2/3}$

$\qquad =\dfrac{10}{3(x-1)^{1/3}}-\dfrac{10}{3}(x-1)^{2/3}$

$\qquad =\dfrac{10-10(x-1)}{3(x-1)^{1/3}}=\dfrac{10(2-x)}{3(x-1)^{1/3}}$

令 $f'(x)=0$，可得 $x=2$．又 $f'(1)$ 不存在，故 f 的臨界數為 1 與 2．

(2) $f''(x)=\dfrac{10}{3}\dfrac{d}{dx}\left(\dfrac{2-x}{(x-1)^{1/3}}\right)$

$\qquad =\dfrac{10}{9}\dfrac{(1-2x)}{(x-1)^{4/3}}$

(3) 作表如下：

區　間	$f(x)$	$f'(x)$	$f''(x)$	結　論
$x < \dfrac{1}{2}$		−	+	遞減；上凹
$x = \dfrac{1}{2}$	$3\sqrt[3]{2} \approx 3.78$	−	0	$\left(\dfrac{1}{2}, 3\sqrt[3]{2}\right)$ 為反曲點
$\dfrac{1}{2} < x < 1$		−	−	遞減；下凹
$x = 1$	0	不存在	不存在	圖形在 (1, 0) 有垂直切線
$1 < x < 2$		+	−	遞增；下凹
$x = 2$	3	0	−	$f(2) = 3$ 為相對極大值
$x > 2$		−	−	遞減；下凹

(4) 圖示如圖 3-19．

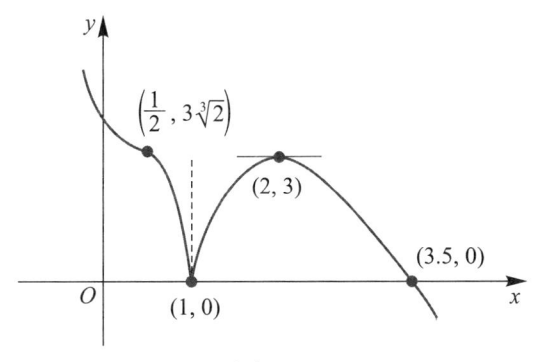

圖 3-19

例題 4　解題指引 ☺　有理函數圖形的描繪

作 $f(x) = \dfrac{2x^2}{x^2 - 1}$ 的圖形．

解

(1) 定義域為 $\{x \mid x \neq \pm 1\} = (-\infty, -1) \cup (-1, 1) \cup (1, \infty)$．

(2) x-截距與 y-截距皆為 0．

(3) 圖形對稱於 y-軸．

(4) 因 $\lim\limits_{x \to \pm\infty} \dfrac{2x^2}{x^2 - 1} = 2$，故直線 $y = 2$ 為水平漸近線．

因 $\lim\limits_{x\to 1^+}\dfrac{2x^2}{x^2-1}=\infty$, $\lim\limits_{x\to -1^+}\dfrac{2x^2}{x^2-1}=-\infty$,

故直線 $x=1$ 與 $x=-1$ 皆為垂直漸近線.

(5) $f'(x)=\dfrac{(x^2-1)(4x)-(2x^2)(2x)}{(x^2-1)^2}=\dfrac{-4x}{(x^2-1)^2}$

區　間	$f'(x)$	單調性
$(-\infty,\ -1)$	+	在 $(-\infty,\ -1)$ 為遞增
$(-1,\ 0)$	+	在 $(-1,\ 0]$ 為遞增
$(0,\ 1)$	−	在 $[0,\ 1)$ 為遞減
$(1,\ \infty)$	−	在 $(1,\ \infty)$ 為遞減

(6) 唯一的臨界數為 0. 依一階導數檢驗法, $f(0)=0$ 為 f 的相對極大值.

(7) $f''(x)=\dfrac{-4(x^2-1)^2+16x^2(x^2-1)}{(x^2-1)^4}$

$=\dfrac{12x^2+4}{(x^2-1)^3}$

區　間	$f''(x)$	凹　性
$(-\infty,\ -1)$	+	上凹
$(-1,\ 1)$	−	下凹
$(1,\ \infty)$	+	上凹

因 1 與 −1 皆不在 f 的定義域內, 故無反曲點. 圖形如圖 3-20 所示.

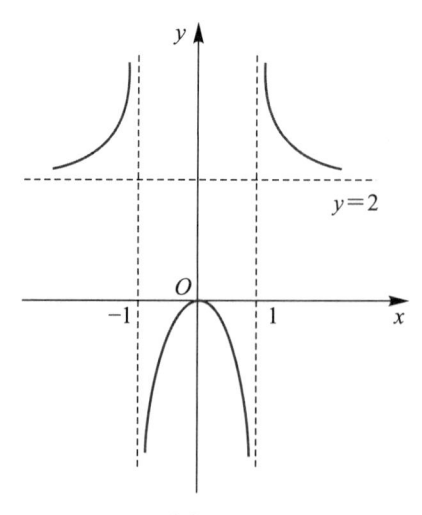

圖 3-20

習題 3-5

在 1～14 題中，作下列各函數的圖形.

1. $f(x) = x^3 + 3x^2 + 5$
2. $f(x) = x^2 - x^3$
3. $f(x) = (x-1)^5$
4. $f(x) = (x^2-1)^2$
5. $f(x) = x^4 + 2x^3 - 1$
6. $f(x) = x^5 - 4x^4 + 4x^3$
7. $f(x) = \dfrac{x}{x^2-1}$
8. $f(x) = \dfrac{x-1}{x-2}$
9. $f(x) = \dfrac{x^2}{x^2+1}$
10. $f(x) = x^2 - \dfrac{1}{x}$
11. $f(x) = \sqrt{x^2-1}$
12. $f(x) = \dfrac{1}{(x-1)^2}$
13. $f(x) = \dfrac{2x^2}{x^2-1}$
14. $f(x) = \dfrac{x}{x^2+1}$

▶▶3-6 極值的應用問題

我們在前面所獲知有關求函數極值的理論可以用在一些實際的問題上，這些問題可能是以語言或以文字敘述. 要解決這些問題，則必須將文字敘述用式子、函數或方程式等數學語句表示出來. 因應用的範圍太廣，故很難說出一定的求解規則，但是，仍可發展出處理這類問題的一般性規則. 下列的步驟常常是很有用的.

求解極值應用問題的步驟：

步驟 1：將問題仔細閱讀幾遍，考慮已知的事實，以及要求的未知量.

步驟 2：若可能的話，畫出圖形或圖表，適當地標上名稱，並用變數來表示未知量.

步驟 3：寫下已知的事實，以及變數之間的關係，這種關係常常是用某一形式的方程式來描述.

步驟 4：決定要使哪一變數為最大或最小，並將此變數表為其它變數的函數.

步驟 5：求步驟 4 中所得出函數的臨界數，並逐一檢查，看看有無極大值或極小值發生．

步驟 6：檢查極值是否發生在步驟 4 中所得出函數之定義域的端點．

這些步驟的用法在下面例題中說明．

例題 1 **解題指引** ☺ 求內接於橢圓的矩形並使矩形面積為最大

求內接於橢圓 $\dfrac{x^2}{a^2}+\dfrac{y^2}{b^2}=1$ $(a>0, b>0)$ 的最大矩形面積．

解 如圖 3-21 所示，令 (x, y) 為位於第一象限內在橢圓上的點，則矩形的面積為 $A=(2x)(2y)=4xy$．令 $S=A^2$，則

則
$$S=16x^2y^2=\dfrac{16b^2}{a^2}x^2(a^2-x^2)$$

$$=16b^2\left(x^2-\dfrac{x^4}{a^2}\right),\ 0\le x\le a$$

可得
$$\dfrac{dS}{dx}=32b^2x\left(1-\dfrac{2x^2}{a^2}\right)$$

S 的臨界數為 $\dfrac{\sqrt{2}}{2}a$．

但 $\dfrac{dS}{dx}=0 \Leftrightarrow \dfrac{dA}{dx}=0$，可知 A 的臨界數也是 $\dfrac{\sqrt{2}}{2}a$．

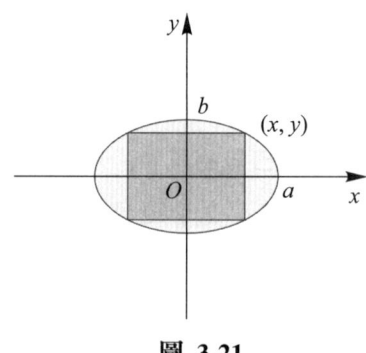

圖 3-21

x	0	$\dfrac{\sqrt{2}}{2}a$	a
A	0	$2ab$	0

於是，最大面積為 $2ab$.

例題 2 **解題指引** ☺ **求開口盒子的最大體積**

我們欲從長為 30 公分且寬為 16 公分之報紙的四個角截去大小相等的正方形，並將各邊向上折疊以做成開口盒子．若欲使盒子的體積為最大，則四個角的正方形尺寸為何？

解 令
$x=$ 所截去正方形的邊長 (以公分計)
$V=$ 所得盒子的體積 (以立方公分計)

因我們從每一個角截去邊長為 x 的正方形 (如圖 3-22 所示)，故所得盒子的體積為

$$V=(30-2x)(16-2x)x=480x-92x^2+4x^3$$

在上式中的變數 x 受到某些限制．因 x 代表長度，故它不可能為負，且因報紙的寬為 16 公分，我們不可能截去邊長大於 8 公分的正方形．於是，x 必須滿足 $0 \le x \le 8$. 因此，我們將問題簡化成求區間 [0，8] 中的 x 值使得 V 有極大值.

因
$$\dfrac{dV}{dx}=480-184x+12x^2$$
$$=4(120-46x+3x^2)$$

(i)　　　　　　　　　(ii)

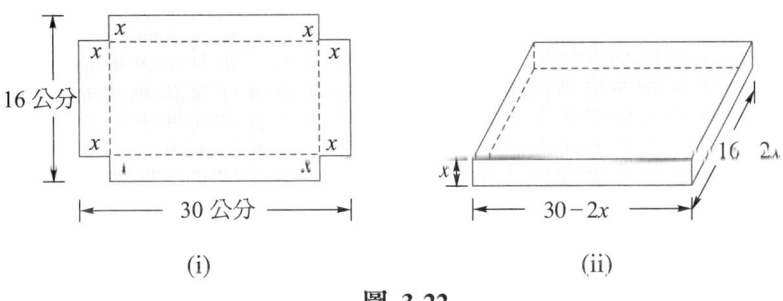

圖 3-22

$$=4(3x-10)(x-12)$$

故可知 V 的臨界數為 $\dfrac{10}{3}$．我們作出下表：

x	0	$\dfrac{10}{3}$	8
V	0	$\dfrac{19,600}{27}$	0

由上表得知，當截去邊長為 $\dfrac{10}{3}$ 公分的正方形時，盒子有最大的體積 $V=\dfrac{19,600}{27}$ 立方公分．

例題 3 解題指引 ☺ **求內接圓柱體之最大體積**

一正圓柱體內接於底半徑為 6 吋且高為 10 吋的正圓錐，若柱軸與錐軸重合，求正圓柱體的最大體積．

解 令
$r =$ 圓柱體的底半徑 (以吋計)
$h =$ 圓柱體的高 (以吋計)
$V =$ 圓柱體的體積 (以立方吋計)

圓柱體的體積公式為 $V=\pi r^2 h$．利用相似三角形 (圖 3-23(ii)) 可得

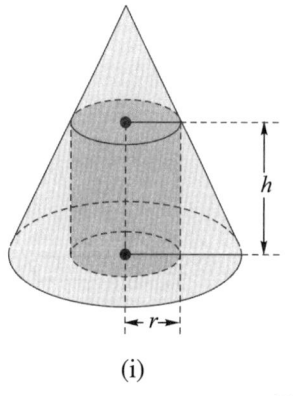

圖 3-23

$$\frac{10-h}{r}=\frac{10}{6}$$

即,
$$h=10-\frac{5}{3}r$$

故
$$V=\pi r^2\left(10-\frac{5}{3}r\right)=10\pi r^2-\frac{5}{3}\pi r^3$$

因 r 代表半徑，故它不可能為負，且因內接圓柱體的半徑不可能超過圓錐的半徑，故 r 必須滿足 $0 \leq r \leq 6$. 於是，我們將問題簡化成求 $[0, 6]$ 中的 r 值，使 V 有極大值. 因

$$\frac{dV}{dr}=20\pi r-5\pi r^2=5\pi r(4-r)$$

故在 $(0, 6)$ 中，V 的臨界數為 4. 我們作出下表：

r	0	4	6
V	0	$\frac{160\pi}{3}$	0

此告訴我們正圓柱體的最大體積為 $\frac{160\pi}{3}$.

例題 4 **解題指引** ☺ 求罐子的高 h 及底半徑 r 使罐子的表面積 A 為最小

若欲將一密閉圓柱形罐子用來裝 1 升 (1000 立方厘米) 的液體，則我們應該如何選取底半徑與高使得製造該罐子所需的材料為最少？

解 令　　$h=$ 罐子的高 (以厘米計)

　　　　　$r=$ 罐子的底半徑 (以厘米計)

　　　　　$A=$ 罐子的表面積 (以平方厘米計)

則　　$A=2\pi r^2+2\pi rh$

因　　$1000=\pi r^2 h$

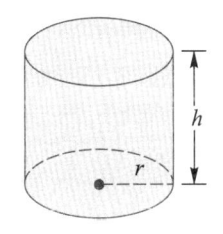

圖 3-24

即
$$h = \frac{1000}{\pi r^2}$$

故
$$A = 2\pi r^2 + \frac{2000}{r}$$

因 $0 < r < \infty$，故我們將問題簡化成求 $(0, \infty)$ 中的 r 值使得 A 為最小.

因
$$\frac{dA}{dr} = 4\pi r - \frac{2000}{r^2} = \frac{4(\pi r^3 - 500)}{r^2}$$

故唯一的臨界數為 $r = \sqrt[3]{\dfrac{500}{\pi}}$.

又
$$\frac{d^2A}{dr^2} = 4\pi + \frac{4000}{r^3}$$

所以，
$$\left.\frac{d^2A}{dr^2}\right|_{r=\sqrt[3]{\frac{500}{\pi}}} = 4\pi + \frac{4000}{\left(\sqrt[3]{\dfrac{500}{\pi}}\right)^3} = 12\pi > 0$$

依二階導數判別法，我們得知相對極小值 (也是極小值) 發生於臨界數 $r = \sqrt[3]{\dfrac{500}{\pi}}$. 於是，使用最少表面積的罐子的底半徑為 $r = \sqrt[3]{\dfrac{500}{\pi}}$，其對應的高為

$$h = \frac{1000}{\pi r^2} = \frac{1000}{\pi \left(\sqrt[3]{\dfrac{500}{\pi}}\right)^2} = 2\sqrt[3]{\dfrac{500}{\pi}} = 2r.$$

例題 5 **解題指引** ☺ 求拋物線上一點 (x, y) 與點 $(1, 4)$ 間之距離為最短

求在拋物線 $y^2 = 2x$ 上與點 $(1, 4)$ 最接近的點.

解 如圖 3-25 所示，在點 $(1, 4)$ 與拋物線 $y^2 = 2x$ 上任一點 (x, y) 之間的距離為

$$d = \sqrt{(x-1)^2 + (y-4)^2}$$

因 $x = \dfrac{y^2}{2}$，故

圖 3-25

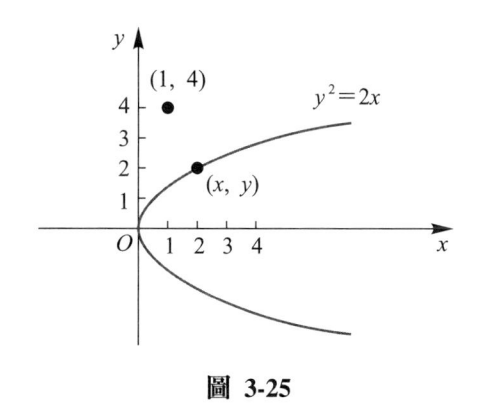

$$d=\sqrt{\left(\frac{y^2}{2}-1\right)^2+(y-4)^2}=\sqrt{\frac{y^4}{4}-8y+17}$$

令 $d^2=f(y)=\dfrac{y^4}{4}-8y+17$，則 $f'(y)=y^3-8$．因此，f 的臨界數為 2．又 $f''(y)=3y^2$，$f''(2)=12>0$，故 f 在 $y=2$ 有極小值．於是，在 $y^2=2x$ 上最接近 $(1, 4)$ 的點為 $(x, y)=\left(\dfrac{y^2}{2}, y\right)=(2, 2)$．

習題 3-6

1. 在閉區間 $\left[\dfrac{1}{2},\ \dfrac{3}{2}\right]$ 中求一數使得該數與其倒數的和為 (1) 最小；(2) 最大．

2. 我們欲從長度為 30 吋且寬為 16 吋之薄紙板的四個角截去大小相等的正方形，並將各邊向上折疊以做成開口盒子．若欲使盒子的體積為最大，則四個角的正方形的尺寸為何？

3. 我們欲使用兩種籬笆將某塊矩形田地圍起來．若兩對邊使用 3 元／呎的重籬笆，而其餘兩邊使用 2 元／呎的標準籬笆，則以 6000 元費用所圍成最大面積的矩形田地的尺寸為多少？

4. 試證：在周長為 p 的所有矩形中，邊長為 $\dfrac{p}{4}$ 的正方形有最大面積．

5. 求內接於半徑為 r 的圓且具有最大面積之矩形的尺寸．

6. 求內接於半徑為 r 的半圓且具有最大面積之矩形的尺寸．

7. 有一正圓錐內接於一已知體積的另一正圓錐內，其軸相同，但內接圓錐的頂點在外圓錐的底面．若欲使內接圓錐有最大體積，則其高之比為何？

8. 某矩形的下面兩個角在 x-軸上且其上面兩個角在拋物線 $y=16-x^2$ 上，試問在所有這種矩形當中具有最大面積的矩形的尺寸為多少？

9. 已知一三角形內接於半徑為 10 的半圓內，使得其中一邊沿著直徑，求具有最大面積的三角形尺寸．

10. 求內接於橢圓 $\dfrac{x^2}{a^2}+\dfrac{y^2}{b^2}=1$ 且具有最大面積之矩形的尺寸．

11. 求斜高為 L 之圓錐的底半徑與高使其體積為最大．

12. 求內接於半徑為 r 的球且具有最大體積的正圓柱體的尺寸．

13. 求內接於半徑為 r 的球且具有最大表面積的正圓柱體的尺寸．

14. 若我們從半徑為 r 的紙張截去一扇形，並將剩下紙片的切邊黏在一起做成圓錐，則其最大體積為多少？

15. 試證：點 $(1, 0)$ 是在圓 $x^2+y^2=1$ 上與點 $(2, 0)$ 最接近的點．

16. (1) 求 M 的最小值使得 $|x^2-3x+2|\leq M$ 對區間 $\left[1, \dfrac{5}{2}\right]$ 中所有 x 皆成立．

    (2) 求 m 的最大值使得 $|x^2-3x+2|\geq m$ 對區間 $\left[\dfrac{3}{2}, \dfrac{7}{4}\right]$ 中所有 x 皆成立．

17. 求內接於半徑為 r 的球且具有最大體積的正圓錐的尺寸．

18. 若兩數的差為 40，其積為最小，則此兩數為何？

19. 若兩正數的和為 40，其積為最大，則此兩正數為何？

20. 若一正圓柱體是由周長為 p 的矩形對其一邊旋轉所產生，則可產生最大正圓柱體積之矩形的尺寸為何？

21. 一窗戶的形狀為一矩形上加一半圓形，若該窗戶的周長為 p，求半圓的半徑使得窗戶的面積為最大．

22. 圓錐形紙杯欲裝 10 立方吋的水，求杯子的底半徑與高使得它需要最少的紙量.
23. 求在雙曲線 $x^2-y^2=1$ 上與點 $(0, 2)$ 最接近的點.
24. 假設具有變動斜率的直線 L 通過點 $(1, 3)$ 且交兩坐標軸於兩點 $(a, 0)$ 與 $(0, b)$，此處 $a > 0$, $b > 0$，求 L 的斜率使得具有三頂點 $(a, 0)$、$(0, b)$ 與 $(0, 0)$ 的三角形的面積為最小.
25. 求外接於半徑為 r 的球且具有最小體積的正圓錐體的尺寸.
26. 蘋果園主人估計，若每公畝種 24 棵果樹，成熟後每棵樹每年可收成 600 個蘋果，若每公畝再多種一棵，則每一棵樹每年會減少收成 12 個. 若欲得到最多的蘋果，則每公畝應種多少棵？
27. 試證：點 (x_0, y_0) 到直線 $ax+by+c=0$ 的最短距離為

$$d = \frac{|ax_0+by_0+c|}{\sqrt{a^2+b^2}}.$$

▶▶ 3-7 相關變化率

在應用上，我們常會遇到兩變數 x 與 y 皆為時間 t 的可微分函數，而 x 與 y 之間有一個關係式. 若將關係式等號兩邊對 t 微分，並利用連鎖法則，則可得出含有變化率 $\dfrac{dx}{dt}$ 與 $\dfrac{dy}{dt}$ 的關係式，其中 $\dfrac{dx}{dt}$ 與 $\dfrac{dy}{dt}$ 稱為**相關變化率**. 在含有 $\dfrac{dx}{dt}$ 與 $\dfrac{dy}{dt}$ 的關係式中，當其中一個變化率為已知時，則可求出另一個變化率.

求解相關變化率問題的步驟如下：

步驟 1：根據題意作出圖形.
步驟 2：設定變數並將已知量與未知量標示在圖形上.
步驟 3：利用已知量與未知量之間的關係導出一關係式.
步驟 4：對步驟 3 所導出關係式等號的兩邊對時間微分.
步驟 5：代入已知量以便求出未知量.

例題 1 　**解題指引** ☺ 　對時間 t 隱微分

某質點正沿著方程式

$$\frac{xy^3}{1+y^2}=\frac{8}{5}$$

的曲線移動．假設質點在點 (1, 2) 時，x-坐標正以 6 單位／秒的速率增加．
(1) 該質點的 y-坐標在該瞬間的變化率為多少？
(2) 質點在該瞬間是上升或下降？

解　(1) 改寫方程式為

$$xy^3=\frac{8}{5}+\frac{8}{5}y^2$$

可得

$$3xy^2\frac{dy}{dt}+y^3\frac{dx}{dt}=\frac{16}{5}y\frac{dy}{dt}$$

$$\frac{dy}{dt}=\frac{y^3}{\frac{16}{5}y-3xy^2}\frac{dx}{dt}$$

依題意，$\left.\dfrac{dx}{dt}\right|_{(1,\,2)}=6.$

所以，$\left.\dfrac{dy}{dt}\right|_{(1,\,2)}=\dfrac{8}{\dfrac{32}{5}-12}(6)=-\dfrac{60}{7}$ 單位／秒．

(2) 因 $\dfrac{dy}{dt}<0$，故為下降．

例題 2 　**解題指引** ☺ 　水槽的體積為 $V=\dfrac{1}{3}\pi r^2 h$，求出水的體積變化率及水深的變化率

倒立的正圓錐形水槽的高為 12 呎且頂端的半徑為 6 呎，若水以 3 立方呎／分的速率注入水槽，則當水深為 3 呎時，水面上升的速率為多少？

解　水槽如圖 3-26 所示．令

第三章　微分的應用

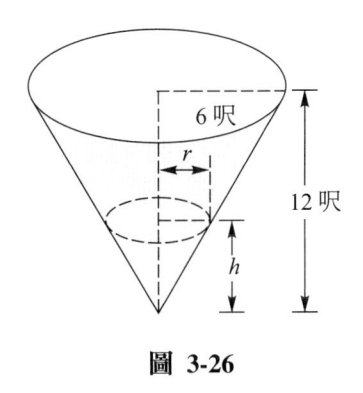

圖 3-26

$t=$ 從最初觀察所經過的時間 (以分計)
$V=$ 水槽內的水在時間 t 的體積 (以立方呎計)
$h=$ 水槽內的水在時間 t 的深度 (以呎計)
$r=$ 水面在時間 t 的半徑 (以呎計)

在每一瞬間，水之體積的變化率為 $\dfrac{dV}{dt}$，水深的變化率為 $\dfrac{dh}{dt}$，我們要求 $\left.\dfrac{dh}{dt}\right|_{h=3}$，此為水深在 3 呎時水面上升的瞬時變化率．若水深為 h，則水的體積為 $V=\dfrac{1}{3}\pi r^2 h$．利用相似三角形可得

$$\frac{r}{h}=\frac{6}{12} \text{ 或 } r=\frac{h}{2}$$

因此，

$$V=\frac{1}{3}\pi\left(\frac{h}{2}\right)^2 h=\frac{1}{12}\pi h^3$$

上式對 t 微分可得

$$\frac{dV}{dt}=\frac{1}{4}\pi h^2 \frac{dh}{dt}$$

故

$$\frac{dh}{dt}=\frac{4}{\pi h^2}\frac{dV}{dt}$$

當 $h=3$ 呎時，$\dfrac{dV}{dt}=3$ 立方呎／分

$$\left.\frac{dh}{dt}\right|_{h=3} = \frac{4}{\pi(3)^2} \cdot 3 = \frac{4}{9\pi} \cdot 3 = \frac{4}{3\pi} \text{ (呎／分)}.$$

故當水深為 3 呎時，水面以 $\frac{4}{3\pi}$ 呎／分的速率上升．

例題 3 **解題指引** ☺ **求梯子下滑的速率**

某 10 呎長的梯子倚靠著牆壁向下滑行，其底部以 2 呎／秒的速率離開牆角移動，當梯子底部離牆角 6 呎時，梯子頂端沿著牆壁向下移動多快？

解 令
$t =$ 梯子開始滑行後的時間 (以秒計)
$x =$ 梯子底部到牆角的距離 (以呎計)
$y =$ 梯子頂端到地面的垂直距離 (以呎計)

如圖 3-27 所示．

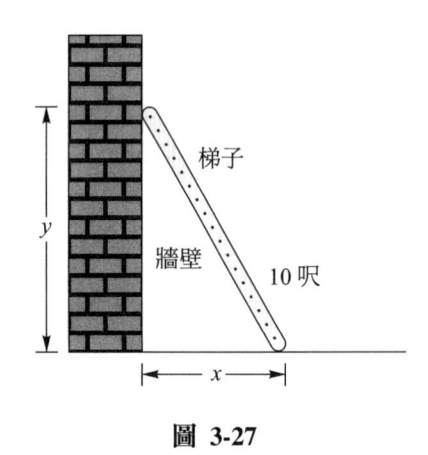

圖 3-27

在每一瞬間，底部移動的速率為 $\frac{dx}{dt}$，而頂端移動的速率為 $\frac{dy}{dt}$，我們要求 $\left.\frac{dy}{dt}\right|_{x=6}$，此為頂端在底部離牆角 6 呎時瞬間的移動速率．

依畢氏定理， $\qquad x^2 + y^2 = 100$

對 t 微分可得 $\qquad 2x\frac{dx}{dt} + 2y\frac{dy}{dt} = 0$

即，
$$\frac{dy}{dt} = -\frac{x}{y}\frac{dx}{dt}$$

當 $x=6$ 時，$y=8$. 又 $\frac{dx}{dt}=2$，故

$$\left.\frac{dy}{dt}\right|_{x=6} = \left(-\frac{6}{8}\right)(2) = -\frac{3}{2} \text{ (呎／秒)}$$

答案中的負號表示 y 為減少，其在物理上有意義，因梯子的頂端正沿著牆壁向下移動.

例題 4 解題指引 ☺ 電阻並聯

當兩電阻 R_1 (以歐姆計) 與 R_2 (以歐姆計) 並聯時，其總電阻 (以歐姆計) 滿足 $\frac{1}{R} = \frac{1}{R_1} + \frac{1}{R_2}$，若 R_1 及 R_2 分別以 0.01 歐姆／秒及 0.02 歐姆／秒的速率增加，則當 $R_1=30$ 歐姆且 $R_2=90$ 歐姆時，R 的變化多快？

解 $\frac{1}{R} = \frac{1}{R_1} + \frac{1}{R_2} \Rightarrow \frac{d}{dt}\left(\frac{1}{R}\right) = \frac{d}{dt}\left(\frac{1}{R_1} + \frac{1}{R_2}\right)$

$$\Rightarrow -\frac{1}{R^2}\frac{dR}{dt} = -\frac{1}{R_1^2}\frac{dR_1}{dt} - \frac{1}{R_2^2}\frac{dR_2}{dt}$$

$$\Rightarrow \frac{1}{R^2}\frac{dR}{dt} = \frac{1}{R_1^2}\frac{dR_1}{dt} + \frac{1}{R_2^2}\frac{dR_2}{dt}$$

已知 $R_1=30$ 歐姆，$R_2=90$ 歐姆，可得

$$\frac{1}{R} = \frac{1}{30} + \frac{1}{90} = \frac{4}{90} = \frac{2}{45}$$

又 $\frac{dR_1}{dt}=0.01$ 歐姆／秒，$\frac{dR_2}{dt}=0.02$ 歐姆／秒，故

$$\left(\frac{2}{45}\right)^2 \frac{dR}{dt} = \left(\frac{1}{30}\right)^2 (0.01) + \left(\frac{1}{90}\right)^2 (0.02)$$

$$\frac{dR}{dt} = \left(\frac{45}{2}\right)^2 \left[\frac{0.11}{(90)^2}\right] \approx 0.006875 \text{ 歐姆／秒}$$

即，電阻約以 0.006875 歐姆／秒的速率增加．

習題 3-7

1. 令半徑為 r 之圓的面積為 A，且設 r 隨時間 t 改變．

   (1) $\dfrac{dA}{dt}$ 與 $\dfrac{dr}{dt}$ 的關係如何？

   (2) 在某瞬間，半徑為 5 吋且以 2 吋／秒的速率增加，則圓面積在該瞬間增加多快？

2. 令底半徑為 r 且高為 h 的正圓柱體積為 V，且設 r 與 h 皆隨時間 t 改變．

   (1) $\dfrac{dV}{dt}$、$\dfrac{dh}{dt}$ 與 $\dfrac{dr}{dt}$ 的關係如何？

   (2) 當高為 6 吋且以 1 吋／秒增加，而底半徑為 10 吋且以 1 吋／秒減少時，體積變化多快？體積在當時是增加或減少？

3. 某 13 呎長的梯子倚靠著牆壁，其頂端以 2 呎／秒的速率沿著牆壁向下滑，當頂端在地面上方 5 呎時，底部移離牆角多快？

4. 令邊長為 x 與 y 之矩形的對角線長為 ℓ，且設 x 與 y 皆隨時間 t 改變．

   (1) $\dfrac{d\ell}{dt}$、$\dfrac{dx}{dt}$ 與 $\dfrac{dy}{dt}$ 的關係如何？

   (2) 若 x 以 $\dfrac{1}{2}$ 呎／秒的一定速率增加，y 以 $\dfrac{1}{4}$ 呎／秒的一定速率減少，則當 $x=3$ 呎且 $y=4$ 呎時，對角線長的變化多快？對角線長在當時是增加或減少？

5. 若一塊石頭掉入靜止的池塘產生圓形的漣漪，其半徑以 3 呎／秒的一定速率增加，則漣漪圍繞的面積在 10 秒末增加多快？

6. 從斜槽以 8 立方呎／分的速率流出的穀粒形成圓錐形堆積，其高恆為底半徑的兩倍．當堆積為 6 呎高時，其高在該瞬間增加多快？

7. 從斜槽流出的砂粒形成圓錐形堆積，其高恆為底半徑的兩倍，若高以 5 呎／分的一定速率增加，則當堆積為 10 呎高時，砂從斜槽流出的速率多少？

8. 6 呎高的某人正以 3 呎／秒的速率向 18 呎高的街燈走去．
   (1) 其影子長度減少的速率為何？
   (2) 其影子的頂端移動的速率為何？

9. 假設在下午 1 點時，A 船在 B 船的南方 25 哩處，若 A 船以 16 哩／時的速率向西航行，B 船以 20 哩／時的速率向南航行，則當下午 1 點 30 分時，兩船之間距離的變化率為何？

10. 一壘球場的內野為邊長是 60 呎的正方形，今跑者以 24 呎／秒的速率從二壘跑向三壘，當她離三壘 20 呎時，她與本壘間距離的變化率為何？

11. 空氣的隔熱膨脹公式為 $PV^{1.4}=C$，其中 P 表壓力，V 表體積，C 表一常數．在某一瞬間，壓力為 40 公克／平方厘米，且以每秒 3 公克／平方厘米的速率增大．若在該瞬間，其體積是 60 立方厘米，則體積的變化率為何？

12. 當兩電阻 R_1 (以歐姆計) 與 R_2 (以歐姆計) 並聯時，其總電阻 (以歐姆計) 滿足 $\dfrac{1}{R}=\dfrac{1}{R_1}+\dfrac{1}{R_2}$．若 R_1 以 1 歐姆／秒的速率減少，而 R_2 以 0.5 歐姆／秒的速率增加，則當 $R_1=75$ 歐姆且 $R_2=50$ 歐姆時，R 的變化多快？

▶▶ 3-8　牛頓法求方程式之近似根

在本節中，我們將描述方程式 $f(x)=0$ 的實根 (即，一實數 r 使 $f(r)=0$) 的近似求法．欲使用此方法，我們先從實根 r 的第一個近似值開始．因為 r 為 f 之圖形的 x-截距，故由參考函數圖形的略圖通常可發現一個比較適當的數 x_1．若考慮 f 的圖形在點 $(x_1, f(x_1))$ 的切線 L 且 x_1 充分接近 r，則如圖 3-28 所示，L 的 x-截距為 r 的更佳近似值．

因切線 L 的斜率為 $f'(x_1)$，故其方程式為

$$y-f(x_1)=f'(x_1)(x-x_1)$$

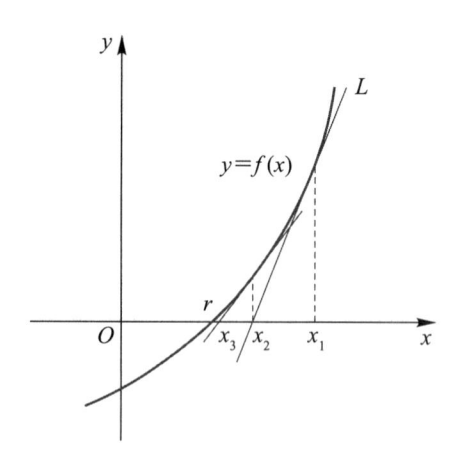

圖 3-28

若 $f'(x_1) \neq 0$，則 L 不平行於 x-軸，所以，它交 x-軸於點 $(x_2, 0)$. 故

$$-f(x_1) = f'(x_1)(x_2 - x_1)$$

可得

$$x_2 - x_1 = -\frac{f(x_1)}{f'(x_1)}$$

或

$$x_2 = x_1 - \frac{f(x_1)}{f'(x_1)}$$

若取 x_2 當作 r 的第二個近似值，則利用在點 $(x_2, f(x_2))$ 的切線，重複前面的方法. 若 $f'(x_2) \neq 0$，則導出第三個近似值為

$$x_3 = x_2 - \frac{f(x_2)}{f'(x_2)}$$

以此方法繼續下去，可產生一連串的值 $x_1, x_2, x_3, x_4, x_5, \cdots$，直到所要的精確度. 這種對 r 求近似值的方法稱為**牛頓法**，敘述如下：

牛頓法

設 f 為可微分函數且 r 為方程式 $f(x) = 0$ 的一實根. 若 x_n 為 r 的一個近似值，則下一個近似值 x_{n+1} 為

$$x_{n+1} = x_n - \frac{f(x_n)}{f'(x_n)}, \quad n = 1, 2, 3, \cdots \tag{3-1}$$

假設 $f'(x_n) \neq 0$.

圖 3-29

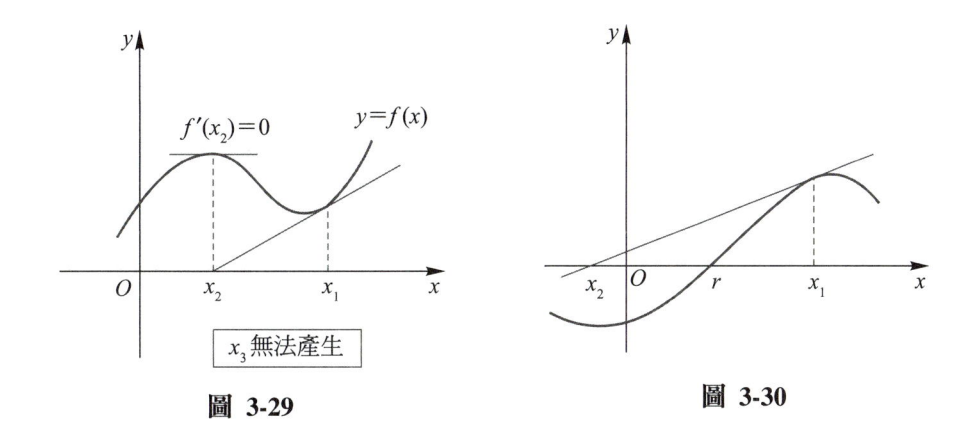

圖 3-30

註：若 $f'(x_n)=0$ 對某 n 成立，則此公式不適合．這是很容易明白的，因切線平行於 x-軸而不與 x-軸相交，無法產生下一個近似值 (圖 3-29)．

牛頓法不能保證對每一 n 而言，x_{n+1} 比 x_n 較近似 r．尤其，選取第一個近似值 x_1 必須要小心．的確，若 x_1 沒有充分接近 r，則可能使得第二個近似值 x_2 比 x_1 還糟，如圖 3-30 所示．我們不應該取一數 x_n 使得 $f'(x_n)$ 趨近 0 是很顯然的．

下面我們提出一牛頓法收斂的充分條件而非必要條件，但不予證明．

定理 3-11

若對包含實根 r 之區間中的所有 x，

$$\left|\frac{f(x)f''(x)}{[f'(x)]^2}\right| < 1$$

恆成立，則**牛頓法**對任意起始值 x_0 均收斂於實根 r．

當利用牛頓法時，我們將使用下面規則：

若近似值需要取到小數第 k 位，則將求 x_2, x_3, ⋯ 的近似值到第 k 位，繼續下去直到兩個連續的近似值相同．

例題 1 **解題指引** ☺ 利用牛頓法

求方程式 $x^3-x-1=0$ 的實根到小數第四位.

解 令 $f(x)=x^3-x-1$,則 $f'(x)=3x^2-1$,故牛頓法的公式變成

$$x_{n+1}=x_n-\frac{x_n^3-x_n-1}{3x_n^2-1}$$

可得

$$x_{n+1}=\frac{2x_n^3+1}{3x_n^2-1}$$

我們從圖 3-31 中 f 的圖形得知所予方程式僅有一個實根. 因 $f(1)=-1<0$,$f(2)=5>0$,故該根介於 1 與 2 之間. 我們取 $x_1=1.5$ 作為第一個近似值,進行如下:

$$x_2=\frac{2(1.5)^3+1}{3(1.5)^2-1}\approx 1.3478$$

$$x_3=\frac{2(1.3478)^3+1}{3(1.3478)^2-1}\approx 1.3252$$

$$x_4=\frac{2(1.3252)^3+1}{3(1.3252)^2-1}\approx 1.3247$$

$$x_5=\frac{2(1.3247)^3+1}{3(1.3247)^2-1}\approx 1.3247$$

於是,所要求的根約為 1.3247.

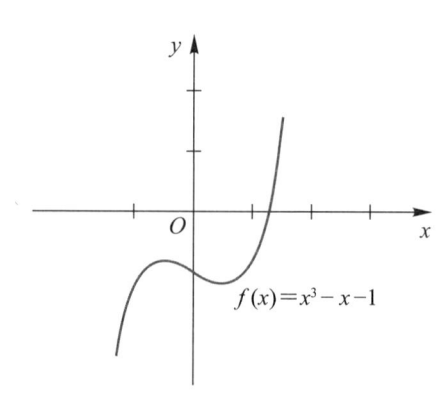

圖 3-31

例題 2　**解題指引** ☺ 利用牛頓法

求 $\sqrt[6]{2}$ 的近似值精確到小數第八位.

解　求 $\sqrt[6]{2}$ 的值即相當於求方程式 $x^6-2=0$ 的正根.

令 $f(x)=x^6-2$，則 $f'(x)=6x^5$. 利用 (3-1) 式，可得

$$x_{n+1}=x_n-\frac{f(x_n)}{f'(x_n)}=x_n-\frac{x_n^6-2}{6x_n^5}=\frac{5x_n^6+2}{6x_n^5}$$

我們選取起始值 $x_1=1$，則求得

$$x_2=\frac{7}{6}\approx 1.16666667$$
$$x_3\approx 1.12644368$$
$$x_4\approx 1.12249707$$
$$x_5\approx 1.12246205$$
$$x_6\approx 1.12246205$$

由於 x_5 與 x_6 兩連續近似值到小數第八位完全相同，故

$$\sqrt[6]{2}\approx 1.12246205$$

精確到小數第八位.

例題 3　**解題指引** ☺ 選取不適當的起始值會造成錯誤之結果

令 $x_1=0.1$，試說明牛頓法對 $f(x)=x^{1/3}$ 的收斂失效.

解　因 $f'(x)=\frac{1}{3}x^{-2/3}$，故可得

$$x_{n+1}=x_n-\frac{f(x_n)}{f'(x_n)}=x_n-\frac{x_n^{1/3}}{\frac{1}{3}x_n^{-2/3}}=x_n-3x_n=-2x_n$$

上式的計算如下表，並配合圖 3-32 所示，我們得知，當 $n\to\infty$ 時，數列的極限不存在.

數學 (三)

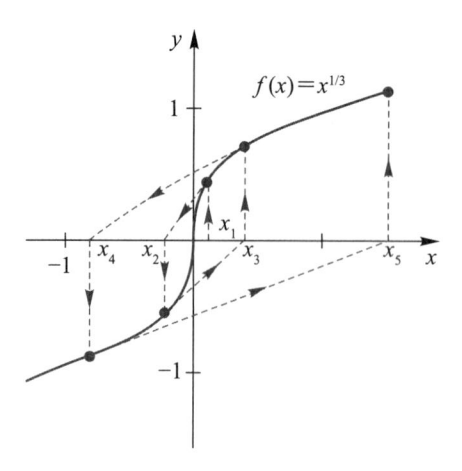

牛頓法對異於 0 的每一 x 值的收斂失效

圖 3-32

n	x_n	$f(x_n)$	$f'(x_n)$	$\dfrac{f(x_n)}{f'(x_n)}$	$x_n - \dfrac{f(x_n)}{f'(x_n)}$
1	0.10000	0.46416	1.54720	0.30000	-0.20000
2	-0.20000	-0.58480	0.97467	-0.60000	0.40000
3	0.40000	0.73681	0.61401	1.20000	-0.80000
4	-0.80000	-0.92832	0.38680	-2.40000	1.60000

又由定理 3-11，$f(x) = x^{1/3}$，$f'(x) = \dfrac{1}{3} x^{-2/3}$，$f''(x) = -\dfrac{2}{9} x^{-5/3}$，且對任何 x 值，

$$\left| \frac{f(x)f''(x)}{[f'(x)]^2} \right| = \left| \frac{x^{1/3}\left(-\dfrac{2}{9}\right)x^{-5/3}}{\left(\dfrac{1}{3} x^{-2/3}\right)^2} \right| = 2 > 1$$

故牛頓法對於 $f(x) = x^{1/3}$ 的收斂失效.

習題 3-7

在 1～3 題中，利用牛頓法求所予數的近似值到小數第四位.

1. $\sqrt{7}$　　　　**2.** $\sqrt[3]{2}$　　　　**3.** $\sqrt[3]{5}$

在 4～5 題中，利用牛頓法求所指定的實根到小數第三位.

4. $x^3+5x-3=0$ 的正根.　　　　**5.** $x^4+x-3=0$ 的正根.

4 不定積分

本章學習目標

- 瞭解反導函數與不定積分的意義及求法
- 瞭解不定積分的應用

▶▶ 4-1 不定積分的意義與性質

在第二章中，我們已知道如何求解導函數問題：給予一函數，求它的導函數．但是，在許多問題中，常常需要求解導函數問題的相反問題：給予一函數 f，求出一函數 F 使得 $F'=f$．若這樣的函數存在，則它稱為 f 的一反導函數．例如，已知 $\dfrac{dy}{dx}=3x^2$，或 $dy=3x^2\,dx$，則 $y=x^3$，故 $F(x)=x^3$ 稱為 $f(x)=3x^2$ 之反導函數．

定義 4-1

若 $F'=f$，則稱函數 F 為函數 f 的一反導函數．

顯然，一個函數的反導函數並不唯一．例如，若 $f(x)=8x^3$，則由多項式 $2x^4+7$ 與 $2x^4+15$ 所定義之函數皆為 f 的反導函數，此一事實，可由下面的定理說明之．

定理 4-1

若 f 與 g 為可微分函數，且 $f'(x)=g'(x)$ 對 (a, b) 中所有 x 皆成立，則 $f(x)-g(x)$ 在 (a, b) 上為**常數函數**．即 $f(x)=g(x)+C$，此處 C 為任意常數．

證 令 $h(x)=f(x)-g(x)$，則由於 $f'(x)=g'(x)$，故 $h'(x)=f'(x)-g'(x)=0$，$\forall\, x\in(a, b)$ 皆成立．於是，依定理 3-5，可知 h 在 (a, b) 上為常數函數，即，$f(x)-g(x)=C$，故 $f(x)=g(x)+C$．如圖 4-1 所示． ✿

求反導函數的過程稱為**反微分或積分**．若 $\dfrac{d}{dx}[F(x)]=f(x)$，則形如 $F(x)+C$ 的函數皆是 $f(x)$ 的反導函數．

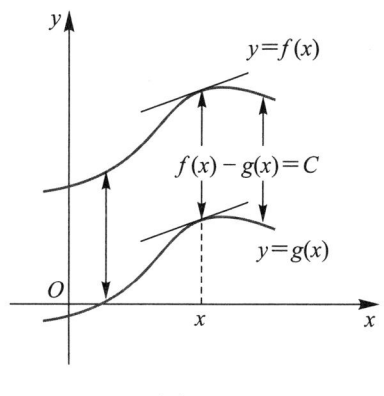

圖 4-1

定義 4-2

函數 f (或 $f(x)$) 的不定積分為

$$\int f(x)\,dx = F(x) + C \tag{4-1}$$

此處 $F'(x) = f(x)$，且 C 為任意常數．

不定積分 $\int f(x)\,dx$ 僅是指明 $f(x)$ 的反導函數是形如 $F(x)+C$ 的函數之另一方式而已，$f(x)$ 稱為**被積分函數**，dx 稱為積分變數 x 的微分，C 稱為**不定積分常數**．

定理 4-2

(1) $\dfrac{d}{dx}\left(\int f(x)\,dx\right) = f(x)$ 　　　(2) $\int \dfrac{d}{dx} f(x)\,dx = f(x) + C$

例如，$\dfrac{d}{dx}\left(\int \sqrt{x^2+16}\,dx\right) = \sqrt{x^2+16}$，$\int \dfrac{d}{dx}\sqrt{x^2+16}\,dx = \sqrt{x^2+16} + C$．

例題 1 **解題指引** ☺ 反導函數的定義

已知 $f(x)=\dfrac{1}{3}x^3$，試求一函數 $F(x)$ 使得 $F'(x)=f(x)$.

解 $F(x)=\dfrac{1}{12}x^4+C$ 可使得 $F'(x)=f(x)$.

⊙ 不定積分的基本性質

求解不定積分問題，須先明瞭不定積分之基本性質：

性質 1. $\displaystyle\int x^n\,dx=\dfrac{x^{n+1}}{n+1}+C,\ n\neq -1$ (4-2)

性質 2. $\displaystyle\int dx=x+C$ (4-3)

性質 3. $\displaystyle\int kf(x)\,dx=k\int f(x)\,dx,\ k\ 為常數.$ (4-4)

證 令 $F'(x)=f(x)$，則

$$\dfrac{d}{dx}[kF(x)]=kF'(x)=kf(x)$$

可知 $kF(x)$ 為 $kf(x)$ 之反導函數

故 $\displaystyle\int kf(x)\,dx=k\int f(x)\,dx.$

性質 4. $\displaystyle\int [f(x)+g(x)]\,dx=\int f(x)\,dx+\int g(x)\,dx$ (4-5)

證 令 $F'(x)=f(x)$，$G'(x)=g(x)$，則

$$\dfrac{d}{dx}[F(x)+G(x)]=F'(x)+G'(x)=f(x)+g(x)$$

可知 $F(x)+G(x)$ 為 $f(x)+g(x)$ 之反導函數，故

$$\int [f(x)+g(x)]\,dx = \int f(x)\,dx + \int g(x)\,dx.$$

註 讀者亦可對右式微分，則可得到左式之被積分函數

$$D_x\left[\int f(x)\,dx + \int g(x)\,dx\right] = D_x\int f(x)\,dx + D_x\int g(x)\,dx = f(x)+g(x).$$

性質 4 可推廣至多個函數和的不定積分，亦即，

$$\int [k_1 f_1(x) + k_2 f_2(x) + \cdots + k_n f_n(x)]\,dx$$

$$= k_1\int f_1(x)\,dx + k_2\int f_2(x)\,dx + \cdots + k_n\int f_n(x)\,dx. \tag{4-6}$$

性質 5. $\displaystyle\int [u(x)]^n u'(x)\,dx = \frac{[u(x)]^{n+1}}{n+1} + C,\ n \neq -1,\ C$ 為常數. $\tag{4-7}$

證 由定理 2-7 知，

$$\frac{d}{dx}\left[\frac{[u(x)]^{n+1}}{n+1}\right] = (n+1)\,\frac{[u(x)]^n u'(x)}{n+1}$$

$$= [u(x)]^n u'(x)$$

可得

$$d\left[\frac{[u(x)]^{n+1}}{n+1}\right] = [u(x)]^n u'(x)\,dx$$

$$\int d\left[\frac{[u(x)]^{n+1}}{n+1}\right] = \int [u(x)]^n u'(x)\,dx$$

$$\int [u(x)]^n u'(x)\,dx = \frac{[u(x)]^{n+1}}{n+1} + C,\ n \neq -1.$$

例題 2 **解題指引** ☺ 去絕對值

求 $\displaystyle\int |x|\,dx.$

解 若 $x \geq 0$,則 $|x| = x$,所以,

$$\int |x|\, dx = \int x\, dx = \frac{1}{2}x^2 + C$$

若 $x < 0$,則 $|x| = -x$,所以,

$$\int |x|\, dx = \int -x\, dx = -\frac{1}{2}x^2 + C$$

故

$$\int |x|\, dx = \begin{cases} \dfrac{1}{2}x^2 + C, & \text{若 } x \geq 0 \\ -\dfrac{1}{2}x^2 + C, & \text{若 } x < 0 \end{cases}$$

例題 3 **解題指引** ☺ 有理化被積分函數的分母

求 $\displaystyle\int \frac{x-1}{\sqrt{x}+1}\, dx.$

解
$$\int \frac{x-1}{\sqrt{x}+1}\, dx = \int \frac{(x-1)(\sqrt{x}-1)}{(\sqrt{x}+1)(\sqrt{x}-1)}\, dx = \int \frac{(x-1)(\sqrt{x}-1)}{x-1}\, dx$$

$$= \int (\sqrt{x}-1)\, dx = \int \sqrt{x}\, dx - \int dx$$

$$= \frac{2}{3}x^{3/2} - x + C.$$

例題 4 **解題指引** ☺ 利用 (4-7) 式

求 $\displaystyle\int \sqrt[3]{\frac{1-\sqrt[3]{x}}{x^2}}\, dx.$

解 $\displaystyle\int \sqrt[3]{\frac{1-\sqrt[3]{x}}{x^2}}\, dx = \int \frac{(1-\sqrt[3]{x})^{1/3}}{x^{2/3}}\, dx$

若視 $u(x) = 1 - \sqrt[3]{x}$，則

$$u'(x) = -\frac{1}{3}x^{-2/3} = -\frac{1}{3x^{2/3}}$$

故

$$\int \sqrt[3]{\frac{1-\sqrt[3]{x}}{x^2}}\, dx = -3 \int (1-\sqrt[3]{x})^{1/3}\left(-\frac{1}{3}x^{-2/3}\right) dx$$

$$= -3 \frac{(1-\sqrt[3]{x})^{(1/3)+1}}{\frac{1}{3}+1} + C$$

$$= -\frac{9}{4}(1-\sqrt[3]{x})^{4/3} + C.$$

例題 5 **解題指引** ☺ 利用定理 4-2(2)

若 $f(x) = x\sqrt{x^3+1}$，求 $\int f''(x)\, dx$.

解 因 $f''(x) = \dfrac{d}{dx} f'(x)$，故

$$\int f''(x)\, dx = \int \frac{d}{dx} f'(x)\, dx = f'(x) + C$$

$$f'(x) = \frac{d}{dx} x\sqrt{x^3+1} = x \frac{d}{dx}\sqrt{x^3+1} + \sqrt{x^3+1}$$

$$= x \cdot \frac{1}{2}(x^3+1)^{-1/2}\, 3x^2 + \sqrt{x^3+1}$$

$$= \frac{3x^3}{2\sqrt{x^3+1}} + \sqrt{x^3+1}$$

所以，

$$\int f''(x)\, dx = \frac{3x^3}{2\sqrt{x^3+1}} + \sqrt{x^3+1} + C$$

$$= \frac{5x^3+2}{2\sqrt{x^3+1}} + C.$$

習題 4-1

已知下列各函數 f, 試求一函數 F 使得 $F'=f$.

1. $f(x)=x^2-1$
2. $f(x)=3x^2+2x+1$
3. $f(x)=\dfrac{1}{\sqrt{x}}$
4. $f(x)=x^{-1/3}$
5. $f(x)=x^{1/2}+1$

試求 6～13 題中, 各不定積分.

6. $\displaystyle\int x^2(x^3-1)^4\,dx$
7. $\displaystyle\int (5x^2+1)\sqrt{5x^3+3x-2}\,dx$
8. $\displaystyle\int \dfrac{3x}{\sqrt{2x^2+5}}\,dx$
9. $\displaystyle\int \dfrac{(\sqrt{x}+3)^2}{\sqrt{x}}\,dx$
10. $\displaystyle\int \dfrac{x^2}{(x^3-1)^2}\,dx$
11. $\displaystyle\int \left(1+\dfrac{1}{x}\right)^3 \dfrac{1}{x^2}\,dx$
12. $\displaystyle\int \dfrac{1}{\sqrt{x}\,(1+\sqrt{x})^2}\,dx$
13. $\displaystyle\int \dfrac{1}{x^4}\sqrt{\dfrac{x^3+1}{x^3}}\,dx$

14. 求 $f(x)=\sqrt[3]{x}$ 的反導函數 $F(x)$ 使其滿足 $F(1)=2$.

▷▷ 4-2 變數代換積分法

在求解不定積分時, 如遇到像下列之積分問題:

$$\int (x^2+1)^8\,x\,dx$$

同學們可能的解法是將 $(x^2+1)^8$ 利用二項式定理展開, 再將每一項乘以 x, 就可得到一

$f(x)$ 之多項式被積分函數，然後再逐項積分．這樣的求解方法實在太費時間了，如果我們令 $u = x^2 + 1$，則 $du = 2x\,dx$．再代入原積分式中，可得到一以 u 為積分變數之不定積分如下：

$$\int (x^2+1)^8\, x\,dx = \int u^8 \frac{1}{2}\,du = \frac{1}{2}\int u^8\,du$$

故
$$\int (x^2+1)^8\, x\,dx = \frac{1}{2} \cdot \frac{1}{9} u^9 + C$$
$$= \frac{1}{18}(x^2+1)^9 + C.$$

這就是所謂的**變數代換積分法**．變數代換法之原理完全建構在**連鎖法則**上．若 F 為 f 的反導函數，g 為可微分函數，且 $F(g(x))$ 為**合成函數**，則由連鎖法則可得

$$\frac{d}{dx}F(g(x)) = F'(g(x))\,g'(x) = f(g(x))\,g'(x) \quad (因\ F'(x)=f(x))$$

由此，得到積分公式

$$\int f(g(x))\,g'(x)\,dx = F(g(x)) + C,\ \text{其中}\ F' = f$$

在上式中，若令 $u = g(x)$ 且以微分 du 代替 $g'(x)\,dx$，則可得到下面的定理．

定理 4-3　不定積分代換定理

若 F 為 f 的反導函數，且令 $u = g(x)$，$du = g'(x)\,dx$，則

$$\int f(g(x))\,g'(x)\,dx = \int f(u)\,du = F(u) + C = F(g(x)) + C. \tag{4-8}$$

例題 1 **解題指引** ☺ 利用定理 4-3

求 $\int \sqrt{\dfrac{2+3\sqrt{x}}{x}}\, dx$.

解 令 $u=\sqrt{2+3\sqrt{x}}$，則 $u^2=2+3\sqrt{x}$，$2u\,du=\dfrac{3}{2\sqrt{x}}\,dx$，$\dfrac{dx}{\sqrt{x}}=\dfrac{4}{3}u\,du$

故 $\int \sqrt{\dfrac{2+3\sqrt{x}}{x}}\,dx = \int \dfrac{\sqrt{2+3\sqrt{x}}}{\sqrt{x}}\,dx = \dfrac{4}{3}\int u^2\,du$

$= \dfrac{4}{9}u^3 + C = \dfrac{4}{9}(2+3\sqrt{x})^{3/2} + C.$

例題 2 **解題指引** ☺ 利用定理 4-3

求 $\int \dfrac{x}{\sqrt[3]{1+2x}}\,dx$.

解 令 $u=\sqrt[3]{1+2x}$，則 $u^3=1+2x$，$3u^2\,du=2\,dx$，

可得 $x=\dfrac{u^3-1}{2}$，$dx=\dfrac{3u^2}{2}\,du$，代入原積分式中，

故 $\int \dfrac{x}{\sqrt[3]{1+2x}}\,dx = \int \left(\dfrac{u^3-1}{2}\right)\left(\dfrac{1}{u}\right)\left(\dfrac{3u^2}{2}\right)du = \dfrac{3}{4}\int (u^4-u)\,du$

$= \dfrac{3}{4}\left(\dfrac{u^5}{5}-\dfrac{u^2}{2}\right)+C$

再以 $u=\sqrt[3]{1+2x}$ 代入，即得

$\int \dfrac{x}{\sqrt[3]{1+2x}}\,dx = \dfrac{3}{4}\left[\dfrac{(1+2x)^{5/3}}{5}-\dfrac{(1+2x)^{2/3}}{2}\right]+C.$

例題 3 **解題指引** ☺ 利用定理 4-3

求 $\int (x+1)\sqrt{2-x}\, dx$.

解 令 $u=2-x$，則 $du=-dx$，即 $dx=-du$.
又 $x=2-u$，可得 $x+1=3-u$.
故 $\int (x+1)\sqrt{2-x}\, dx = -\int (3-u)\sqrt{u}\, du = \int (u^{3/2}-3u^{1/2})\, du$

$$= \frac{2}{5}u^{5/2}-2u^{3/2}+C$$

$$= \frac{2}{5}(2-x)^{5/2}-2(2-x)^{3/2}+C.$$

習題 4-2

試求 1～9 題中的積分.

1. $\int \dfrac{x^2}{(x^3-1)^2}\, dx$

2. $\int \dfrac{x}{\sqrt[3]{1+2x}}\, dx$

3. $\int x\sqrt[3]{x+2}\, dx$

4. $\int \dfrac{1}{x^4}\sqrt{\dfrac{x^3+1}{x^3}}\, dx$

5. $\int \dfrac{x}{\sqrt[3]{1-2x^2}}\, dx$

6. $\int \sqrt{x}\,\sqrt{4+x\sqrt{x}}\, dx$

7. $\int (x+1)\sqrt{2x-3}\, dx$

8. $\int \dfrac{x+1}{\sqrt{(2x+1)^3}}\, dx$

9. $\int \dfrac{x^2-1}{\sqrt{2x-1}}\, dx$

4-3 不定積分的應用

⊙ 不定積分在微分方程式上的應用

微分方程式為一含有導函數或微分的方程式，一般而言，僅包含一個自變數的微分方程式，稱為**常微分方程式**. 例如：

$$\frac{dy}{dx}=\frac{x}{y}$$

$$\frac{dy}{dx}=3x^2+1$$

$$\frac{d^2y}{dx^2}+3\frac{dy}{dx}-2xy=0$$

$$(y-3)\,dy-(5-x)\,dx=0$$

其中 x 為**自變數**，y 為**因變數**.

微分方程式中所含導函數的最高階數稱為該微分方程式的**階**. 例如，前面三個方程式為一階微分方程式，最後一個方程式為二階微分方程式。

由常微分方程式所求出原因變數與其自變數之間的關係可用**顯函數** $y=f(x)$ 表示，亦可用**隱函數** $F(x,\,y)=0$ 表示，它們皆為常微分方程式的**解**. 通常，我們以微分方程式的顯函數或隱函數解稱之. 一般而言，常微分方程式的解所包含任意常數的數目等於該微分方程式的階數. 若一個二階微分方程式的解包含兩個任意常數，則稱為該微分方程式的**通解**. 若由通解中指定任意常數的值，則所求得的解稱為微分方程式的**特解**. 有關一階常微分方程式的通解，一般可以寫成

$$y=f(x,\ C)\ \text{或}\ F(x,\,y,\,C)=0 \tag{4-9}$$

C 為任意常數. 凡由通解求得特解，需另外再加一個條件，例如：

$$y(x_0)=y_0 \tag{4-10}$$

式中 x_0 及 y_0 為特定已知值. (4-10) 式表示當 $x=x_0$ 時，$y=y_0$；利用 (4-10) 式，可由 (4-9) 式中求得 C 的值，故 (4-10) 式稱為**初期**(或**原始**) **條件**.

解微分方程式最簡單的方法為**變數分離法**. 一階微分方程式可寫成

$$\frac{dy}{dx} = F(x, y)$$

的形式，若 $F(x, y)$ 為一常數，或僅為 x 的函數，則微分方程式可以一般的積分方法求解，如果 $F(x, y)$ 為 x 及 y 的函數，而微分方程式可以寫成

$$P(x)\,dx + Q(y)\,dy = 0$$

或

$$\frac{dy}{dx} = f(x)\,g(y), \quad g(y) \neq 0$$

則稱其為**變數可分離**的微分方程式，此種微分方程式的通解只需要分別積分即可，因而可求得

$$\int P(x)\,dx + \int Q(y)\,dy = C \tag{4-11}$$

或

$$\int \frac{dy}{g(y)} = \int f(x)\,dx + C \tag{4-12}$$

式中 C 為任意積分常數.

例題 1　**解題指引** ☺ **利用變數分離法**

試解：

$$\begin{cases} \dfrac{dy}{dx} = \dfrac{x + 3x^2}{y^2} \\ y(0) = 6 \end{cases}$$

解　此一微分方程式是屬於一階變數可分離的微分方程式，因為若將等號兩邊各乘以 $y^2\,dx$，可得

$$y^2\,dy = (x + 3x^2)\,dx$$

上式中變數被分離，即在方程式的一邊含 y 項，在另一邊含 x 項. 兩邊積分可

得

$$\int y^2\,dy = \int (x+3x^2)\,dx$$

$$\frac{1}{3}y^3 + C_1 = \frac{x^2}{2} + x^3 + C_2$$

$$y^3 = \frac{3}{2}x^2 + 3x^3 + (3C_2 - 3C_1)$$

$$= \frac{3}{2}x^2 + 3x^3 + C \quad (\diamondsuit\ 3C_2 - 3C_1 = C)$$

$$y = \sqrt[3]{3x^3 + \frac{3}{2}x^2 + C}$$

欲求常數 C，可利用"當 $x=0$ 時，$y=6$"的條件代入上式，得

$$6 = \sqrt[3]{C}$$

$$C = 216$$

故

$$y = \sqrt[3]{3x^3 + \frac{3}{2}x^2 + 216}.$$

⊙ 不定積分在幾何上的應用

　　斜率函數 $f(x)$ 的反導函數 $F(x)$ 的圖形稱為函數 $f(x)$ 的一積分曲線，其方程式以 $y=F(x)$ 表示之．由於 $F'(x)=f(x)$，故對於積分曲線上的點而言，在 x 處的切線斜率等於 $f(x)$．如果我們將該條積分曲線沿 y-軸方向上下平移，且平移的寬度為 C，則我們可得到另外一條積分曲線 $y=F(x)+C$．函數 $f(x)$ 的每一條積分曲線皆可由這種方法得到．因此，不定積分的圖形就是這樣得到的全部積分曲線所成的曲線族，稱為**積分曲線族**．另外，如果我們在每一條積分曲線上橫坐標相同的點處作切線，則這些切線必定會互相平行 (見圖 4-2)．

圖 4-2

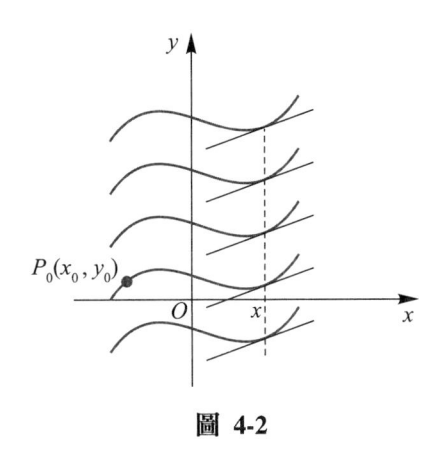

若此曲線通過某一定點 $P_0(x_0, y_0)$，則可由

$$y = \int f(x)\,dx = F(x) + C$$

決定不定積分常數 C；$C = y_0 - F(x_0)$，因此，曲線就可唯一確定． $y(x_0) = y_0$ 用以決定不定積分常數 C，即前述微分方程式中所謂的**初期條件**．

例題 2　解題指引 ☺　由已知斜率求曲線方程式

已知一曲線族的斜率為 $\dfrac{5-x}{y-3}$，試求其方程式，並求通過點 $(2, -1)$ 之一條曲線的方程式．

解　因已知曲線族的斜率為 $\dfrac{5-x}{y-3}$，故

$$\frac{dy}{dx} = \frac{5-x}{y-3}$$

即，

$$(y-3)\,dy = (5-x)\,dx$$

兩邊積分可得

$$\frac{y^2}{2} - 3y = 5x - \frac{x^2}{2} + C$$

欲求通過點 $(2, -1)$ 之曲線方程式，可用此點代入上式，

$$\frac{1}{2}+3=10-2+C$$

即，
$$C=-\frac{9}{2}$$

故
$$\frac{y^2}{2}-3y=5x-\frac{x^2}{2}-\frac{9}{2}$$

即所求之一條曲線的方程式為

$$(x-5)^2+(y-3)^2=25.$$

⊙ 不定積分在物理上的應用

若某質點在時間 t 的位置函數為 $s=f(t)$，則該質點在時間 t 的速度為 $v=\dfrac{ds}{dt}=f'(t)$，而加速度為 $a=\dfrac{dv}{dt}=f''(t)$。反之，如果已知在時間 t 的速度（或加速度）及某一特定時刻的位置，則其運動方程式可由不定積分求得。現舉例說明如下：

例題 3　解題指引 ☺　直線運動

設某質點沿著直線運動，其加速度為 $a(t)=6t+2$ 厘米／秒^2，初速為 $v(0)=6$ 厘米／秒，最初位置為 $s(0)=9$ 厘米，求它的位置函數 $s(t)$。

解　因
$$v'(t)=a(t)=6t+2$$

故
$$v(t)=\int a(t)\,dt=\int (6t+2)\,dt=3t^2+2t+C_1$$

以 $v(0)=6$ 代入，可得 $C_1=6$，故

$$v(t)=3t^2+2t+6$$

因
$$s'(t)=v(t)=3t^2+2t+6$$

故
$$s(t)=\int v(t)\,dt=\int (3t^2+2t+6)\,dt=t^3+t^2+6t+C_2$$

以 $s(0)=9$ 代入可得 $C_2=9$，故所求位置函數為

$$s(t)=t^3+t^2+6t+9 \text{ (厘米)}.$$

落體運動在物理學上具有相當重要的地位，地面或接近地面的物體受到重力的作用，產生向下的等加速度，以 g 表示之. 對於接近地面的運動，我們假定 g 為常數，其值約為 9.8 米／秒² 或 32 呎／秒². 今距離地球表面 s 處，垂直向上拋一球，若不計空氣阻力，則作用於該球的力僅有重力加速度所構成的力，而此力作用於負向 (取垂直向上為正向，原點位於地表面)，故知

$$a(t)=-g$$

則

$$\int a(t)\,dt = \int -g\,dt = -gt+C$$

所以

$$v(t)=-gt+C$$

我們很容易發現上式中 $C=v(0)$，$v(0)$ 習慣上常記作 v_0，稱為**初速度**. 於是，

$$v(t)=-gt+v_0$$

又

$$\int v(t)\,dt = \int \frac{ds(t)}{dt}\,dt = \int (-gt+v_0)\,dt$$

所以，

$$s(t)=-\frac{1}{2}gt^2+v_0 t+C \tag{4-13}$$

(4-13) 式中常數 C 的值為 $s(0)$，記為 s_0，稱為**初期位置**. 因此，距離地球表面 s_0 處，以初速 v_0 垂直上拋一球，其運動方程式為

$$s(t)=-\frac{1}{2}gt^2+v_0 t+s_0. \tag{4-14}$$

例題 4　解題指引　垂直上拋運動

一球在離地面 144 呎高處，以 96 呎／秒的初速垂直上拋．若忽略空氣阻力，求該球在 t 秒後離地面的高度．它何時到達最大高度？它何時撞擊地面？

解　球的運動是垂直運動，而我們選取向上為正．在時間 t，球與地面的距離為 $s(t)$，而速度 $v(t)$ 為遞減，所以，加速度為負，我們可知

$$a(t) = \frac{dv}{dt} = -32$$

得到

$$v(t) = \int a(t)\,dt = \int -32\,dt = -32t + C_1$$

以 $v(0) = 96$ 代入，可得 $C_1 = 96$，故

$$v(t) = -32t + 96$$

當 $v(t) = 0$ 時，球會到達最大高度．所以，它在 3 秒後到達最大高度．

因

$$s'(t) = v(t) = -32t + 96$$

故

$$s(t) = \int v(t)\,dt = \int (-32t + 96)\,dt = -16t^2 + 96t + C_2$$

利用 $s(0) = 144$，可得 $C_2 = 144$，故

$$s(t) = -16t^2 + 96t + 144$$

當 $s(t) = 0$ 時，球撞擊地面．因此，由 $-16t^2 + 96t + 144 = 0$ 可得

$$t = 3 \pm 3\sqrt{2}, \text{ 但 } t = 3 - 3\sqrt{2} \text{ 不合 (何故？)}$$

所以，球在 $3(1 + \sqrt{2})$ 秒後撞擊地面．

習題 4-3

1. 求一函數 $f(x)$ 使得 $f''(x)=(1+2x)^5$ 且 $f(0)=0$, $f'(0)=0$.

2. 求一函數 $y=f(x)$ 滿足下列的微分方程式與指定的初期條件.

   (1) $\dfrac{dy}{dx}=\dfrac{2x}{\sqrt{3x^2+4}}$; $y(2)=3$ (2) $\dfrac{dy}{dx}=\dfrac{1}{x^2 y}$; $y(1)=2$

   (3) $\dfrac{dy}{dx}=\sqrt{xy}$; $y(0)=4$ (4) $\dfrac{dy}{dx}=\dfrac{1}{\sqrt{xy}}$; $y(4)=4$

   (5) $\dfrac{dy}{dx}=(x+1)\sqrt{y}$; $y(1)=1$

3. 已知某曲線滿足 $y''(x)=6x$，且直線 $y=5-3x$ 在點 (1，2) 與曲線相切，求該曲線的方程式.

4. 已知某曲線族的斜率為 $x\sqrt{2-x^2}$，求該曲線族的方程式，並求通過點 (1，2) 的曲線方程式.

5. 已知某曲線族的斜率為 $\dfrac{x+1}{y-1}$，求該曲線族的方程式，並求通過點 (1，1) 的曲線方程式.

6. 已知某曲線族的斜率為 $\dfrac{5-x}{y-3}$，求其方程式，並求通過點 (2，-1) 的曲線方程式.

7. 若一球以初速 56 呎／秒 (忽略空氣阻力) 垂直上拋，則該球所到達的最大高度為何？

8. 設一球自離地面 144 呎高處垂直拋下 (忽略空氣阻力)，若 2 秒後到達地面，則其初速為何？

9. 一靜止汽車以多少等加速度才能於 4 秒內行駛 200 呎？

10. 設一球以 2 呎／秒² 的加速度由斜面滾下，若球的初速為零，則 t 秒末所滾的距離為何？欲使該球在 5 秒內滾 100 呎，則初速需為多少？

11. 若 C 與 F 分別表示攝氏與華氏溫度計的刻度，則 F 對 C 的變化率為 $\dfrac{dF}{dC} = \dfrac{9}{5}$. 若在 $C=0$ 時，$F=32$，試用反微分求出以 C 表 F 的通式.

12. 某溶液的溫度 T 的變化率為 $\dfrac{dT}{dt} = \dfrac{1}{4}t + 10$，其中 t 表時間 (以分計)，T 表攝氏溫度的度數. 若在 $t=0$ 時，溫度 T 為 $5°C$，求溫度 T 在時間 t 的公式.

13. 某電路中的電流為 $I(t) = t^3 + 3t^2 - 4$ 安培，求 2 秒末通過某一點的電量.

14. 某砲彈自 150 米高的塔上以初速 49 米／秒向上垂直發射.

(1) 砲彈到達最大高度需時多少？

(2) 最大高度多少？

(3) 砲彈在向下的途中經過起點需時多少？

(4) 當砲彈在向下的途中經過起點時，它的速度多少？

(5) 砲彈撞擊地面需時多久？

(6) 在撞擊地面時的速率多少？

5

定積分

本章學習目標

- 能夠利用極限觀念求有界區域之面積
- 能夠利用定積分的定義求 $\int_a^b f(x)\,dx$ 的值
- 瞭解定積分之性質
- 瞭解微積分學基本定理之應用
- 能夠利用定積分代換定理求定積分

▶▶ 5-1 定積分的意義

⊙ 面積的概念

在敘述定積分的定義之前，我們先考慮平面上某一封閉區域且以極限的方法求該區域之面積，這可以幫助我們誘導出定積分之定義，就像是我們利用切線的斜率來誘導導函數的定義．但讀者應特別注意本節中所討論的面積並不可視為定積分的定義．

定義 5-1

若存在一正數 M，使得函數 f 在其定義域中滿足 $|f(x)| \leq M$，則稱 f 在此定義域中為**有界**，而 f 稱之為**有界函數**．

設 $f(x)$ 為 $a \leq x \leq b$ 區間內之連續正值有界函數，且曲線 c 為

$$y = f(x)$$

之圖形，其圖形如圖 5-1(ii) 所示．

將 $[a, b]$ 區間以

$$a = x_0 < x_1 < x_2 < \cdots < x_{n-1} < x_n = b$$

諸點分為 n 個小區間

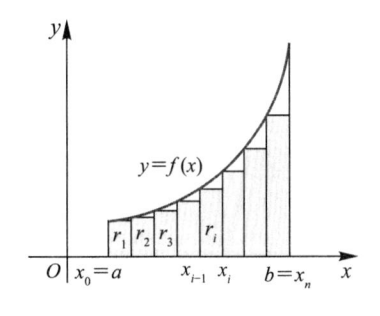

(i) 內接矩形之面積較區域 Q 之面積小

(ii) 有界區域 Q

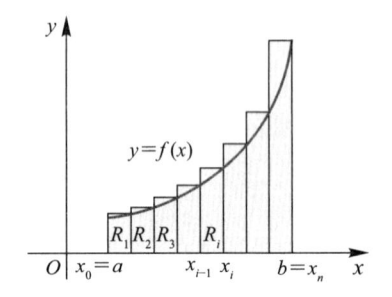

(iii) 外接矩形之面積較區域 Q 之面積大

圖 5-1

$$[a, x_1], [x_1, x_2], \cdots, [x_{n-1}, b]$$

我們稱此區分為區間 $[a, b]$ 之一分割，記作

$$P = \{a = x_0 < x_1 < x_2 < x_3 < \cdots < x_{n-1} < x_n = b\}$$

於是將有界區域 Q 分為 n 個細長條，各條之寬度可不必相等，如圖 5-1(i)(iii) 所示.

若 f 在 $[a, b]$ 上為嚴格遞增之連續函數，依極值存在定理知：$f(x)$ 在每一子區間 $[x_{i-1}, x_i]$ 上皆具有極小值與極大值. 令 r_i 表第 i 個內接矩形與 R_i 表第 i 個外接矩形，則 r_i 之高度即為 $f(x)$ 在 $[x_{i-1}, x_i]$ 上之極小值，而 R_i 之高度即為 $f(x)$ 在 $[x_{i-1}, x_i]$ 上之極大值. 若 Q_i 表曲線下第 i 個子區域的細長條面積，如圖 5-1(ii) 所示. 我們得下列的不等式

$$r_i \text{ 之面積} \leq Q_i \text{ 之面積} \leq R_i \text{ 之面積}$$

欲決定內接矩形與外接矩形面積之和，令

$$\Delta x_i = \text{第 } i \text{ 個子區間 } [x_{i-1}, x_i] \text{ 之長度}$$
$$f(m_i) = f \text{ 在 } [x_{i-1}, x_i] \text{ 上之極小值}$$
$$f(M_i) = f \text{ 在 } [x_{i-1}, x_i] \text{ 上之極大值}$$

則

$$r_i \text{ 之面積} = f(m_i)(\Delta x_i) = \text{第 } i \text{ 個內接矩形面積}$$
$$R_i \text{ 之面積} = f(M_i)(\Delta x_i) = \text{第 } i \text{ 個外接矩形面積}$$

將這些面積求和，得

$$L_f(P) \text{ (函數 } f \text{ 關於 } P \text{ 的下和)} = \sum_{i=1}^{n} f(m_i) \Delta x_i \text{ (內接矩形之面積和)}$$

$$U_f(P) \text{ (函數 } f \text{ 關於 } P \text{ 的上和)} = \sum_{i=1}^{n} f(M_i) \Delta x_i \text{ (外接矩形之面積和)}$$

由圖 5-1(i)(ii)(iii) 知，$L_f(P)$ 較區域 Q 之實際面積小，而 $U_f(P)$ 較區域 Q 之實際面積大. 於是

$$L_f(P) \leq A \leq U_f(P)$$

若 $n \to \infty$, 則

$$\Delta x_i \to 0, \ i=1, 2, 3, \cdots, n$$

故

$$\lim_{n \to \infty} L_f(P) = A = \lim_{n \to \infty} U_f(P)$$

或

$$\lim_{n \to \infty} \sum_{i=1}^{n} f(m_i) \Delta x_i = A = \lim_{n \to \infty} \sum_{i=1}^{n} f(M_i) \Delta x_i. \tag{5-1}$$

例題 1 解題指引 ☺ **求上和與下和**

若 $f(x)=x^2$ 在閉區間 $[a, b]=[0, 4]$ 中被 $P=\{0, 1, 2, 3, 4\}$ 分割成四個相等的子區間. 試求 $U_f(P)$ 與 $L_f(P)$ 為何？

解 因 $f(x)=x^2$ 在 $[0, 4]$ 上為嚴格遞增函數, $\Delta x = 1$, 則

$$U_f(P) = 1 \cdot 1 + 4 \cdot 1 + 9 \cdot 1 + 16 \cdot 1 = 30$$
$$L_f(P) = 0 \cdot 1 + 1 \cdot 1 + 4 \cdot 1 + 9 \cdot 1 = 14.$$

例題 2 解題指引 ☺ **利用極限求有界區域之面積**

試利用上和 (外接矩形法) 與下和 (內接矩形法) 求曲線 $y=x^2$ 與 x 軸由 $x=0$ 至 $x=2$ 所圍成有界區域之面積.

解 為了便於計算, 我們將區間 $[0, 2]$ 分割成 n 個相等之子區間, 其長度為

$$\Delta x = \frac{b-a}{n} = \frac{2-0}{n} = \frac{2}{n}$$

如圖 5-2 所示, 由於 $f(x)=x^2$ 在區間 $[0, 2]$ 上為遞增, 故 f 在每個子區間上之極小值發生在子區間之左端點, 而 f 之極大值發生在子區間之右端點. 所以

$$m_1 = x_0 = 0 \qquad\qquad M_1 = x_1 = \frac{2}{n}$$

$$m_2 = x_1 = \frac{2}{n} \qquad\qquad M_2 = x_2 = \frac{4}{n}$$

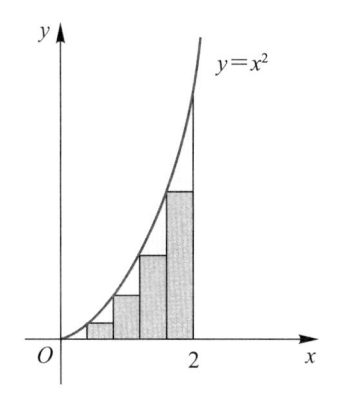

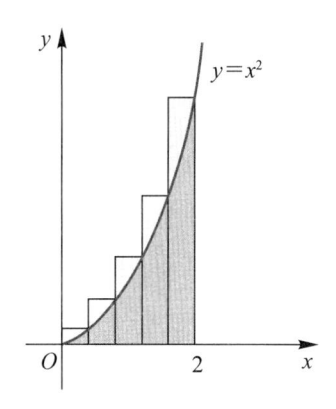

(i) 內接矩形　　　　　　(ii) 外接矩形

圖 5-2

$$m_3 = x_2 = \frac{4}{n} \qquad\qquad M_3 = x_3 = \frac{6}{n}$$

$$\vdots \qquad\qquad\qquad\qquad \vdots$$

$$m_i = x_{i-1} = \frac{2(i-1)}{n} \qquad\qquad M_i = x_i = \frac{2i}{n}$$

於是，

下和　$L_f(P) = \sum\limits_{i=1}^{n} f(m_i)\,\Delta x = \sum\limits_{i=1}^{n} f\left[\dfrac{2(i-1)}{n}\right]\left(\dfrac{2}{n}\right)$

$\qquad\qquad = \sum\limits_{i=1}^{n} \left[\dfrac{2(i-1)}{n}\right]^2 \left(\dfrac{2}{n}\right)$

$\qquad\qquad = \sum\limits_{i=1}^{n} \left(\dfrac{8}{n^3}\right)(i^2 - 2i + 1)$ $\qquad\left(\sum\limits_{i=1}^{n} i^2 = \dfrac{n(n+1)(2n+1)}{6},\right.$

$\qquad\qquad = \dfrac{8}{n^3}\left[\sum\limits_{i=1}^{n} i^2 - 2\sum\limits_{i=1}^{n} i + \sum\limits_{i=1}^{n} 1\right]$ $\qquad\left.\sum\limits_{i=1}^{n} i = \dfrac{n(n+1)}{2}\right)$

$\qquad\qquad = \dfrac{8}{n^3}\left[\dfrac{n(n+1)(2n+1)}{6} - 2\,\dfrac{n(n+1)}{2} + n\right]$

$\qquad\qquad = \dfrac{8}{3} - \dfrac{4}{n} + \dfrac{4}{3n^2}$

上和 $\quad U_f(P) = \sum_{i=1}^{n} f(M_i) \Delta x = \sum_{i=1}^{n} f\left(\frac{2i}{n}\right)\left(\frac{2}{n}\right)$

$$= \sum_{i=1}^{n} \left(\frac{2i}{n}\right)^2 \left(\frac{2}{n}\right) = \frac{8}{n^3} \sum_{i=1}^{n} i^2$$

$$= \frac{8}{n^3} \left[\frac{n(n+1)(2n+1)}{6}\right]$$

$$= \frac{8}{3} + \frac{4}{n} + \frac{4}{3n^2}$$

故 $\quad \lim_{n \to \infty} \left(\frac{8}{3} - \frac{4}{n} + \frac{4}{3n^2}\right) = \frac{8}{3}$

$$\lim_{n \to \infty} \left(\frac{8}{3} + \frac{4}{n} + \frac{4}{3n^2}\right) = \frac{8}{3}$$

因此求得面積 $A = \frac{8}{3}$ 平方單位.

讀者應注意求連續曲線 $y=f(x)$ 下方且在區間 $[a, b]$ 上方之面積的兩個同義方法

$$A = \lim_{n \to \infty} \sum_{i=1}^{n} f(m_i) \Delta x \quad \text{(內接矩形)}$$

與 $\quad A = \lim_{n \to \infty} \sum_{i=1}^{n} f(M_i) \Delta x \quad \text{(外接矩形)}.$

等寬的矩形在計算上很方便, 但是它們不是絕對必要的; 我們也可將面積 A 表為具有不同寬度之矩形的面積和的極限.

假設區間 $[a, b]$ 分割成寬為 $\Delta x_1, \Delta x_2, \cdots, \Delta x_n$ 的 n 個子區間, 並以符號 Max Δx_i 表示這些的最大者 (唸成 "Δx_i 的最大值"). 若 x_i^* 為第 i 個子區間中的任一數, 則 $f(x_i^*) \Delta x_i$ 是高為 $f(x_i^*)$ 且寬為 Δx_i 之矩形的面積, 故 $\sum_{i=1}^{n} f(x_i^*) \Delta x_i$ 為圖 5-3 中長條矩形之面積的和.

若我們增加 n 使得 Max $\Delta x_i \to 0$, 則每一個矩形的寬趨近零. 於是, 當 Max $\Delta x_i \to 0$ 時, $A = \lim_{\text{Max } \Delta x_i \to 0} \sum_{i=1}^{n} f(x_i^*) \Delta x_i$.

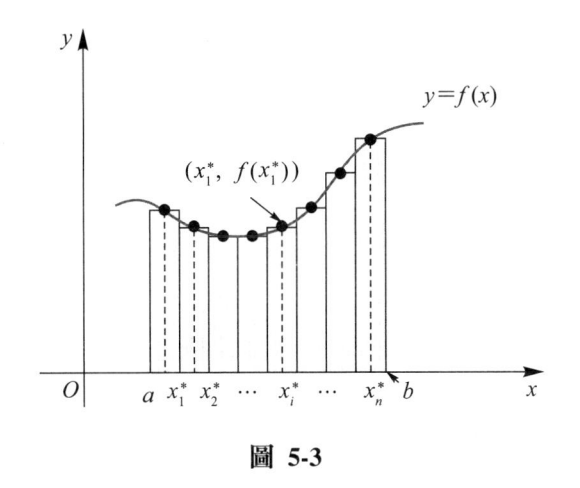

圖 5-3

定義 5-2

若函數 f 在 $[a, b]$ 為連續且非負值,則在 f 的圖形下方由 a 到 b 的**面積** A 定義為

$$A = \lim_{\text{Max } \Delta x_i \to 0} \sum_{i=1}^{n} f(x_i^*) \Delta x_i$$

此處 x_i^* 為子區間 $[x_{i-1}, x_i]$ 中任一數.

以上有關平面有界區域面積之計算,完全是為了計算上的方便,故必須作出下列的假定.

1. 函數 f 在 $[a, b]$ 為連續.
2. 函數 f 在 $[a, b]$ 為非負值.
3. $[a, b]$ 的子區間皆為等長.
4. 選取的 m_i 使得 $f(m_i)$ 恆為 f 在 $[x_{i-1}, x_i]$ 上的最小值 (或最大值).

為了藉助面積之計算以導出定積分的定義,將 1~4 改變成下列 1′~4′ 是有必要的.

1′. 函數 f 在 $[a, b]$ 未必連續.
2′. 函數 f 在 $[a, b]$ 不一定為非負值.
3′. 子區間的長度可以不同.
4′. x_i^* 為 $[x_{i-1}, x_i]$ 中的任一數.

⊙ 定積分的意義

定義 5-3　分割與範數

設 $[a, b]$ 為一閉區間，若實數 $x_0, x_1, x_2, \cdots, x_n$ 滿足 $a = x_0 < x_1 < x_2 < x_3 < \cdots < x_{n-1} < x_n = b$，如圖 5-4 所示，則稱 $P = \{x_0, x_1, x_2, \cdots, x_n\}$ 為 $[a, b]$ 之一分割，而 $\Delta x_i = x_i - x_{i-1}$ 表第 i 個子區間的長度，$\|P\| = \text{Max}\{\Delta x_i \mid i = 1, 2, 3, \cdots, n\}$ 稱為分割 P 的**範數** (norm)。

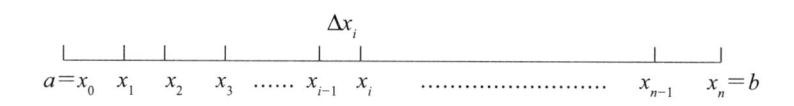

圖 5-4

定義 5-4　黎曼和

設 $f(x)$ 在 $[a, b]$ 上為一連續函數，$P = \{x_0, x_1, x_2, \cdots, x_n\}$ 為 $[a, b]$ 之任一分割，並令 $x_i^* \in [x_{i-1}, x_i]$，則 $R_n = \sum_{i=1}^{n} f(x_i^*) \Delta x_i$ 稱為函數 f 關於分割 P 的**黎曼和** (Riemann sum)，如圖 5-5 所示。

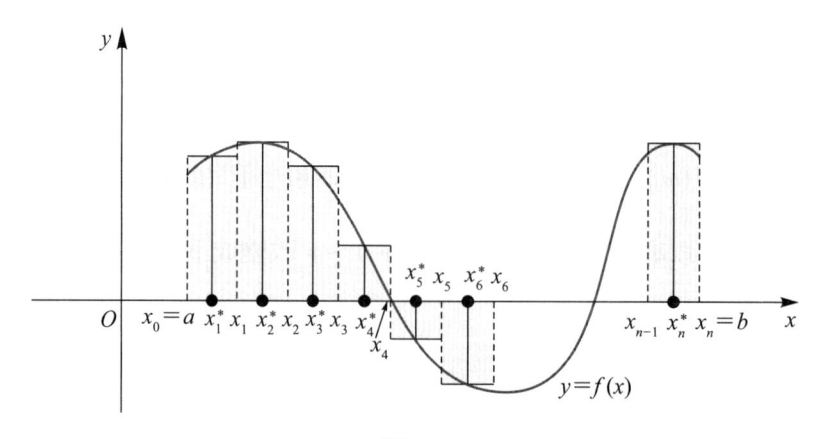

圖 5-5

讀者應注意，一旦區間與函數 f 被選定，則分割 P 的選取是不受限制的．而且，一旦分割被選定，則 x_i^* 的選取是不受限制的．**黎曼和的值與所有這些選取有關**．

定義 5-5　定積分

設 f 在 $[a, b]$ 中為一連續函數，$P=\{x_0, x_1, x_2, \cdots, x_n\}$ 為 $[a, b]$ 之任一分割，若存在一定實數 L，使得 $\lim_{\|P\|\to 0}\sum_{i=1}^{n}f(x_i^*)\Delta x_i=L$，則 L 稱為 f 由 $x=a$ 至 $x=b$ 的定積分．以 $\int_a^b f(x)\,dx=L$ 表之，亦稱 f 在 $[a, b]$ 為可積分．其中 a、b 分別稱為定積分之**下限及上限**，$f(x)$ 稱為**被積分函數**．

若 f 由 a 到 b 的定積分存在，則稱 f 在 $[a, b]$ 為**可積分**或**黎曼可積分**．

在上述定義中的符號 $\int$ 稱為**積分號**，在符號 $\int_a^b f(x)\,dx$ 當中，$f(x)$ 稱為**被積分函數**，a 與 b 分別稱為定積分的**下限及上限**．定積分 $\int_a^b f(x)\,dx$ 是一個數，當 $f(x)>0$ 時，定積分 $\int_a^b f(x)\,dx$ 之值表有界區域 $R=\{(x, y)\,|\,a\leq x\leq b,\ 0\leq y\leq f(x)\}$ 之面積，$\int_a^b f(x)\,dx$ 之值與所使用的自變數 x 無關．事實上，我們使用 x 以外的字母並不會改變定積分之值．於是，若 f 在 $[a, b]$ 為可積分，則

$$\int_a^b f(x)\,dx = \int_a^b f(t)\,dt = \int_a^b f(u)\,du$$

基於此理由，定義 5-5 中之字母 x 有時稱為**啞變數** (或**無意義變數**)．

例題 3　解題指引 ☺ 利用定義 5-5

在區間 $[-1, 2]$ 上將 $\lim_{\|P\|\to 0}\sum_{i=1}^{n}[2(x_i^*)^2-3x_i^*+5]\,\Delta x_i$ 表成定積分的形式．

解 比較所予極限與定義 5-5 中的極限，我們選取

$$f(x)=2x^2-3x+5, \quad a=-1, \quad b=2$$

所以，

$$\lim_{\|P\|\to 0}\sum_{i=1}^{n}[2(x_i^*)^2-3x_i^*+5]\Delta x_i=\int_{-1}^{2}(2x^2-3x+5)\,dx.$$

在定義定積分 $\int_a^b f(x)\,dx$ 時，我們假定 $a<b$。為了除去這個限制，我們將它的定義推廣到 $a>b$ 或 $a=b$ 的情形是很有用的.

定義 5-6

(1) 若 $a>b$，且 $\int_b^a f(x)\,dx$ 存在，則 $\int_a^b f(x)\,dx=-\int_b^a f(x)\,dx$.

(2) 若 $f(a)$ 存在，則 $\int_a^a f(x)\,dx=0$.

例題 4 解題指引 ☺ 利用定義 5-6

求 $\int_2^2 \dfrac{1}{x-2}\,dx$.

解 因 $f(2)$ 無定義，故 $\int_2^2 \dfrac{1}{x-2}\,dx$ 不存在.

因定積分定義為黎曼和的極限，故定積分的存在與否與被積分函數的性質有關.

若 f 在 $[a, b]$ 中的某些點不連續，則 $\int_a^b f(x)\,dx$ 可能存在或不存在，若 f 在 $[a, b]$ 中僅具有有限個不連續點，且這些不連續點皆為**跳躍不連續**，則稱 f 為**分斷連續**，將可導致函數在 $[a, b]$ 為可積分，如圖 5-6 所示.

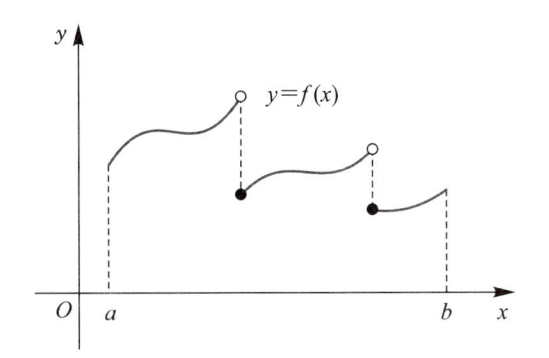

圖 5-6 不連續的可積分函數

事實上，並非每一個函數在 $[a, b]$ 中皆為可積分，我們現在僅提出函數可積分的充分條件 (非必要條件).

定理 5-1 定積分存在定理

若函數 f 在 $[a, b]$ 為有界，且在 $[a, b]$ 中僅有有限不連續點，則 f 在 $[a, b]$ 為可積分. 尤其，若 f 在 $[a, b]$ 為連續函數，則 f 在 $[a, b]$ 為可積分.

在上述定理中，讀者應注意，若 f 在 $[a, b]$ 中可積分，並不能保證 f 在 $[a, b]$ 中連續. 例如 $\int_0^5 [\![x]\!] \, dx$ 存在，但 $f(x) = [\![x]\!]$ 在 $[0, 5]$ 中之整數點上不連續. 若函數 f 在 $[a, b]$ 中某一點的極限值變成無限大，則 f 不為有界，所以不可積分，如圖 5-7 所示.

為了方便計算，通常取 P 為**正規分割**，即，所有子區間有相同的長度 Δx. 於是，

$$\|P\| = \Delta x = \Delta x_1 = \Delta x_2 = \cdots = \Delta x_n = \frac{b-a}{n}$$

且

$$x_0 = a, \ x_1 = a + \Delta x, \ x_2 = a + 2\Delta x, \ \cdots, \ x_i = a + i\Delta x, \ \cdots, \ x_n = b$$

若我們選取 x_i^* 為第 i 個子區間 $[x_{i-1}, x_i]$ 的右端點，則

$$x_i^* = x_i = a + i\,\Delta x = a + i\,\frac{b-a}{n}$$

數學 (三)

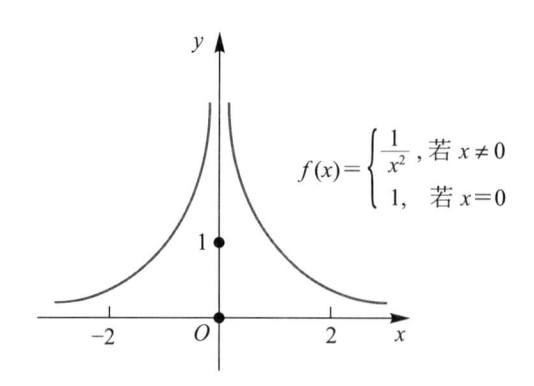

$$f(x) = \begin{cases} \dfrac{1}{x^2}, & \text{若 } x \neq 0 \\ 1, & \text{若 } x = 0 \end{cases}$$

圖 5-7 無界的不可積分函數

因 P 為正規分割，$\|P\| \to 0$ 與 $n \to \infty$ 為同義，故寫成

$$\int_a^b f(x)\,dx = \lim_{\|P\| \to 0} \sum_{i=1}^n f(x_i^*)\,\Delta x_i = \lim_{n \to \infty} \sum_{i=1}^n f\left(a + i\,\frac{b-a}{n}\right)\frac{b-a}{n}$$

我們有下面的公式.

定理 5-2 ↩

若函數 f 在 $[a, b]$ 為可積分，則

$$\int_a^b f(x)\,dx = \lim_{n \to \infty} \frac{b-a}{n} \sum_{i=1}^n f\left(a + i\,\frac{b-a}{n}\right).$$

例題 5　**解題指引** ☺ 利用定理 5-2

將 $\displaystyle\lim_{n \to \infty} \sum_{i=1}^n \frac{i^4}{n^5}$ 表成定積分的形式.

解
$$\lim_{n \to \infty} \sum_{i=1}^n \frac{i^4}{n^5} = \lim_{n \to \infty} \frac{1}{n} \sum_{i=1}^n \frac{i^4}{n^4} = \lim_{n \to \infty} \frac{1}{n} \sum_{i=1}^n \left(\frac{i}{n}\right)^4$$

$$= \lim_{n \to \infty} \frac{1-0}{n} \sum_{i=1}^n f\left(0 + i \cdot \frac{1-0}{n}\right) \quad\quad\text{此處 } f(x) = x^4$$

$$= \int_0^1 x^4\,dx.$$

例題 6 解題指引 ☺ 利用定理 5-2

試求 $\int_1^4 x^2\,dx$.

解 $f(x)=x^2$, $a=1$, $b=4$. 因 f 在 $[1,\ 4]$ 為連續, 故 f 在 $[1,\ 4]$ 為可積分.
依定理 5-2,

$$\begin{aligned}
\int_1^4 x^2\,dx &= \lim_{n\to\infty} \frac{3}{n}\sum_{i=1}^n f\left(1+\frac{3i}{n}\right) \\
&= \lim_{n\to\infty} \frac{3}{n}\sum_{i=1}^n \left(1+\frac{3i}{n}\right)^2 \\
&= \lim_{n\to\infty} \frac{3}{n}\sum_{i=1}^n \left(1+\frac{6i}{n}+\frac{9i^2}{n^2}\right) \\
&= \lim_{n\to\infty} \left(\frac{3}{n}\sum_{i=1}^n 1 + \frac{18}{n^2}\sum_{i=1}^n i + \frac{27}{n^3}\sum_{i=1}^n i^2\right) \\
&= \lim_{n\to\infty} \left[3 + \frac{18}{n^2}\cdot\frac{n(n+1)}{2} + \frac{27}{n^3}\cdot\frac{n(n+1)(2n+1)}{6}\right] \\
&= \lim_{n\to\infty} \left[3 + 9\left(1+\frac{1}{n}\right) + \frac{9}{2}\left(2+\frac{3}{n}+\frac{1}{n^2}\right)\right] \\
&= 3+9+9 \\
&= 21.
\end{aligned}$$

習題 5-1

1. 設 $f(x)=x^2$、$x_1=0$、$x_2=2$、$x_3=4$、$x_4=6$ 與 $\Delta x=2$, 求 $\sum_{i=1}^4 f(x_i)\,\Delta x$ 之值.

2. 若閉區間 $[a,\ b]=[-2,\ 0]$, $P=\left\{-2,\ -1,\ -\dfrac{1}{4},\ 0\right\}$, $f(x)=-x$, 求 $U_f(P)$ 與

$L_f(P)$ 之值.

3. 求 $\displaystyle\lim_{n\to\infty} \frac{\sum_{i=1}^{n} i^2}{n^3+1}$ 之值.

4. 試利用內接矩形法與外接矩形法，求 $f(x)=3x+1$ 在 $[1, 4]$ 上所圍成區域的面積.

5. 試利用內接矩形法與外接矩形法，求 $f(x)=x^2$ 在 $[0, 1]$ 上所圍成區域的面積.

下列 6～8 題中，在所予閉區間上將每一極限表成定積分之形式.

6. $\displaystyle\lim_{\|P\|\to 0} \sum_{i=1}^{n} [3(x_i^*)^2 - 5x_i^*]\,\Delta x_i$; $[0, 1]$

7. $\displaystyle\lim_{\|P\|\to 0} \sum_{i=1}^{n} 2\pi x_i^* [1+(x_i^*)^3]\,\Delta x_i$; $[0, 4]$

8. $\displaystyle\lim_{\|P\|\to 0} \sum_{i=1}^{n} (\sqrt[3]{x_i^*}+2x_i^*)\,\Delta x_i$; $[-4, -3]$

9. 試繪出 $y=2-x$ 在 $x=-2$ 與 $x=3$ 之圖形，並利用面積之觀念求 $\displaystyle\int_{-2}^{3}(2-x)\,dx$ 之值.

10. 試利用 (1) 內接矩形；(2) 外接矩形，求在 $f(x)=x^2+2$ 的圖形下方由 $a=1$ 到 $b=3$ 的面積.

試利用定積分的定義，計算 11～13 題中的定積分.

11. $\displaystyle\int_{0}^{5} x^3\,dx$　　12. $\displaystyle\int_{-1}^{2}(x^2-1)\,dx$　　13. $\displaystyle\int_{-1}^{2}(x^2+x+1)\,dx$

14. 令 $f(x)=M$ 為閉區間 $[a, b]$ 上的常數函數，試利用

$$\int_{a}^{b} f(x)\,dx = \lim_{n\to\infty} \frac{b-a}{n} \sum_{i=1}^{n} f\left(a+i\,\frac{b-a}{n}\right)$$

證明

$$\int_{a}^{b} M\,dx = M(b-a).$$

▶▶ 5-2 定積分之性質

本節包含了一些定積分的基本性質，有興趣的讀者可加以證明.

定理 5-3

若函數 f 在 $[a, b]$ 為可積分，且 c 為常數，則 cf 在 $[a, b]$ 亦為可積分，且

$$\int_a^b cf(x)\,dx = c\int_a^b f(x)\,dx.$$

定理 5-3 的結論有時敘述為"被積分函數中的常數因子可以提到積分號外面"。

定理 5-4

若兩函數 f 與 g 在 $[a, b]$ 皆為可積分，則 $f+g$ 與 $f-g$ 在 $[a, b]$ 亦為可積分，且

$$\int_a^b [f(x)+g(x)]\,dx = \int_a^b f(x)\,dx + \int_a^b g(x)\,dx$$

$$\int_a^b [f(x)-g(x)]\,dx = \int_a^b f(x)\,dx - \int_a^b g(x)\,dx.$$

定理 5-3 與 5-4 也可推廣到有限個函數. 於是，若函數 $f_1, f_2, \cdots, f_n$ 在 $[a, b]$ 皆為可積分，且 $c_1, c_2, \cdots, c_n$ 皆為常數，則 $c_1f_1+c_2f_2+\cdots+c_nf_n$ 在 $[a, b]$ 亦為可積分，且

$$\int_a^b [c_1f_1(x)+c_2f_2(x)+\cdots+c_nf_n(x)]\,dx$$
$$= c_1\int_a^b f_1(x)\,dx + c_2\int_a^b f_2(x)\,dx + \cdots + c_n\int_a^b f_n(x)\,dx.$$

定理 5-5　定積分在區間上之可加性

若函數 f 在含有任意三數 a、b 與 c 的閉區間為可積分，則

$$\int_a^b f(x)\,dx = \int_a^c f(x)\,dx + \int_c^b f(x)\,dx$$

不論 a、b 及 c 的次序為何.

尤其，若 f 在 $[a, b]$ 為連續且非負值，又 $a < c < b$，則定理 5-5 有一個簡單的幾何解釋，即，

$$A = \text{在 } f \text{ 的圖形下方由 } a \text{ 到 } b \text{ 的面積} = A_1 + A_2$$

如圖 5-8 所示.

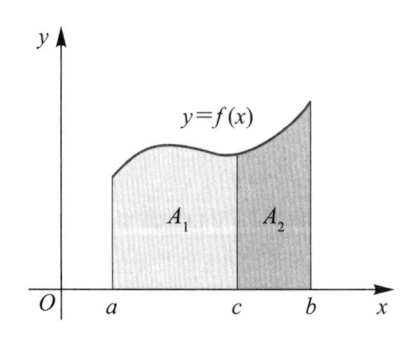

圖 5-8

例題 1　**解題指引** 利用定理 5-5

試將 $\displaystyle\int_7^{10} f(x)\,dx - \int_7^2 f(x)\,dx$ 表成單一積分.

解
$$\int_7^{10} f(x)\,dx - \int_7^2 f(x)\,dx = \int_7^{10} f(x)\,dx + \int_2^7 f(x)\,dx$$
$$= \int_2^7 f(x)\,dx + \int_7^{10} f(x)\,dx$$

$$= \int_2^{10} f(x)\,dx.$$

定理 5-6

若函數 f 在 $[a, b]$ 為可積分,且 $f(x) \geq 0$ 對於 $[a, b]$ 中的所有 x 皆成立,則 $\int_a^b f(x)\,dx \geq 0.$

我們由定理 5-6 可知,若函數 f 在 $[a, b]$ 為可積分,且 $f(x) \leq 0$ 對於 $[a, b]$ 中的所有 x 皆成立,則 $\int_a^b f(x)\,dx \leq 0.$

定理 5-7

若兩函數 f 與 g 在 $[a, b]$ 皆為可積分,且 $f(x) \geq g(x)$ 對於 $[a, b]$ 中的所有 x 皆成立,則 $\int_a^b f(x)\,dx \geq \int_a^b g(x)\,dx.$

若 $f(x) \geq g(x) \geq 0$ 對於 $[a, b]$ 中的所有 x 皆成立,則在 f 的圖形下方由 a 到 b 的面積大於或等於在 g 的圖形下方由 a 到 b 的面積.

定理 5-8　定積分之絕對值性質

若函數 f 在 $[a, b]$ 為可積分,則 $|f|$ 在 $[a, b]$ 為可積分,且

$$\left| \int_a^b f(x)\,dx \right| \leq \int_a^b |f(x)|\,dx.$$

定理 5-9

若函數 f 在 $[a, b]$ 為連續，且 m 與 M 分別為 f 在 $[a, b]$ 上的絕對極小值與絕對極大值，則

$$m(b-a) \leq \int_a^b f(x)\,dx \leq M(b-a).$$

例題 2　**解題指引** ☺ 利用定理 5-9

試證 $\dfrac{1}{2} \leq \displaystyle\int_1^2 \dfrac{1}{x}\,dx \leq 1$.

解　若 $1 \leq x \leq 2$，則 $\dfrac{1}{2} \leq \dfrac{1}{x} \leq 1$，依定理 5-9，得

$$\dfrac{1}{2}(2-1) \leq \int_1^2 \dfrac{1}{x}\,dx \leq 1(2-1)$$

或

$$\dfrac{1}{2} \leq \int_1^2 \dfrac{1}{x}\,dx \leq 1.$$

定理 5-10　積分的均值定理

若函數 f 在 $[a, b]$ 為連續，則在 $[a, b]$ 中存在一數 c，使得

$$\int_a^b f(x)\,dx = f(c)(b-a).$$

若 $f(x) \geq 0$ 對於 $[a, b]$ 中的所有 x 皆成立，則定理 5-10 的幾何意義如下：

$$\int_a^b f(x)\,dx = \text{底為 } (b-a) \text{ 且高為 } f(c) \text{ 之矩形區域的面積}$$

$$f(c)(b-a) = \int_a^b f(x)\,dx$$

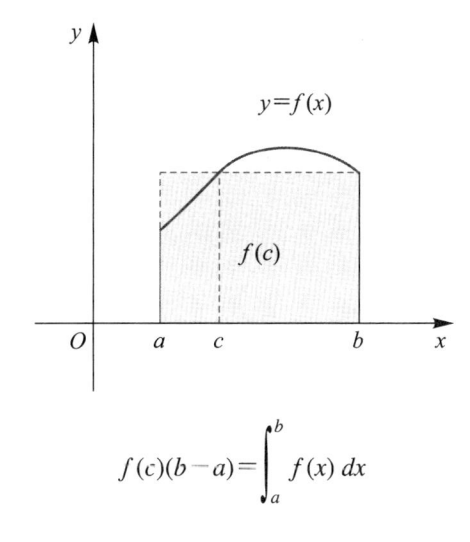

圖 5-9

見圖 5-9.

例題 3　解題指引 ☺ 利用積分的均值定理

已知 $f(x)=x^2$，試求一數 c 使得 $\int_1^4 f(x)\,dx = f(c)(4-1)$ 成立．

解　因 $f(x)=x^2$ 在區間 [1, 4] 為連續，故由積分的均值定理保證在 [1, 4] 中存在一數 c，使得

$$\int_1^4 x^2\,dx = f(c)(4-1) = c^2(4-1) = 3c^2$$

但 $\int_1^4 x^2\,dx = 21$（由 5-1 節例題 6），故 $3c^2 = 21$，即，$c^2 = 7$．

於是，$c = \sqrt{7}$ 是 [1, 4] 中的數，它的存在由積分的均值定理來保證．

習題 5-2

1. 試求下列之定積分.

(1) $\int_n^{n+1} [\![x]\!]\, dx$ (2) $\int_0^n [\![x]\!]\, dx$ (3) $\int_0^4 [\![x]\!]\, dx$

其中 n 為正整數，$[\![\ ]\!]$ 表高斯符號.

在 2～5 題中，以單一積分 $\int_a^b f(x)\, dx$ 的形式表示.

2. $\int_1^3 f(x)\, dx + \int_3^6 f(x)\, dx + \int_6^{12} f(x)\, dx$ **3.** $\int_5^8 f(x)\, dx + \int_0^5 f(x)\, dx$

4. $\int_2^{10} f(x)\, dx - \int_2^7 f(x)\, dx$ **5.** $\int_{-3}^5 f(x)\, dx - \int_{-3}^0 f(x)\, dx + \int_5^6 f(x)\, dx$

6. 若 $\int_0^1 f(x)\, dx = 2$，$\int_0^4 f(x)\, dx = -6$，$\int_3^4 f(x)\, dx = 1$，求 $\int_1^3 f(x)\, dx$ 之值.

7. 試利用定積分之性質 $\int_a^b (f(x)+g(x))\, dx = \int_a^b f(x)\, dx + \int_a^b g(x)\, dx$，求

$\int_{-2}^0 (\sqrt{4-x^2} + 1)\, dx$ 之值.

8. 試利用定積分之性質證明：

$$2 \leq \int_0^2 \sqrt{x^3+1}\, dx \leq 6$$

9. 計算：$\int_{-1}^5 [\![x + \dfrac{1}{2}]\!]\, dx$，$[\![\ ]\!]$ 表高斯符號.

10. 計算：$\int_{-1}^4 [\![\dfrac{x}{2}]\!]\, dx$. **11.** 計算：$\int_1^2 [\![x^2]\!]\, dx$.

利用定積分之性質證明下列各不等式(不必計算積分的值).

12. $\int_{-2}^{3}(x^2-3x+4)\,dx \geq 0$

13. $-3 \leq \int_{-3}^{0}(x^2+2x)\,dx \leq 9$

在下列各題中，求滿足積分均值定理中之 c 值.

14. $\int_{1}^{4}(2+3\sqrt{x})\,dx=20$

15. $\int_{1}^{3}\left(x^2+\dfrac{1}{x^2}\right)dx=\dfrac{28}{3}$

▶▶ 5-3 微積分基本定理

利用定理 5-2 計算一個定積分的工作，即使是最簡單的情形也頗為困難. 本節中將討論一個不需利用和的極限而可以求出定積分的值. 由於它在計算定積分中之重要性，且因為它表示出微分與積分的關連，該定理適當地稱為**微積分基本定理**，此定理被牛頓與萊布尼茲分別提出，而這兩位突出的數學家被公認為是微積分的發明者.

定理 5-11　微積分基本定理

設函數 f 在 $[a,b]$ 為連續.

第 I 部分：若令 $F(x)=\displaystyle\int_{a}^{x} f(t)\,dt$，$x\in[a,b]$，則 $F'(x)=f(x)$.

第 II 部分：若令 $F'(x)=f(x)$，$x\in[a,b]$，則
$$\int_{a}^{b} f(x)\,dx = F(b)-F(a).$$

證　(I) 若 x 與 $x+h$ 在 $[a,b]$ 中，則

$$\begin{aligned}F(x+h)-F(x) &= \int_{a}^{x+h} f(t)\,dt - \int_{a}^{x} f(t)\,dt \\ &= \int_{a}^{x+h} f(t)\,dt + \int_{x}^{a} f(t)\,dt\end{aligned}$$

$$= \int_x^{x+h} f(t)\, dt$$

對 $h \neq 0$, $$\frac{F(x+h)-F(x)}{h} = \frac{1}{h}\int_x^{x+h} f(t)\, dt$$

若 $h > 0$，則依積分的均值定理，在 $(x, x+h)$ 中存在一數 c（與 h 有關），使得

$$\int_x^{x+h} f(t)\, dt = h f(c)$$

因此，$$\frac{F(x+h)-F(x)}{h} = f(c)$$

因 f 在 $[x, x+h]$ 為連續，可得

$$\lim_{h \to 0^+} f(c) = \lim_{c \to x^+} f(c) = f(c)$$

故 $$\lim_{h \to 0^+} \frac{F(x+h)-F(x)}{h} = \lim_{h \to 0^+} f(c) = f(x)$$

若 $h < 0$，則我們可以類似的方法證明

$$\lim_{h \to 0^-} \frac{F(x+h)-F(x)}{h} = f(x)$$

故 $$F'(x) = \lim_{h \to 0} \frac{F(x+h)-F(x)}{h} = f(x)$$

(II) 令 $G(x) = \int_a^x f(t)\, dt$，則 $G'(x) = f(x)$．因 $F'(x) = f(x)$，故 $G'(x) = F'(x)$．

依定理 4-1，$F(x)$ 與 $G(x)$ 僅相差一常數 C，於是，$G(x) = F(x) + C$，即

$$\int_a^x f(t)\, dt = F(x) + C$$

若令 $x = a$ 並利用 $\int_a^a f(t)\, dt = 0$，則 $0 = F(a) + C$，即 $C = -F(a)$．

因此，

$$\int_a^x f(t)\,dt = F(x) - F(a)$$

以 $x=b$ 代入上式，可得

$$\int_a^b f(t)\,dt = F(b) - F(a)$$

因 t 為啞變數，故以 x 代 t 即可得出所要的結果.

若 $F'(x)=f(x)$，我們通常寫成

$$\int_a^b f(x)\,dt = F(x)\Big|_a^b = F(b) - F(a)$$

符號 $F(x)\Big|_a^b$ 有時記為 $F(x)\Big|_{x=a}^{x=b}$ 或 $[F(x)]_a^b$. ✠

利用連鎖法則可將微積分基本定理的第 I 部分推廣如下：

1. 若函數 g 為可微分，且函數 f 在 $[a, g(x)]$ 為連續，則

$$\frac{d}{dx}\left(\int_a^{g(x)} f(t)\,dt\right) = f(g(x))\frac{d}{dx}g(x) \quad \textbf{(5-2)}$$

2. 若函數 g 與 h 皆為可微分，且函數 f 在 $[g(x), a]$ 與 $[a, h(x)]$ 為連續，則

$$\frac{d}{dx}\left(\int_{g(x)}^{h(x)} f(t)\,dt\right) = f(h(x))\frac{d}{dx}h(x) - f(g(x))\frac{d}{dx}g(x) \quad \textbf{(5-3)}$$

證 2. $$\frac{d}{dx}\left(\int_{g(x)}^{h(x)} f(t)\,dt\right) = \frac{d}{dx}\left[\int_{g(x)}^{a} f(t)\,dt + \int_a^{h(x)} f(t)\,dt\right]$$

$$= -\frac{d}{dx}\int_a^{g(x)} f(t)\,dt + \frac{d}{dx}\int_a^{h(x)} f(t)\,dt$$

$$= -f(g(x))\frac{d}{dx}g(x) + f(h(x))\frac{d}{dx}h(x)$$

$$=f(h(x))\frac{d}{dx}h(x)-f(g(x))\frac{d}{dx}g(x).$$

例題 1 **解題指引** ☺ 應用 (5-3) 式先改寫成分段積分

求 $\dfrac{d}{dx}\left(\displaystyle\int_{x^2}^{x^3}\sqrt{t^2-1}\,dt\right)$.

解
$$\frac{d}{dx}\left(\int_{x^2}^{x^3}\sqrt{t^2-1}\,dt\right)=\frac{d}{dx}\left(\int_{x^2}^{0}\sqrt{t^2-1}\,dt\right)+\frac{d}{dx}\left(\int_{0}^{x^3}\sqrt{t^2-1}\,dt\right)$$

$$=\frac{d}{dx}\left(\int_{0}^{x^3}\sqrt{t^2-1}\,dt\right)-\frac{d}{dx}\left(\int_{0}^{x^2}\sqrt{t^2-1}\,dt\right)$$

$$=\sqrt{(x^3)^2-1}\cdot\frac{d}{dx}(x^3)-\sqrt{(x^2)^2-1}\cdot\frac{d}{dx}(x^2)$$

$$=\sqrt{x^6-1}\cdot 3x^2-\sqrt{x^4-1}\cdot 2x.$$

例題 2 **解題指引** ☺ 利用導數的定義及微積分基本定理

設 $f(x)=\displaystyle\int_{1}^{x}\sqrt{t^3-1}\,dt$, $1\leq x\leq 2$, 試求 $\displaystyle\lim_{h\to 0}\dfrac{f\left(\frac{3}{2}+h\right)-f\left(\frac{3}{2}\right)}{h}$.

解 因為 $\displaystyle\lim_{h\to 0}\dfrac{f\left(\frac{3}{2}+h\right)-f\left(\frac{3}{2}\right)}{h}=f'\left(\dfrac{3}{2}\right)$

又 $f(x)=\displaystyle\int_{1}^{x}\sqrt{t^3-1}\,dt$, $1\leq x\leq 2$, 可得 $f'(x)=\sqrt{x^3-1}$, 所以,

$$f'\left(\frac{3}{2}\right)=\sqrt{\left(\frac{3}{2}\right)^3-1}=\sqrt{\frac{19}{8}}.$$

因此，

$$\int_a^x f(t)\,dt = F(x) - F(a)$$

以 $x = b$ 代入上式，可得

$$\int_a^b f(t)\,dt = F(b) - F(a)$$

因 t 為啞變數，故以 x 代 t 即可得出所要的結果.

若 $F'(x) = f(x)$，我們通常寫成

$$\int_a^b f(x)\,dx = F(x)\Big|_a^b = F(b) - F(a)$$

符號 $F(x)\Big|_a^b$ 有時記為 $F(x)\Big|_{x=a}^{x=b}$ 或 $[F(x)]_a^b$.

利用連鎖法則可將微積分基本定理的第 I 部分推廣如下：

1. 若函數 g 為可微分，且函數 f 在 $[a, g(x)]$ 為連續，則

$$\frac{d}{dx}\left(\int_a^{g(x)} f(t)\,dt\right) = f(g(x))\,\frac{d}{dx}g(x) \tag{5-2}$$

2. 若函數 g 與 h 皆為可微分，且函數 f 在 $[g(x), a]$ 與 $[a, h(x)]$ 為連續，則

$$\frac{d}{dx}\left(\int_{g(x)}^{h(x)} f(t)\,dt\right) = f(h(x))\,\frac{d}{dx}h(x) - f(g(x))\,\frac{d}{dx}g(x) \tag{5-3}$$

證 2.
$$\frac{d}{dx}\left(\int_{g(x)}^{h(x)} f(t)\,dt\right) = \frac{d}{dx}\left[\int_{g(x)}^{a} f(t)\,dt + \int_{a}^{h(x)} f(t)\,dt\right]$$

$$= -\frac{d}{dx}\int_a^{g(x)} f(t)\,dt + \frac{d}{dx}\int_a^{h(x)} f(t)\,dt$$

$$= -f(g(x))\,\frac{d}{dx}g(x) + f(h(x))\,\frac{d}{dx}h(x)$$

$$=f(h(x))\frac{d}{dx}h(x)-f(g(x))\frac{d}{dx}g(x).$$

例題 1 **解題指引** ☺ 應用 (5-3) 式先改寫成分段積分

求 $\dfrac{d}{dx}\left(\displaystyle\int_{x^2}^{x^3}\sqrt{t^2-1}\,dt\right)$.

解
$$\frac{d}{dx}\left(\int_{x^2}^{x^3}\sqrt{t^2-1}\,dt\right)=\frac{d}{dx}\left(\int_{x^2}^{0}\sqrt{t^2-1}\,dt\right)+\frac{d}{dx}\left(\int_{0}^{x^3}\sqrt{t^2-1}\,dt\right)$$

$$=\frac{d}{dx}\left(\int_{0}^{x^3}\sqrt{t^2-1}\,dt\right)-\frac{d}{dx}\left(\int_{0}^{x^2}\sqrt{t^2-1}\,dt\right)$$

$$=\sqrt{(x^3)^2-1}\cdot\frac{d}{dx}(x^3)-\sqrt{(x^2)^2-1}\cdot\frac{d}{dx}(x^2)$$

$$=\sqrt{x^6-1}\cdot 3x^2-\sqrt{x^4-1}\cdot 2x.$$

例題 2 **解題指引** ☺ 利用導數的定義及微積分基本定理

設 $f(x)=\displaystyle\int_{1}^{x}\sqrt{t^3-1}\,dt$, $1\leq x\leq 2$, 試求 $\displaystyle\lim_{h\to 0}\dfrac{f\left(\dfrac{3}{2}+h\right)-f\left(\dfrac{3}{2}\right)}{h}$.

解 因為 $\displaystyle\lim_{h\to 0}\dfrac{f\left(\dfrac{3}{2}+h\right)-f\left(\dfrac{3}{2}\right)}{h}=f'\left(\dfrac{3}{2}\right)$

又 $f(x)=\displaystyle\int_{1}^{x}\sqrt{t^3-1}\,dt$, $1\leq x\leq 2$, 可得 $f'(x)=\sqrt{x^3-1}$, 所以,

$$f'\left(\frac{3}{2}\right)=\sqrt{\left(\frac{3}{2}\right)^3-1}=\sqrt{\frac{19}{8}}.$$

定理 5-12

若 c 為常數，$r \neq 1$，則

$$\int_a^b cx^r\, dx = \left.\frac{cx^{r+1}}{r+1}\right|_a^b = \frac{c}{r+1}(b^{r+1}-a^{r+1}).$$

若被積分函數為形如 cx^r (其中 $r \neq 1$) 項的和，則定理 5-12 可應用到各項，如下面的例子.

例題 3　**解題指引**　利用定理 5-12

求 $\displaystyle\int_1^4 \frac{x^2-1}{\sqrt{x}}\, dx$.

解
$$\int_1^4 \frac{x^2-1}{\sqrt{x}}\, dx = \int_1^4 (x^{3/2}-x^{-1/2})\, dx = \left.\left(\frac{2}{5}x^{5/2}-2x^{1/2}\right)\right|_1^4$$
$$= \left(\frac{64}{5}-4\right)-\left(\frac{2}{5}-2\right)=\frac{52}{5}.$$

例題 4　**解題指引**　分段積分

若 $f(x)=2x-x^2-x^3$，計算 $\displaystyle\int_{-1}^1 |f(x)|\, dx$.

解　$f(x)=x(1-x)(2+x)$

若 $-1 \leq x < 0$，則 $f(x) < 0$；若 $0 \leq x \leq 1$，則 $f(x) \geq 0$.

因此，

$$\int_{-1}^1 |f(x)|\, dx = -\int_{-1}^0 f(x)\, dx + \int_0^1 f(x)\, dx$$
$$= \int_{-1}^0 (x^3+x^2-2x)\, dx + \int_0^1 (2x-x^2-x^3)\, dx$$

$$=\left(\frac{1}{4}x^4+\frac{1}{3}x^3-x^2\right)\Big|_{-1}^{0}+\left(x^2-\frac{1}{3}x^3-\frac{1}{4}x^4\right)\Big|_{0}^{1}$$

$$=-\left(\frac{1}{4}-\frac{1}{3}-1\right)+\left(1-\frac{1}{3}-\frac{1}{4}\right)=\frac{3}{2}.$$

例題 5 解題指引☺ 利用分段積分

若 $f(x)=\begin{cases} 1, & \text{若 } 0\leq x<1 \\ x, & \text{若 } 1\leq x<2 \\ 4-x, & \text{若 } 2\leq x\leq 4 \end{cases}$；求 $\int_0^4 f(x)\,dx$.

解
$$\int_0^4 f(x)\,dx=\int_0^1 1\,dx+\int_1^2 x\,dx+\int_2^4 (4-x)\,dx$$

$$=x\Big|_0^1+\frac{x^2}{2}\Big|_1^2+\left(4x-\frac{x^2}{2}\right)\Big|_2^4$$

$$=(1-0)+\left(2-\frac{1}{2}\right)+[(16-8)-(8-2)]$$

$$=\frac{9}{2}.$$

例題 6 解題指引☺ 利用定理 5-2

試求 $\lim_{n\to\infty}\frac{1}{n}\left(\sqrt{\frac{1}{n}}+\sqrt{\frac{2}{n}}+\sqrt{\frac{3}{n}}+\cdots+\sqrt{\frac{n}{n}}\right)$ 之值.

解 $\lim_{n\to\infty}\frac{1}{n}\left(\sqrt{\frac{1}{n}}+\sqrt{\frac{2}{n}}+\sqrt{\frac{3}{n}}+\cdots+\sqrt{\frac{n}{n}}\right)$

$$=\lim_{n\to\infty}\frac{1}{n}\sum_{i=1}^{n}\sqrt{\frac{i}{n}}$$

$$=\lim_{n\to\infty}\frac{1-0}{n}\sum_{i=1}^{n}f\left(0+i\cdot\frac{1-0}{n}\right) \qquad \text{此處 } f(x)=\sqrt{x}$$

$$= \int_0^1 \sqrt{x}\,dx = \left.\frac{x^{3/2}}{3/2}\right|_0^1$$
$$= \frac{2}{3}.$$

習題 5-3

1. 若 $\displaystyle\int_0^x f(t)\,dt = \sqrt{x^2-1}$，求 $f(2)$.

2. 求 $\displaystyle\frac{d}{dx}\int_{x^2+1}^{1} \sqrt{t^2-1}\,dt$.

3. 求 $\displaystyle\frac{d}{dx}\int_{x^2}^{x^3} \frac{1}{1+t^3}\,dt$.

計算 4～8 題中的定積分.

4. $\displaystyle\int_0^3 (x-1)(x+1)^2\,dx$

5. $\displaystyle\int_1^3 x\left(\sqrt{x}+\frac{1}{\sqrt{x}}\right)^2 dx$

6. $\displaystyle\int_1^2 \frac{x+1}{x^2}\,dx$

7. $\displaystyle\int_0^3 |x-2|\,dx$

8. $\displaystyle\int_0^3 x[\![x+1]\!]\,dx$，$[\![\ ]\!]$ 表高斯符號.

9. 求 $\displaystyle\int_{-2}^4 f(x)\,dx$，此處 $f(x)=\begin{cases} -2x, & -2\le x\le 0 \\ x^2-2, & 0<x\le 2 \\ -2x+8, & 2<x\le 4 \end{cases}$

10. 若 $k(x)=x\displaystyle\int_0^x f(t)\,dt$，試證 $x\,k'(x)-k(x)=x^2 f(x)$.

11. 求 $\displaystyle\lim_{h\to 0}\frac{1}{h}\int_x^{x+h}\frac{dt}{t+\sqrt{t^2+1}}$.

試求下列各極限.

12. $\lim\limits_{n\to\infty} \dfrac{1}{n}\left[\left(\dfrac{1}{n}\right)^4+\left(\dfrac{2}{n}\right)^4+\left(\dfrac{3}{n}\right)^4+\cdots+\left(\dfrac{n}{n}\right)^4\right]$

13. $\lim\limits_{n\to\infty} \dfrac{1+\sqrt{2}+\sqrt{3}+\cdots+\sqrt{n}}{\sqrt{n^3}}$

5-4 代換積分法

我們在第四章不定積分中，曾經討論過不定積分的**變數變換**. 同理，在定積分的解法中亦有許多問題得依靠**變數變換法**. 定積分的變數變換係建構在如何令 $u=g(x)$ 作變數變換，使能得到一以 u 為積分變數的函數，並求出新變數 (假設新變數為 u) 的積分界限，而後依不定積分公式對新變數 u 的函數求得不定積分，再依微積分基本定理代入 u 的上下界限值，整個計算的過程則告完成. 我們得到下面的代換定理.

定理 5-13 定積分代換定理

設函數 g 在 $[a, b]$ 具有連續的導函數，且 f 在 $g(a)$ 至 $g(b)$ 為連續. 令 $u=g(x)$，則

$$\int_a^b f(g(x))\,g'(x)\,dx = \int_{g(a)}^{g(b)} f(u)\,du.$$

證 令 F 為 f 的反導函數，即 $F'=f$，則

$$\dfrac{d}{dx}[F(g(x))] = F'(g(x))\,g'(x) \qquad \text{合成函數的連鎖法則}$$
$$= f(g(x))\,g'(x) \qquad F'(x)=f(x)$$

故
$$\int_a^b f(g(x))\,g'(x)\,dx = F(g(x))\Big|_a^b$$
$$= F(g(b))-F(g(a))$$

$$= F(u) \Big|_{u=g(a)}^{u=g(b)}$$
$$= \int_{g(a)}^{g(b)} f(u)\, du.$$

例題 1 **解題指引** ☺ 利用定積分代換定理

求 $\displaystyle\int_0^{\sqrt{3}} \frac{x}{\sqrt{x^2+1}}\, dx$.

解 令 $u = x^2+1$，則 $du = 2x\, dx$，於是，當 $x=0$ 時，$u=1$；當 $x=\sqrt{3}$ 時，$u=4$. 故

（舊變數 x 的積分界限）　（新變數 u 的積分界限）

$$\int_0^{\sqrt{3}} \frac{x}{\sqrt{x^2+1}}\, dx = \int_1^4 \frac{\frac{du}{2}}{\sqrt{u}} = \frac{1}{2}\int_1^4 \frac{du}{\sqrt{u}}$$

$$= \frac{1}{2}\cdot\frac{u^{1/2}}{\frac{1}{2}}\bigg|_1^4 = \sqrt{u}\,\bigg|_1^4 = 1.$$

例題 2 **解題指引** ☺ 利用定積分代換定理

求 $\displaystyle\int_0^4 \frac{x+2}{\sqrt{2x+1}}\, dx$.

解 令 $u = \sqrt{2x+1}$，則 $u^2 = 2x+1$，$x = \dfrac{u^2-1}{2}$，$dx = u\, du$.
於是，當 $x=0$ 時，$u=1$；當 $x=4$ 時，$u=3$. 故

$$\int_0^4 \frac{x+2}{\sqrt{2x+1}}\, dx = \int_1^3 \frac{\dfrac{u^2-1}{2}+2}{u}\, u\, du$$

$$= \frac{1}{2} \int_1^3 (u^2+3)\, du$$

$$= \frac{1}{2} \left(\frac{u^3}{3} + 3u \right) \Big|_1^3$$

$$= \frac{22}{3}.$$

習題 5-4

試求下列各定積分.

1. $\displaystyle\int_0^1 \frac{x\, dx}{(1+x^2)^2}$

2. $\displaystyle\int_1^2 \sqrt{1+\frac{1}{x^3}}\, \frac{1}{x^4}\, dx$

3. $\displaystyle\int_4^9 \frac{1}{\sqrt{x}\,(1+\sqrt{x})^2}\, dx$

4. $\displaystyle\int_8^{125} \sqrt[3]{\frac{1-\sqrt[3]{x}}{x^2}}\, dx$

5. $\displaystyle\int_1^4 \frac{(\sqrt{x}+3)^2}{\sqrt{x}}\, dx$

6. $\displaystyle\int_2^3 (x+1)\sqrt{2x-3}\, dx$

7. $\displaystyle\int_1^9 \sqrt{x}\, \sqrt{4+x\sqrt{x}}\, dx$

6 指數函數與對數函數

本章學習目標

- 瞭解指數函數與對數函數之意義及其極限
- 能熟記對數函數之微分公式
- 能熟記指數函數之微分公式
- 能熟記指數函數與對數函數之積分公式
- 瞭解指數的成長律與衰變律

6-1 指數函數與對數函數

⊙ 一般指數函數

定義 6-1

若 $a > 0$，且 $a \neq 1$，則函數
$$y = a^x$$
稱為以 a 為底數且 x 為指數的指數函數.

一般指數函數具有下列的特性：

1. 定義域為 $\mathbb{R}$，值域為 $\mathbb{R}^+ = (0, \infty)$.
2. 指數函數為一對一函數，且在 $\mathbb{R}$ 上為連續.
3. 指數函數的圖形必通過點 $(0, 1)$.
4. 若 $a > 1$，則指數函數在 $\mathbb{R}$ 上為遞增函數，且若 $0 < a < 1$，則指數函數在 $\mathbb{R}$ 上為遞減函數，如圖 6-1 所示.
5. 兩指數函數 $y = a^x$ 與 $y = \left(\dfrac{1}{a}\right)^x$ 的圖形彼此對稱於 y 軸，如圖 6-2 所示.

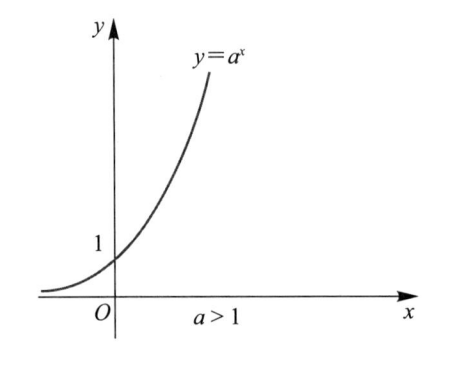

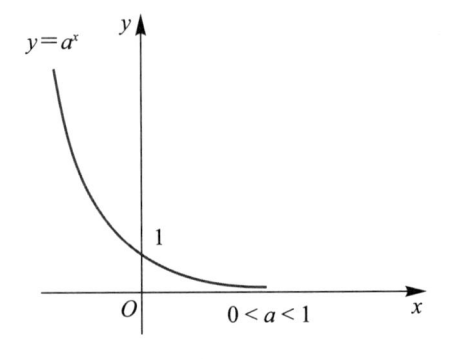

圖 6-1

圖 6-2

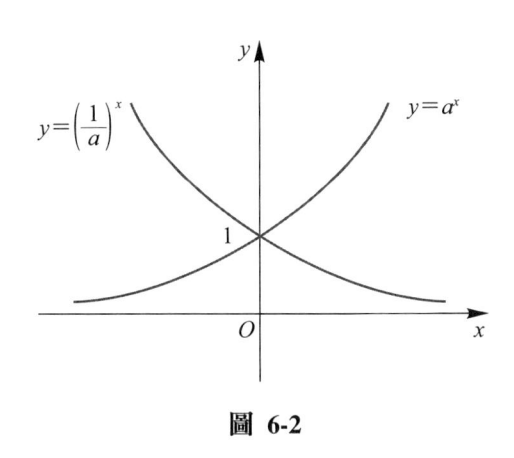

6. 當 $a > 1$ 時，$\lim_{x \to \infty} a^x = \infty$，$\lim_{x \to -\infty} a^x = 0$ (x 軸為水平漸近線)；當 $0 < a < 1$ 時，$\lim_{x \to \infty} a^x = 0$ (x 軸為水平漸近線)，$\lim_{x \to -\infty} a^x = \infty$，如圖 6-1 所示.

例題 1 **解題指引** ☺ 利用 $\lim_{x \to \infty} (10)^{-x} = 0$

求 $\lim_{x \to \infty} \dfrac{10^x}{10^x + 1}$.

解 $\lim_{x \to \infty} \dfrac{10^x}{10^x + 1} = \lim_{x \to \infty} \dfrac{1}{1 + 10^{-x}} = \dfrac{1}{1 + 0} = 1$.

例題 2 **解題指引** ☺ 利用 $\lim_{x \to \infty} a^x = \infty$，當 $a < 1$.

求 $\lim_{x \to \infty} \dfrac{3^x}{2^x}$.

解 $\lim_{x \to \infty} \dfrac{3^x}{2^x} = \lim_{x \to \infty} \left(\dfrac{3}{2}\right)^x = \infty$.

⊙ 自然指數函數

函數 $y = (1+x)^{1/x}$ 的圖形如圖 6-3 所示，若利用計算機計算 $(1+x)^{1/x}$ 是很有幫助的，一些近似值列於表 6-1.

表 6-1

x	$(1+x)^{1/x}$	x	$(1+x)^{1/x}$
0.1	2.593742	-0.1	2.867972
0.01	2.704814	-0.01	2.731999
0.001	2.716924	-0.001	2.719642
0.0001	2.718146	-0.0001	2.718418
0.00001	2.718268	-0.00001	2.718295
0.000001	2.718280	-0.000001	2.718283

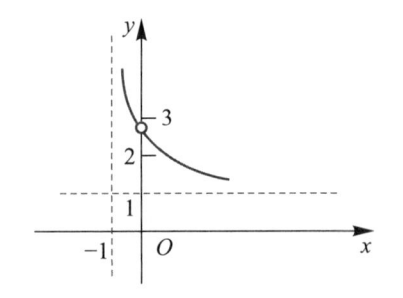

圖 6-3

由表中可以看出，當 $x \to 0$ 時，$(1+x)^{1/x}$ 趨近一個定數，這個定數是一個無理數，記為 e，其值約為 $2.71828\cdots$。

定義 6-2

$$e = \lim_{x \to 0} (1+x)^{1/x} \text{ 或 } e = \lim_{n \to \infty} \left(1 + \frac{1}{n}\right)^n.$$

定義 6-3

以無理數 e 為底數的指數函數 $y = e^x$ 稱為**自然指數函數**.

自然指數函數具有下列的特性：

1. $y = e^x$ 的定義域為 $\mathbb{R}$，值域為 $\mathbb{R}^+ = (0, \infty)$.

2. 自然指數函數為一對一函數，且在 $\mathbb{R}$ 上為連續的遞增函數，如圖 6-4 所示.

3. $y = e^x$ 的圖形必通過點 $(0, 1)$.

4. $y = e^x$ 與 $y = \left(\dfrac{1}{e}\right)^x = e^{-x}$ 的圖形彼此對稱於 y 軸.

5. $\lim\limits_{x \to -\infty} e^x = 0$ (x 軸為水平漸近線)；$\lim\limits_{x \to \infty} e^x = \infty$.

圖 6-4

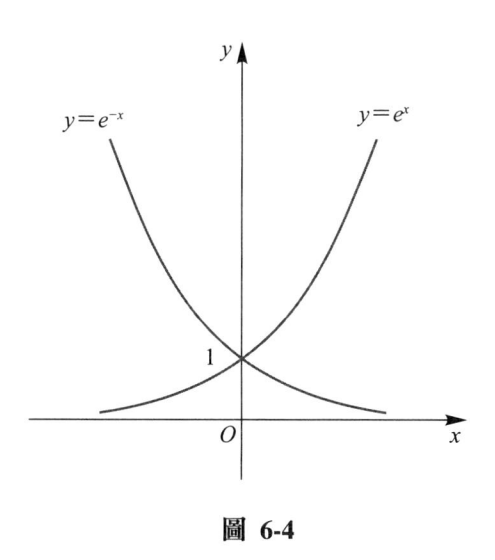

例題 3 **解題指引** ☺ 利用 $\lim_{x\to\infty} f(x)=L$ 可求得水平漸近線

試求曲線 $y=\left(1+\dfrac{1}{x}\right)^x$ 的水平漸近線.

解 由於 $\lim_{x\to\infty}\left(1+\dfrac{1}{x}\right)^x=e$，故 $y=e$ 為曲線的水平漸近線，如圖 6-5 所示.

$y=\left(1+\dfrac{1}{x}\right)^x$

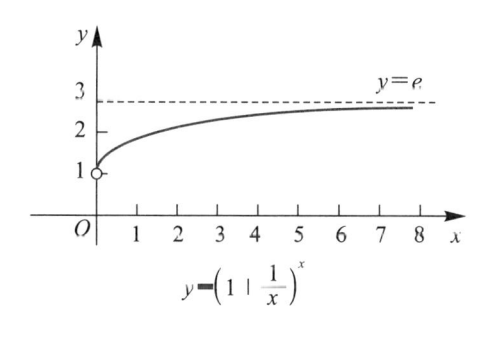

圖 6-5

定理 6-1　指數律

(1) $e^{x+y}=e^x e^y$　　　(2) $e^{x-y}=\dfrac{e^x}{e^y}$　　　(3) $(e^x)^y=e^{xy}$

⊙ 一般對數函數

指數函數為一對一函數,所以其反函數存在. 我們定義指數函數的反函數為對數函數.

定義 6-4

$$\log_a x = y \Leftrightarrow a^y = x, \ a > 0 \ 且 \ a \neq 1$$

y 稱為以 a 為底的對數函數.

例題 4 解題指引 ☺ 求指數函數之反函數

求 $f(x) = 3^{x+2}$ 的反函數.

解 $y = f(x) = 3^{x+2} \Rightarrow x = -2 + \log_3 y$

x 與 y 互換,可得

$$y = -2 + \log_3 x$$

故 $$f^{-1}(x) = -2 + \log_3 x.$$

一般對數函數具有下列的性質:

1. 定義域為 $I\!R^+ = (0, \infty)$,值域為 $I\!R$.
2. 對數函數的圖形必通過點 $(1, 0)$.
3. 對數函數在 $I\!R^+ = (0, \infty)$ 上為連續.
4. 若 $a > 1$,則對數函數在 $I\!R^+ = (0, \infty)$ 為遞增函數;若 $0 < a < 1$,則對數函數在 $I\!R^+ = (0, \infty)$ 為遞減函數,如圖 6-6 所示.
5. 對數函數與指數函數之間的關係如下:

由於 $\begin{aligned} f(f^{-1}(x)) &= x, \ x \in D_{f^{-1}} \\ f^{-1}(f(x)) &= x, \ x \in D_f \end{aligned}$ 故 $\begin{aligned} a^{\log_a x} &= x, \ x > 0 \\ \log_a (a^x) &= x, \ x \in I\!R \end{aligned}$

(i) $a > 1$
(ii) $0 < a < 1$

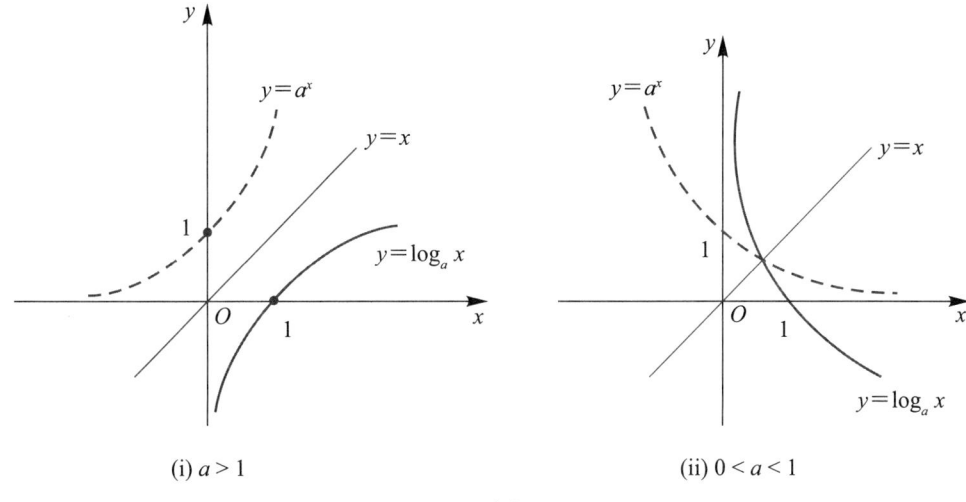

圖 6-6

6. 兩對數函數 $y = \log_a x$ 與 $y = \log_{1/a} x$ 的圖形對稱於 x 軸.

7. 若 $a > 1$，則 $\lim\limits_{x \to 0^+} \log_a x = -\infty$ (y 軸為垂直漸近線)，$\lim\limits_{x \to \infty} \log_a x = \infty$；若 $0 < a < 1$，則 $\lim\limits_{x \to 0^+} \log_a x = \infty$ (y 軸為垂直漸近線)，$\lim\limits_{x \to \infty} \log_a x = -\infty$，如圖 6-6 所示.

⊙ 自然對數函數

以 e 為底的對數稱為**自然對數**，記為 ln. 於是，

$$\ln x = \log_e x$$
$$\ln x = y \Leftrightarrow e^y = x$$

其圖形如圖 6-7 所示，自然對數函數為自然指數函數的反函數，兩者之間的關係如下：

$$e^{\ln x} = x, \ \forall \ x > 0$$
$$\ln(e^x) = x, \ \forall \ x \in \mathbb{R}$$

若令 $x = 1$，得

$$\ln e = 1.$$

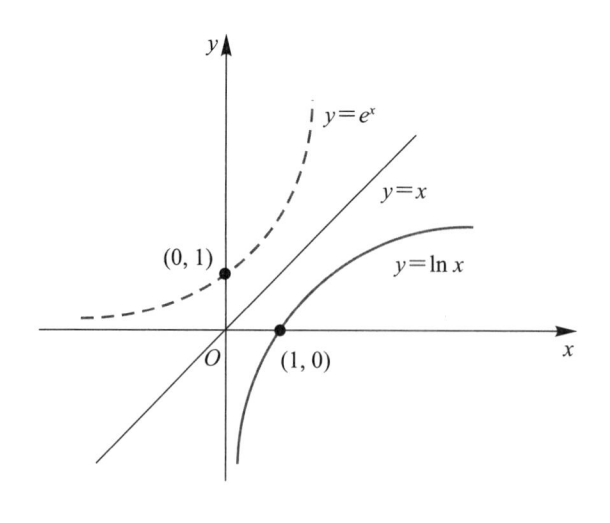

圖 6-7

定理 6-2

(1) $\lim\limits_{x\to\infty} \ln x = \infty$ (2) $\lim\limits_{x\to 0^+} \ln x = -\infty$

$y=\ln x$ 的圖形交 x 軸於點 $(1, 0)$，y 軸為其垂直漸近線，圖形如圖 6-7 所示．

定理 6-3

設 $x > 0$ 且 $y > 0$，則

(1) $\ln(xy) = \ln x + \ln y$

(2) $\ln\left(\dfrac{x}{y}\right) = \ln x - \ln y$

(3) $\ln(x^r) = r \ln x,\ r \in \mathbb{R}$．

例題 5 　**解題指引** ☺ 不可寫成 $\lim\limits_{x\to\infty}\ln(2+x) - \lim\limits_{x\to\infty}\ln(1+x)$，利用定理 6-3(2)

求 $\lim\limits_{x\to\infty}[\ln(2+x) - \ln(1+x)]$．

解 $\lim_{x\to\infty} [\ln(2+x) - \ln(1+x)] = \lim_{x\to\infty} \ln\left(\frac{2+x}{1+x}\right)$

$\qquad\qquad\qquad\qquad = \ln\left(\lim_{x\to\infty} \frac{2+x}{1+x}\right)$ 　　　　合成函數之極限定理

$\qquad\qquad\qquad\qquad = \ln\left(\lim_{x\to\infty} \frac{\frac{2}{x}+1}{\frac{1}{x}+1}\right) = \ln 1 = 0.$

例題 7 **解題指引** ☺ 利用 $\lim_{x\to\infty} e^{-2x} = 0$

求 $\lim_{x\to\infty} \frac{e^x + e^{-x}}{e^x - e^{-x}}$.

解 因 $\lim_{x\to\infty} \frac{e^x + e^{-x}}{e^x - e^{-x}} = \frac{\infty}{\infty}$ 　　　← $\lim_{x\to\infty}(e^x + e^{-x}) = \infty$
　　　← $\lim_{x\to\infty}(e^x - e^{-x}) = \infty$

所以 $\lim_{x\to\infty} \frac{e^x + e^{-x}}{e^x - e^{-x}} = \lim_{x\to\infty} \frac{e^x(1+e^{-2x})}{e^x(1-e^{-2x})}$ 　　　分子與分母提出 e^x

$\qquad\qquad\qquad\qquad = \lim_{x\to\infty} \frac{1+e^{-2x}}{1-e^{-2x}}$ 　　　消去 e^x

$\qquad\qquad\qquad\qquad = 1.$ 　　　$\lim_{x\to\infty} e^{-2x} = 0$

例題 7 **解題指引** ☺ 利用 $\lim_{x\to\infty} \frac{1}{\ln x} = 0$

求 $\lim_{x\to\infty} \frac{\ln x}{1+\ln x}$.

解 因 $\lim_{x\to\infty} \frac{\ln x}{1+\ln x} = \frac{\infty}{\infty}$ 　　　← $\lim_{x\to\infty} \ln x = \infty$
　　　← $\lim_{x\to\infty}(1+\ln x) = \infty$

所以 $\lim_{x\to\infty} \frac{\ln x}{1+\ln x} = \lim_{x\to\infty} \frac{1}{\frac{1}{\ln x}+1}$ 　　　分子與分母同除以 $\ln x$

$$= \frac{\lim\limits_{x\to\infty} 1}{\lim\limits_{x\to\infty}\left(\dfrac{1}{\ln x}+1\right)}$$

極限性質

$$= 1.$$

$\lim\limits_{x\to\infty} \dfrac{1}{\ln x}=0$

例題 8 　**解題指引** ☺　利用 $\lim\limits_{x\to 0}(1+x)^{1/x}=e$

求 $\lim\limits_{x\to 0}(1+10x)^{1/x}$.

解　$\lim\limits_{x\to 0}(1+10x)^{1/x}=\lim\limits_{x\to 0}[(1+10x)^{1/10x}]^{10}=[\lim\limits_{x\to 0}(1+10x)^{1/10x}]^{10}=e^{10}.$

習題 6-1

1. 確定下列各函數的定義域與值域.

(1) $f(x)=\log_{10}(1-x)$　　(2) $g(x)=\ln(4-x^2)$

(3) $F(x)=\sqrt{x}\,\ln(x^2-1)$　　(4) $G(x)=\ln(x^3-x)$

2. 求下列各函數的反函數.

(1) $y=\ln(x+3)$　　(2) $y=2^{10^x}$

(3) $y=\dfrac{1+e^x}{1-e^x}$

3. 求下列各極限.

(1) $\lim\limits_{x\to\infty}\dfrac{e^{2x}}{e^{2x}+1}$　　(2) $\lim\limits_{x\to -\infty}\dfrac{e^{3x}-e^{-3x}}{e^{3x}+e^{-3x}}$

(3) $\lim\limits_{x\to 0}(1+5x)^{1/x}$　　(4) $\lim\limits_{x\to\infty}\dfrac{\ln x}{1+(\ln x)^2}$

(5) $\lim\limits_{x\to\infty}\ln(1+e^{-x^2})$

6-2 對數函數的導函數

定理 6-4

$$\frac{d}{dx}\ln x = \frac{1}{x}, \quad x > 0$$

證　$\displaystyle\frac{d}{dx}\ln x = \lim_{h\to 0}\frac{\ln(x+h)-\ln x}{h} = \lim_{h\to 0}\frac{1}{h}\ln\left(\frac{x+h}{x}\right)$　　　導函數的定義與對數性質

$\displaystyle\qquad = \lim_{h\to 0}\left[\frac{1}{x}\cdot\frac{x}{h}\ln\left(\frac{x+h}{x}\right)\right] = \frac{1}{x}\lim_{h\to 0}\ln\left(1+\frac{h}{x}\right)^{x/h}$

$\displaystyle\qquad = \frac{1}{x}\ln\left[\lim_{h\to 0}\left(1+\frac{h}{x}\right)^{x/h}\right]$　　　依自然對數函數的連續性

$\displaystyle\qquad = \frac{1}{x}\ln e$　　　e 的定義

$\displaystyle\qquad = \frac{1}{x}.$ ❈

若 $u=u(x)$ 為可微分函數，則由連鎖法則可得

$$\frac{d}{dx}\ln u = \frac{1}{u}\frac{du}{dx}. \tag{6-1}$$

定理 6-5

若 $u=u(x)$ 為可微分函數，則

$$\frac{d}{dx}\ln|u| = \frac{1}{u}\frac{du}{dx}.$$

證 若 $u > 0$，則 $\ln|u| = \ln u$，故

$$\frac{d}{dx} \ln|u| = \frac{d}{dx} \ln u = \frac{1}{u} \frac{du}{dx}$$

若 $u < 0$，則 $\ln|u| = \ln(-u)$，故

$$\frac{d}{dx} \ln|u| = \frac{d}{dx} \ln(-u) = \frac{1}{-u} \frac{d}{dx}(-u)$$

$$= \frac{1}{u} \frac{du}{dx}.$$

例題 1 解題指引 利用 (6-1) 式

求 $f(x) = \ln(\ln x)$，求 $f'(6)$ 之值.

解 $f'(x) = \dfrac{d}{dx} \ln(\ln x) = \dfrac{1}{\ln x} \cdot \dfrac{d}{dx} \ln x = \dfrac{1}{\ln x} \cdot \dfrac{1}{x} = \dfrac{1}{x \ln x}$

故 $f'(6) = \dfrac{1}{6 \ln 6} \approx 0.093.$

例題 2 解題指引 利用定理 6-5

求 $\dfrac{d}{dx} \ln|x^3 - 1|.$

解 $\dfrac{d}{dx} \ln|x^3 - 1| = \dfrac{1}{x^3 - 1} \dfrac{d}{dx}(x^3 - 1) = \dfrac{3x^2}{x^3 - 1}.$

例題 3 解題指引 利用導數的一般乘冪公式

設 $y = \ln^3(x^2 + x + 1)$，求 $\dfrac{dy}{dx}.$

解 $\dfrac{dy}{dx} = \dfrac{d}{dx} \ln^3(x^2 + x + 1)$

$= 3 \ln^2(x^2 + x + 1) \dfrac{d}{dx} \ln(x^2 + x + 1)$

$$= 3\ln^2(x^2+x+1)\ \frac{1}{x^2+x+1}\ \frac{d}{dx}(x^2+x+1)$$

$$= 3\ln^2(x^2+x+1)\ \frac{2x+1}{x^2+x+1}.$$

例題 4 **解題指引** ☺ 利用隱函數微分法

若 $y=\ln(x+y^2)$ 定義 $y=f(x)$ 的可微分函數，求 $\dfrac{dy}{dx}$．

解 等號兩端對 x 微分，得

$$\frac{dy}{dx} = \frac{d}{dx}\ln(x+y^2)$$

$$\Rightarrow \frac{dy}{dx} = \frac{1}{x+y^2}\ \frac{d}{dx}(x+y^2)$$

$$\Rightarrow \frac{dy}{dx} = \frac{1}{x+y^2}\left(1+2y\frac{dy}{dx}\right)$$

$$\Rightarrow \frac{dy}{dx} = \frac{1}{x+y^2}+\frac{2y}{x+y^2}\frac{dy}{dx}$$

$$\Rightarrow \left(1-\frac{2y}{x+y^2}\right)\frac{dy}{dx} = \frac{1}{x+y^2}$$

$$\Rightarrow \frac{dy}{dx} = \frac{\dfrac{1}{x+y^2}}{1-\dfrac{2y}{x+y^2}} = \frac{1}{x+y^2-2y}.$$

定理 6-6 ↻

$$\frac{d}{dx}\log_a x = \frac{1}{x\ln a},\ x>0$$

證 $\dfrac{d}{dx}\log_a x = \dfrac{d}{dx}\left(\dfrac{\ln x}{\ln a}\right)$ 對數換底公式 $\log_a x = \dfrac{\ln x}{\ln a}$

$$= \dfrac{1}{\ln a}\dfrac{d}{dx}\ln x = \dfrac{1}{x\ln a}$$

若 $u=u(x)$ 為可微分函數，則

$$\dfrac{d}{dx}\log_a u = \dfrac{1}{u\ln a}\dfrac{du}{dx}. \tag{6-2}$$

定理 6-7

若 $u=u(x)$ 為可微分函數，則

$$\dfrac{d}{dx}\log_a |u| = \dfrac{1}{u\ln a}\dfrac{du}{dx}.$$

例題 5 **解題指引** 利用 (6-2) 式

求 $\dfrac{d}{dx}\log_{10}(3x^2+2)^5$.

解 $\dfrac{d}{dx}\log_{10}(3x^2+2)^5 = \dfrac{d}{dx}[5\log_{10}(3x^2+2)]$ 對數性質 $\log_a x^r = r\log_a x$

$$= \dfrac{5}{(3x^2+2)\ln 10}\dfrac{d}{dx}(3x^2+2)$$

$$= \dfrac{5(6x)}{(3x^2+2)\ln 10} = \dfrac{30x}{(3x^2+2)\ln 10}.$$

已知 $y=f(x)$，有時我們利用所謂的**對數微分法**求 $\dfrac{dy}{dx}$ 是很方便的. 若 $f(x)$ 牽涉到複雜的積、商或乘冪，則此方法特別有用.

⊙ 對數微分法的步驟

1. $\ln|y| = \ln|f(x)|$

2. $\dfrac{d}{dx}\ln|y| = \dfrac{d}{dx}\ln|f(x)|$

3. $\dfrac{1}{y}\dfrac{dy}{dx} = \dfrac{d}{dx}\ln|f(x)|$

4. $\dfrac{dy}{dx} = f(x)\dfrac{d}{dx}\ln|f(x)|$

例題 6　解題指引 ☺ 利用對數微分法

設 $y = x(x-1)(x^2+1)^3$，求 $\dfrac{dy}{dx}$.

解 我們首先寫成

$$\begin{aligned}\ln|y| &= \ln|x(x-1)(x^2+1)^3| \\ &= \ln|x| + \ln|x-1| + \ln|(x^2+1)^3|\end{aligned}$$

將上式等號兩邊對 x 微分，可得

$$\dfrac{d}{dx}\ln|y| = \dfrac{d}{dx}\ln|x| + \dfrac{d}{dx}\ln|x-1| + \dfrac{d}{dx}\ln|(x^2+1)^3|$$

$$\begin{aligned}\dfrac{1}{y}\dfrac{dy}{dx} &= \dfrac{1}{x} + \dfrac{1}{x-1} + \dfrac{6x}{x^2+1} \\ &= \dfrac{(x-1)(x^2+1) + x(x^2+1) + 6x(x)(x-1)}{x(x-1)(x^2+1)} \\ &= \dfrac{8x^3 - 7x^2 + 2x - 1}{x(x-1)(x^2+1)}\end{aligned}$$

故

$$\begin{aligned}\dfrac{dy}{dx} &= x(x-1)(x^2+1)^3 \cdot \dfrac{8x^3 - 7x^2 + 2x - 1}{x(x-1)(x^2+1)} \\ &= (x^2+1)^2(8x^3 - 7x^2 + 2x - 1).\end{aligned}$$

例題 7　**解題指引** ☺　利用對數微分法

若 $y = x^x$, $x > 0$, 求 $\dfrac{dy}{dx}$.

解　$\ln y = \ln x^x = x \ln x$

兩端對 x 微分可得

$$\dfrac{1}{y}\dfrac{dy}{dx} = x \cdot \dfrac{1}{x} + \ln x = 1 + \ln x$$

故

$$\dfrac{dy}{dx} = x^x (1 + \ln x).$$

對數微分法也可證明

$$\dfrac{d}{dx} u^r = r u^{r-1} \dfrac{du}{dx} \tag{6-3}$$

其中 r 為實數，$u = u(x)$ 為可微分函數.

證明如下：令 $y = u^r$，則 $\ln y = \ln u^r = r \ln u$，可得

$$\dfrac{d}{dx} \ln y = \dfrac{d}{dx}(r \ln u)$$

$$\dfrac{1}{y}\dfrac{dy}{dx} = \dfrac{r}{u}\dfrac{du}{dx}$$

$$\dfrac{dy}{dx} = u^r \cdot \dfrac{r}{u} \cdot \dfrac{du}{dx}$$

$$= r u^{r-1} \dfrac{du}{dx}$$

故

$$\dfrac{d}{dx} u^r = r u^{r-1} \dfrac{du}{dx}.$$

例題 8 **解題指引** ☺ 利用微積分基本定理

若 $y=\displaystyle\int_{\frac{x^2}{2}}^{x^2} \ln\sqrt{t}\ dt$，求 $\dfrac{dy}{dx}$.

解
$$\dfrac{dy}{dx}=\dfrac{d}{dx}\int_{\frac{x^2}{2}}^{x^2}\ln\sqrt{t}\ dt=(\ln\sqrt{x^2})\dfrac{d}{dx}(x^2)-\left(\ln\sqrt{\dfrac{x^2}{2}}\right)\cdot\dfrac{d}{dx}\left(\dfrac{x^2}{2}\right)$$
$$=2x\ln|x|-x\ln\dfrac{|x|}{\sqrt{2}}.$$

習題 6-2

1. 若 $g(x)$ 為 $f(x)=2x+\ln x$ 的反函數，求 $g'(2)$.

在 2～8 題中，求 $\dfrac{dy}{dx}$.

2. $y=\ln(5x^2+1)^3$

3. $y=\dfrac{\ln x}{2+\ln x}$

4. $y=\ln(x+\sqrt{x^2-1})$

5. $y=\sqrt{\ln\sqrt{x}}$

6. $y=\ln\dfrac{x}{1+x^2}$

7. $y=\log_5|x^3-x|$

8. $y=\ln(\ln(\ln x))$

在 9～10 題中，以隱函數微分法求 $\dfrac{dy}{dx}$.

9. $x\ln y=1+y\ln x$

10. $\ln(x^2+y^2)=x+y$

11. 若 $y=\sqrt{\dfrac{(2x+1)(3x+2)}{4x+3}}$，利用對數微分法求 $\dfrac{dy}{dx}$.

12. 若 $y = x^{x^x}$, $x > 0$, 求 $\dfrac{dy}{dx}$.

13. 試求方程式 $x^3 - x \ln y + y^3 = 2x + 5$ 的圖形在點 $(2, 1)$ 的切線方程式與法線方程式.

14. 若 $\ln(2.00) \approx 0.6932$, 試利用微分求 $\ln(2.01)$ 的近似值.

▶▶ 6-3 指數函數的導函數

因指數函數與對數函數互為反函數，故可以利用對數函數的導函數公式去求指數函數的導函數公式.

定理 6-8 ↩

$$\frac{d}{dx} e^x = e^x$$

證 令 $y = e^x$，則

$$x = \ln y \qquad \text{寫成對數式}$$

$$\frac{dx}{dy} = \frac{d}{dy} \ln y = \frac{1}{y} \qquad \text{等號兩端對 } y \text{ 微分}$$

因

$$\frac{dy}{dx} = \frac{1}{\dfrac{dx}{dy}} \qquad \text{反函數的導函數 (2-20) 式}$$

故

$$\frac{dy}{dx} = \frac{1}{\dfrac{1}{y}} = y$$

即

$$\frac{d}{dx} e^x = e^x.$$

若 $u=u(x)$ 為可微分函數，則由連鎖法則可得

$$\frac{d}{dx}e^u=e^u\frac{du}{dx} \tag{6-4}$$

對以正數 a $(a \neq 1)$ 為底的指數函數 a^x 微分時，可先予以換底，即

$$a^x=e^{\ln a^x}=e^{x\ln a}$$

再將它微分，可得到下面的定理.

定理 6-9

$$\frac{d}{dx}a^x=a^x\ln a$$

若 $u=u(x)$ 為可微分函數，則由連鎖法則可得

$$\frac{d}{dx}a^u=a^u(\ln a)\frac{du}{dx}. \tag{6-5}$$

例題 1　**解題指引** ☺ 利用 (6-4) 式

求 $\dfrac{d}{dx}(e^{x^2\ln x})$.

解
$$\frac{d}{dx}(e^{x^2\ln x})=e^{x^2\ln x}\frac{d}{dx}(x^2\ln x)=e^{x^2\ln x}\left(x^2\frac{d}{dx}\ln x+\ln x\cdot\frac{d}{dx}x^2\right)$$

$$=e^{x^2\ln x}\left(x^2\cdot\frac{1}{x}+\ln x\cdot 2x\right)$$

$$=x\,e^{x^2\ln x}(1+2\ln x).$$

例題 2　**解題指引** ☺ 利用 (6-5) 式

求 $\dfrac{d}{dx}7^{\sqrt{x^4+9}}$.

解 $\dfrac{d}{dx} 7^{\sqrt{x^4+9}} = 7^{\sqrt{x^4+9}} (\ln 7) \dfrac{d}{dx} \sqrt{x^4+9}$ 　　　視 $u=\sqrt{x^4+9}$

$\qquad\qquad = 7^{\sqrt{x^4+9}} (\ln 7) \dfrac{4x^3}{2\sqrt{x^4+9}}$

$\qquad\qquad = \dfrac{2x^3 (\ln 7)\, 7^{\sqrt{x^4+9}}}{\sqrt{x^4+9}}.$

例題 3　**解題指引** ☺　利用導數的一般乘冪公式 $\dfrac{d}{dx}(f(x))^n = n(f(x))^{n-1} f'(x)$

求 $\dfrac{d}{dx}(10^x + 10^{-x})^{10}.$

解 $\dfrac{d}{dx}(10^x + 10^{-x})^{10} = 10(10^x + 10^{-x})^9 \dfrac{d}{dx}(10^x + 10^{-x})$

$\qquad\qquad = 10(10^x + 10^{-x})^9 (10^x \ln 10 - 10^{-x} \ln 10)$

$\qquad\qquad = 10 \ln 10 (10^x + 10^{-x})^9 (10^x - 10^{-x}).$

例題 4　**解題指引** ☺　利用公式 $\dfrac{d}{dx} e^u = e^u \dfrac{du}{dx}$ 或對數微分法

若 $y = x^{2x}$ $(x>0)$，求 $\dfrac{dy}{dx}.$

解　因 x^{2x} 的指數為一變數，故不可利用導數的一般乘冪法則；同理，因底不為常數，故無法利用 (6-5) 式.

方法 1：$y = x^{2x} = e^{2x \ln x}$ 　　　　　　　　　　　　　　　$x^{2x} = e^{\ln x^{2x}} = e^{2x \ln x}$

$\Rightarrow \dfrac{dy}{dx} = \dfrac{d}{dx} e^{2x \ln x} = e^{2x \ln x} \dfrac{d}{dx}(2x \ln x)$

$\qquad\quad = e^{2x \ln x} \left(2x \dfrac{d}{dx} \ln x + 2 \ln x \dfrac{d}{dx} x\right)$

$\qquad\quad = x^{2x}(2 + 2\ln x)$

$\qquad\quad = 2x^{2x}(1 + \ln x).$

方法 2：$y = x^{2x}$

$$\ln y = \ln x^{2x} = 2x \ln x$$

$$\frac{d}{dx} \ln y = \frac{d}{dx}(2x \ln x)$$

$$\frac{1}{y} \frac{dy}{dx} = 2x \frac{d}{dx} \ln x + 2 \ln x \frac{d}{dx}(x)$$

$$\frac{1}{y} \frac{dy}{dx} = 2x \cdot \frac{1}{x} + 2 \ln x = 2(1 + \ln x)$$

$$\frac{dy}{dx} = 2y(1 + \ln x)$$

$$= 2x^{2x}(1 + \ln x).$$

例題 5　**解題指引** ☺　利用隱函數微分法

若 $xe^y + 2x - \ln y = 4$ 定義一 $y = f(x)$ 之可微分函數，求 $\dfrac{dy}{dx}$.

解
$$\frac{d}{dx}(xe^y + 2x - \ln y) = \frac{d}{dx}(4)$$

可得，
$$x \frac{d}{dx} e^y + e^y + 2 - \frac{1}{y} \frac{dy}{dx} = 0$$

$$xe^y \frac{dy}{dx} + e^y + 2 - \frac{1}{y} \frac{dy}{dx} = 0$$

$$\left(xe^y - \frac{1}{y}\right) \frac{dy}{dx} = -(2 + e^y)$$

所以，
$$\frac{dy}{dx} = -\frac{2 + e^y}{xe^y - \dfrac{1}{y}}.$$

習題 6-3

在 1～7 題中，求 $\dfrac{dy}{dx}$.

1. $y=\sqrt{1+e^{2x}}$

2. $y=\ln\sqrt{e^{2x}+e^{-2x}}$

3. $y=\dfrac{e^x-e^{-x}}{e^x+e^{-x}}$

4. $y=\dfrac{e^x}{\ln x}$

5. $y=x^\pi \pi^x$

6. $y=(\sqrt{2})^{x\ln x}$

7. $y=x^{\ln x}$

在 8～11 題中，以隱函數微分法求 $\dfrac{dy}{dx}$.

8. $2^y=xy$

9. $xe^y+ye^x=x$

10. $xe^y+2x-\ln y=4$

11. $x^y=y^x\ (x>0,\ y>0)$

12. 試求切曲線 $y=x-e^{-x}$ 且又平行於直線 $6x-2y=7$ 之切線的方程式.

13. 試求切曲線 $y=(x-1)e^x+3\ln x+2$ 於點 $(1,\ 2)$ 之切線的方程式.

14. 若 $u=u(x)$ 與 $v=v(x)$ 皆為可微分函數 $(u(x)>0)$，試證

$$\dfrac{d}{dx}u^v=vu^{v-1}\dfrac{du}{dx}+u^v(\ln u)\dfrac{dv}{dx}.$$

15. 設 $f(x)=xe^{x^2}$，若 x 由 1.00 變到 1.01，試利用微分求 f 的變化量的近似值. $f(1.01)$ 的近似值為何？

16. (1) 試證：$\lim\limits_{h\to 0}\dfrac{e^h-1}{h}=1$.

    (2) 利用 (1) 的結果求 $\lim\limits_{x\to\infty}x(e^{1/x}-1)$.

在 17～18 題中，利用導數的定義求極限.

17. $\lim\limits_{x\to 0}\dfrac{1-e^{-x}}{x}$

18. $\lim\limits_{x\to 0}\dfrac{a^x-1}{x}\ (a>0,\ a\ne 1)$

19. 求切曲線 $y=e^{3x}$ 且通過原點的切線.

20. 若 $f(x)=x+x^2+e^x$ 且 $g(x)=f^{-1}(x)$，求 $g'(1)$.

求下列各函數之相對極值.

21. $f(x)=e^{2x}+e^{-2x}$ **22.** $f(x)=x^2 e^{-x}$

▶▶ 6-4 指數函數與對數函數之積分法

⊙ 與指數函數有關的積分

由於自然指數函數 $f(x)=e^x$ 的導函數為其本身，故其不定積分亦為其本身，只需加上一個不定積分常數. 故

$$\int e^x \, dx = e^x + C \tag{6-6}$$

若 u 為 x 的可微分函數，則

$$\int e^u \, du = e^u + C. \tag{6-7}$$

例題 1 **解題指引** ☺ 利用 (6-7) 式

求 $\displaystyle\int x^2 e^{x^3+1} \, dx$.

解 令 $u=x^3+1$，則 $du=3x^2 \, dx$，$x^2 \, dx = \dfrac{du}{3}$.

故

$$\int x^2 e^{x^3+1} \, dx = \int \frac{1}{3} e^u \, du = \frac{1}{3} \int e^u \, du = \frac{1}{3} e^u + C$$

$$= \frac{1}{3} e^{x^3+1} + C.$$

例題 2 **解題指引** 利用 (6-7) 式

求 $\int \dfrac{e^{\sqrt{x}}}{\sqrt{x}}\, dx$.

解 令 $u=\sqrt{x}$，則 $du=\dfrac{dx}{2\sqrt{x}}$，$\dfrac{dx}{\sqrt{x}}=2\,du$.

故 $\int \dfrac{e^{\sqrt{x}}}{\sqrt{x}}\, dx = \int e^u\, 2du = 2\int e^u\, du = 2e^u + C$
$\qquad\qquad = 2e^{\sqrt{x}} + C.$

由於一般指數函數的導函數為 $\dfrac{d}{dx}a^x = a^x \ln a$，我們可推出其不定積分公式為

$$\int a^x\, dx = \dfrac{a^x}{\ln a} + C,\ 0 < a \neq 1 \tag{6-8}$$

若 u 為 x 的可微分函數，則

$$\int a^u\, du = \dfrac{a^u}{\ln a} + C,\ 0 < a \neq 1. \tag{6-9}$$

例題 3 **解題指引** 利用 (6-9) 式

求 $\int \dfrac{3^{1/x}}{x^2}\, dx$.

解 令 $u=\dfrac{1}{x}$，則 $du = \dfrac{-dx}{x^2}$.

故 $\int \dfrac{3^{1/x}}{x^2}\, dx = \int 3^u(-du) = -\int 3^u\, du = -\dfrac{3^u}{\ln 3} + C$
$\qquad\qquad = -\dfrac{3^{1/x}}{\ln 3} + C.$

例題 4　**解題指引** ☺　利用 (6-9) 式

求 $\int e^x \, 2^{e^x} \, dx$.

解　令 $u = e^x$，則 $du = e^x \, dx$.

故 $\int e^x \, 2^{e^x} \, dx = \int 2^u \, du = \dfrac{2^u}{\ln 2} + C = \dfrac{2^{e^x}}{\ln 2} + C.$

⊙ 與對數函數有關的積分

我們可利用對數函數的微分公式，導出與對數函數有關的積分公式.

因 $\quad\dfrac{d}{dx} \ln |x| = \dfrac{1}{x}, \quad x \neq 0$

故 $\quad\displaystyle\int \dfrac{dx}{x} = \ln |x| + C, \quad x \neq 0$ $\hspace{2em}$ **(6-10)**

若 u 為 x 的可微分函數，則

$$\int \dfrac{du}{u} = \ln |u| + C, \quad u \neq 0 \hspace{2em} \textbf{(6-11)}$$

例題 5　**解題指引** ☺　利用 (6-11) 式

求 $\displaystyle\int \dfrac{dx}{x \ln x}$.

解　令 $u = \ln x$，則 $du = \dfrac{dx}{x}$.

故 $\displaystyle\int \dfrac{dx}{x \ln x} = \int \dfrac{du}{u} = \ln |u| + C = \ln |\ln x| + C.$

例題 6 　**解題指引** ☺ 利用 (6-11) 式

求 $\displaystyle\int \dfrac{dx}{1+e^x}$.

解 　方法 1：$\displaystyle\int \dfrac{dx}{1+e^x} = \int\left(1 - \dfrac{e^x}{1+e^x}\right)dx = \int dx - \int \dfrac{e^x}{1+e^x}dx$

$$= x - \int \dfrac{d(1+e^x)}{1+e^x} = x - \ln(1+e^x) + C.$$

方法 2：$\displaystyle\int \dfrac{dx}{1+e^x} = \int \dfrac{e^{-x}}{1+e^{-x}}dx$

令 $u = 1+e^{-x}$，則 $du = -e^{-x}dx$.

$$\int \dfrac{dx}{1+e^x} = \int \dfrac{e^{-x}}{1+e^{-x}}dx = -\int \dfrac{du}{u} = -\ln|u| + C$$

$$= -\ln(1+e^{-x}) + C$$

$$= x - \ln(1+e^x) + C. \qquad (-\ln(1+e^{-x}) = -\ln\dfrac{1+e^x}{e^x}$$

$$= \ln e^x - \ln(1+e^x))$$

例題 7 　**解題指引** ☺ 利用對數換底公式

求 $\displaystyle\int_0^9 \dfrac{2\log(x+1)}{x+1}dx$.

解 　因為 $\log(x+1) = \dfrac{\ln(x+1)}{\ln 10}$

$$\int_0^9 \dfrac{2\log(x+1)}{x+1}dx = \int_0^9 \dfrac{2\dfrac{\ln(x+1)}{\ln 10}}{x+1}dx$$

$$= \dfrac{2}{\ln 10}\int_0^9 \ln(x+1)\,d\ln(x+1)$$

$$= \frac{2}{\ln 10} \left. \frac{(\ln (x+1))^2}{2} \right|_0^9$$

$$= \frac{2}{\ln 10} \frac{(\ln 10)^2}{2} = \ln 10.$$

習題 6-4

試求下列之積分.

1. $\displaystyle\int_1^2 \frac{e^{4/x}}{x^2}\,dx$

2. $\displaystyle\int_1^{10} \frac{(\log x)^3}{x}\,dx$

3. $\displaystyle\int 2^{5x}\,dx$

4. $\displaystyle\int_1^e \frac{(1+\ln x)^2}{x}\,dx$

5. $\displaystyle\int_2^4 \frac{e^{\sqrt{x}}}{\sqrt{x}}\,dx$

6. $\displaystyle\int \frac{dx}{x(\ln x)^2}$

7. $\displaystyle\int_e^{e^4} \frac{dx}{x\sqrt{\ln x}}$

8. $\displaystyle\int \frac{e^x}{\sqrt{e^x-1}}\,dx$

9. $\displaystyle\int \frac{e^{2x}}{e^x+1}\,dx$

10. $\displaystyle\int \frac{dx}{x\ln x \ln(\ln x)}$

11. $\displaystyle\int \frac{4x+2}{x^2+x+5}\,dx$

12. $\displaystyle\int \frac{dx}{x-\sqrt{x}}$

▶▶ 6-5 指數的成長律與衰變律

在許多應用問題裡，例如，細菌繁殖問題、人口成長問題、放射性物質之衰退問題，都會用到與時間 t 有關的指數函數.

定理 6-10

設某數量 y 為 t 的函數，且其變化率（對於時間）與當時的數量成正比，即 $\dfrac{dy}{dt} \propto y$. 設比例常數為 k，則

$$\frac{dy}{dt} = ky$$

（若 y 隨 t 增加而增加，則 $k > 0$；否則 $k < 0$.）此一微分方程式的解為：

$$y = y_0 e^{kt} \tag{6-12}$$

其中 y_0 表 $t=0$ 時之數量.

在定理 6-10 中，當 $k > 0$ 時，k 稱為成長常數，故 (6-12) 式稱為**自然指數成長**；當 $k < 0$ 時，k 稱為衰變常數，故 (6-12) 式稱為**自然指數衰變**，如圖 6-8 所示.

自然指數成長　　　　　　　　自然指數衰變

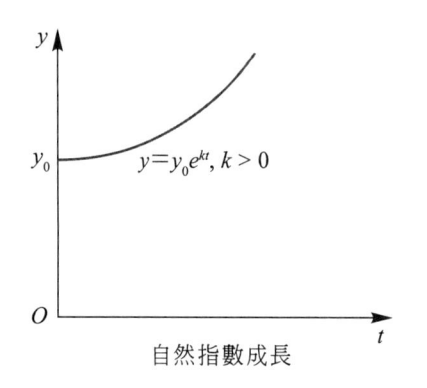

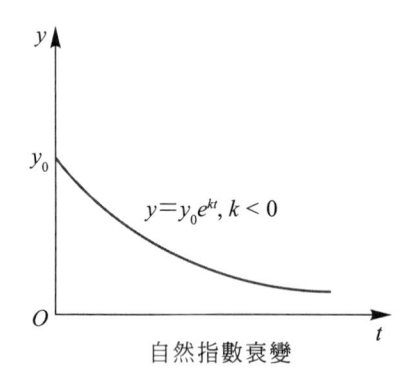

圖 6-8

證 我們假設 $y \neq 0$，利用變數分離法，可得

$$\frac{dy}{y} = k\,dt$$

$$\int \frac{dy}{y} = \int k\,dt$$

$$\ln|y| = kt + C_1$$

即
$$|y| = e^{kt+C_1} = e^{C_1} e^{kt}$$

故
$$y = \pm e^{C_1} e^{kt}$$

此 y 值代表所有不為零之解（而 $y=0$ 亦為一解），故我們可將通解寫成

$$y = Ce^{kt}, \quad C \text{ 為任意常數}$$

又當 $t=0$ 時，$y=y_0$，代入上式可得

$$y(0) = y_0 = Ce^0 = C$$

故 $y = y_0 e^{kt}$ 為 $\begin{cases} \dfrac{dy}{dt} = kt \\ y(0) = y_0 \end{cases}$ 的解.

例題 1　解題指引 ☺　自然指數成長

在某一適合細菌繁殖的環境中，中午 12 點時，細菌數估計約為 10,000 個，2 個小時後約為 40,000 個，試問在下午 5 點時，細菌總數為多少？

解　假設微分方程式 $\dfrac{dy}{dt} = ky$ 滿足此條件，其通解為 $y = Ce^{kt}$．現有兩個條件，即，$t=0$ 時，$y=10{,}000$；$t=2$ 時，$y=40{,}000$.

故
$$C = 10{,}000$$

因此得到
$$40{,}000 = 10{,}000 e^{2k}$$

解得
$$k = \frac{1}{2}\ln 4 \approx 0.693$$

故
$$y = 10{,}000 e^{0.693t}$$

當 $t=5$ 時，求得 $y = 10{,}000 e^{0.693 \times 5} \approx 319{,}765$.

例題 2 **解題指引** ☺ 自然指數衰變

C^{14} 的半衰期為 5730 年，亦即經過 5730 年 C^{14} 的量會衰減至原有量的一半. 如果 C^{14} 的現有量為 50 克，

(1) 2000 年後，C^{14} 的剩餘量將是多少？

(2) 多少年後，C^{14} 會衰減至 20 克？

解 (1) 假設 t 年後，C^{14} 的剩餘量為

$$y(t) = y_0 e^{kt} = 50 e^{kt}$$

則

$$y(5730) = 50 e^{5730k} = 25$$

$$e^{5730k} = \frac{1}{2}$$

$$5730\,k = \ln\frac{1}{2} = \ln 1 - \ln 2 = -\ln 2$$

$$k = \frac{-\ln 2}{5730}$$

故

$$y(t) = 50\, e^{(-\ln 2/5730)t}$$

將 $t = 2000$ 代入上式，可得

$$y(2000) = 50\, e^{(-\ln 2/5730) \times 2000} \approx 39.26$$

(2)

$$20 = 50\, e^{(-\ln 2/5730)t}$$

$$e^{(-\ln 2/5730)t} = 0.4$$

$$-\frac{\ln 2}{5730}\, t = \ln 0.4$$

$$t = -\frac{5730 \times \ln 0.4}{\ln 2} \approx 7574.6.$$

故大約 7575 年之後，C^{14} 會衰減至 20 克.

習題 6-5

1. 試解下列之初期值問題.

    (1) $\begin{cases} \dfrac{dy}{dt} = -5y \\ y(0) = 4 \end{cases}$

    (2) $\begin{cases} \dfrac{dy}{dt} = 0.006y \\ y(10) = 2 \end{cases}$

2. 某一培養皿中細菌的數目在 10 小時內從 5,000 個增加到 15,000 個，設其增加的速率與目前細菌的數目成正比，求培養皿中細菌在任何時間 t 的數目表示式，並估計 20 小時末細菌的數目.

3. 假設某城鎮於 1970 年 1 月的人口數為 200 萬，並假設人口的成長率與當時的人口數成正比，亦即比例常數為每年 0.01，試問該城鎮的人口數何時會超過 300 萬？

4. 有一種放射性物質的半衰期為 810 年，現有此物質 10 克，問 300 年後剩下多少？

7

三角函數、反三角函數與雙曲線函數

本章學習目標

- 瞭解三角函數之極限並能熟記三角函數之微分公式及與三角函數有關之積分公式
- 能熟記反三角函數之微分公式以及與反三角函數有關之積分公式
- 能熟記雙曲線函數之微分公式以及與雙曲線函數有關之積分公式

>> 7-1 三角函數的極限

在求代數函數的導函數之前，我們討論了函數之極限觀念並藉函數之極限去定義什麼是導函數？同理，在求三角函數的導函數之前，也應先討論一些有關基本的三角函數之極限定理，這對以後討論三角函數之導函數非常的重要．

定理 7-1

若 x 表一實數，或一角的弧度量，則

(1) $\lim\limits_{x \to 0} \sin x = 0$

(2) $\lim\limits_{x \to 0} \cos x = 1$

證 (1) 首先，證明 $\lim\limits_{x \to 0^+} \sin x = 0$．假設 $0 < x < \dfrac{\pi}{2}$．令 U 為直角坐標系上圓心在原點且半徑為 1 的單位圓，圖形如圖 7-1 所示．參考該圖，我們得知

$$0 < \sin x < x$$

因 $\lim\limits_{x \to 0^+} x = 0$，故由夾擠定理可得

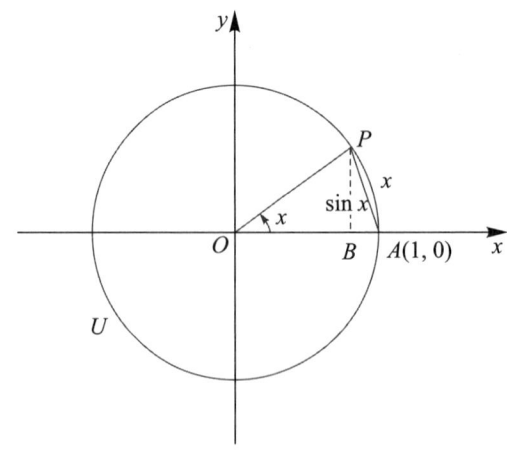

圖 7-1

$$\lim_{x \to 0^+} \sin x = 0$$

我們再證明 $\lim_{x \to 0^-} \sin x = 0$. 若 $-\dfrac{\pi}{2} < x < 0$, 則 $0 < -x < \dfrac{\pi}{2}$, 因此, 由證明的第一部分,

$$0 < \sin(-x) < -x$$

以 -1 乘上面不等式並利用 $\sin(-x) = -\sin x$, 可得

$$x < \sin x < 0$$

因 $\lim_{x \to 0^-} x = 0$, 故由夾擠定理可得

$$\lim_{x \to 0^-} \sin x = 0$$

所以 $\lim_{x \to 0} \sin x = 0.$

(2) 因 $\sin^2 x + \cos^2 x = 1$, 故 $\cos x = \pm\sqrt{1 - \sin^2 x}$.

若 $-\dfrac{\pi}{2} < x < \dfrac{\pi}{2}$, 則 $\cos x$ 為正, 因此, $\cos x = \sqrt{1 - \sin^2 x}$. 所以,

$$\lim_{x \to 0} \cos x = \lim_{x \to 0} \sqrt{1 - \sin^2 x} = \sqrt{\lim_{x \to 0}(1 - \sin^2 x)}$$
$$= \sqrt{1 - 0} = 1.$$

定理 7-2

(1) $\sin x$ 與 $\cos x$ 在 x 為任意實數時皆為連續.

(2) $\tan x$ 與 $\sec x$ 在 $\cos x \neq 0$ 時皆為連續.

(3) $\cot x$ 與 $\csc x$ 在 $\sin x \neq 0$ 時皆為連續.

證 我們僅證明 (1), 其他可由連續的性質證得, 欲證明 $\sin x$ 在任意實數 x 皆為連續, 必須證明 $\lim_{h \to 0} \sin(x + h) = \sin x$ 對任意實數皆成立.

因 $$\sin(x+h) = \sin x \cos h + \cos x \sin h$$

故 $$\lim_{h \to 0} \sin(x+h) = \lim_{h \to 0} (\sin x \cos h + \cos x \sin h)$$
$$= \sin x \lim_{h \to 0} \cos h + \cos x \lim_{h \to 0} \sin h$$
$$= \sin x$$

同理，利用恆等式 $$\cos(x+h) = \cos x \cos h - \sin x \sin h$$

可以證得 $$\lim_{h \to 0} \cos(x+h) = \cos x$$ �

下面極限在求正弦函數的導函數時需要用到，先予以證明.

定理 7-3

$$\lim_{x \to 0} \frac{\sin x}{x} = 1.$$

證 若 $0 < x < \dfrac{\pi}{2}$，則圖形如圖 7-2 所示，其中 U 為單位圓. 我們從該圖可知

$$\triangle OAP \text{ 的面積} < \text{扇形 } OAP \text{ 的面積} < \triangle OAQ \text{ 的面積}$$

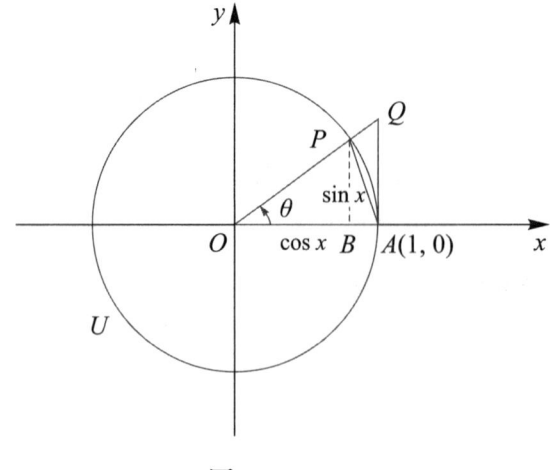

圖 7-2

但 $\triangle OAP$ 的面積 $= \dfrac{1}{2} \cdot 1 \cdot \sin x = \dfrac{1}{2} \sin x$

扇形 OAP 的面積 $= \dfrac{1}{2} \cdot 1^2 \cdot x = \dfrac{1}{2} x$

$\triangle OAQ$ 的面積 $= \dfrac{1}{2} \cdot 1 \cdot \tan x = \dfrac{1}{2} \tan x$

所以,

$$\dfrac{1}{2} \sin x < \dfrac{1}{2} x < \dfrac{1}{2} \tan x$$

以 $\dfrac{2}{\sin x}$ 乘之可得

$$1 < \dfrac{x}{\sin x} < \dfrac{1}{\cos x}$$

即,

$$\cos x < \dfrac{\sin x}{x} < 1 \tag{7-1}$$

若 $-\dfrac{\pi}{2} < x < 0$,則 (7-1) 式仍可成立,故 (7-1) 式對開區間 $\left(-\dfrac{\pi}{2}, \dfrac{\pi}{2}\right)$ 中的所有 x ($x = 0$ 除外) 皆成立. 因 $\lim\limits_{x \to 0} \cos x = 1$,故對 (7-1) 式利用夾擠定理可得

$$\lim_{x \to 0} \dfrac{\sin x}{x} = 1.$$

例題 1 **解題指引** ☺ 利用 $\lim\limits_{x \to 0} \dfrac{\sin x}{x} = 1$

求 $\lim\limits_{t \to 0} \dfrac{\sin(1 - \cos t)}{1 - \cos t}$.

解 令 $x = 1 - \cos t$,當 $t \to 0$ 時,$x \to 0$,故

$$\lim_{t \to 0} \dfrac{\sin(1 - \cos t)}{1 - \cos t} = \lim_{x \to 0} \dfrac{\sin x}{x} = 1.$$

例題 2 **解題指引** ☺ 利用夾擠定理

求 $\lim\limits_{x \to 0} x^2 \cos\left(\dfrac{1}{x}\right)$.

解 讀者可能引用定理，求本題之極限，如下：

$$\lim_{x \to 0} x^2 \cos\left(\dfrac{1}{x}\right) = \left(\lim_{x \to 0} x^2\right)\left(\lim_{x \to 0} \cos\left(\dfrac{1}{x}\right)\right) \cdots\cdots (*)$$

這是一個錯誤的做法，因為 $\cos\left(\dfrac{1}{x}\right)$ 在 -1 到 1 之間振盪。尤其，當 x 靠近 0 時，振盪得更快速，如圖 7-3 所示，故 $\lim\limits_{x \to 0} \cos\left(\dfrac{1}{x}\right)$ 不存在。因此，(*) 式並不成立。正確的方法如下：

由於， $-1 \leq \cos\left(\dfrac{1}{x}\right) \leq 1,\ \forall\, x \neq 0.$

又 $x^2 \geq 0$，今以 x^2 乘上述不等式，可得

$$-x^2 \leq x^2 \cos\left(\dfrac{1}{x}\right) \leq x^2,\ \forall\, x \neq 0.$$

又 $\lim\limits_{x \to 0}(-x^2) = 0 = \lim\limits_{x \to 0} x^2 = 0$. 所以，利用夾擠定理得知，

$$\lim_{x \to 0} x^2 \cos\left(\dfrac{1}{x}\right) = 0.$$

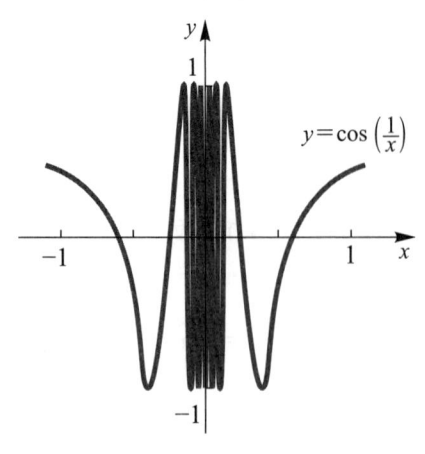

圖 7-3

例題 3　解題指引 😊 利用夾擠定理

試證：$\lim\limits_{x \to 0} x \sin \dfrac{1}{x} = 0$.

解　若 $x \neq 0$，則 $\left| \sin \dfrac{1}{x} \right| \leq 1$，所以，

$$\left| x \sin \dfrac{1}{x} \right| = |x| \left| \sin \dfrac{1}{x} \right| \leq |x|$$

$$-|x| \leq x \sin \dfrac{1}{x} \leq |x|$$

因 $\lim\limits_{x \to 0} |x| = 0$，故由夾擠定理可知

$$\lim\limits_{x \to 0} x \sin \dfrac{1}{x} = 0.$$

例題 4　解題指引 😊 令 $u = \dfrac{1}{x}$ 作代換

求 $\lim\limits_{x \to \infty} x \left(1 - \cos^2 \dfrac{1}{x} \right)$.

解　原式 $= \lim\limits_{x \to \infty} \dfrac{1 - \cos^2 \dfrac{1}{x}}{\dfrac{1}{x}}$

令 $u = \dfrac{1}{x}$，當 $x \to \infty$，則 $u \to 0^+$，故

原式 $= \lim\limits_{x \to \infty} \dfrac{1 - \cos^2 \dfrac{1}{x}}{\dfrac{1}{x}} = \lim\limits_{u \to 0^+} \dfrac{1 - \cos^2 u}{u} = \lim\limits_{u \to 0^+} \dfrac{\sin^2 u}{u}$

$= \left(\lim\limits_{u \to 0^+} \dfrac{\sin u}{u} \right) \left(\lim\limits_{u \to 0^+} \sin u \right) = 0.$

例題 5 **解題指引** ☺ 利用 $\lim\limits_{x\to 0}\dfrac{\sin x}{x}=1$

設 $f(x)=\begin{cases} x\sin\dfrac{1}{x}, & x\neq 0 \\ 0, & x=0 \end{cases}$

(1) 試證：f 在每一實數皆為連續.

(2) 求 f 之圖形的水平漸近線.

解 (1) 我們證明對每一實數 a，$\lim\limits_{x\to a}f(x)=f(a)$. 若 $a\neq 0$，則

$$\lim_{x\to a}f(x)=\lim_{x\to a}\left(x\sin\dfrac{1}{x}\right)=\left(\lim_{x\to a}x\right)\left(\lim_{x\to a}\sin\dfrac{1}{x}\right)=a\sin\dfrac{1}{a}=f(a)$$

但

$$\lim_{x\to 0}x\sin\dfrac{1}{x}=0=f(0)$$

因此，f 在每一實數皆為連續.

(2) $\lim\limits_{x\to\infty}f(x)=\lim\limits_{x\to\infty}x\sin\dfrac{1}{x}=\lim\limits_{x\to\infty}\dfrac{\sin\dfrac{1}{x}}{\dfrac{1}{x}}=\lim\limits_{\theta\to 0^+}\dfrac{\sin\theta}{\theta}=1$

又 $\lim\limits_{x\to -\infty}f(x)=\lim\limits_{x\to -\infty}x\sin\dfrac{1}{x}=\lim\limits_{x\to -\infty}\dfrac{\sin\dfrac{1}{x}}{\dfrac{1}{x}}=\lim\limits_{\theta\to 0^-}\dfrac{\sin\theta}{\theta}=1$

故直線 $y=1$ 為 f 之圖形的水平漸近線.

習題 7-1

在 1～23 題中，求各極限.

1. $\lim\limits_{\theta \to 0} \dfrac{\sin \theta}{\theta + \tan \theta}$

2. $\lim\limits_{x \to \pi} \dfrac{\tan x}{3(x-\pi)}$

3. $\lim\limits_{x \to 0} x \cot x$

4. $\lim\limits_{x \to 0} \dfrac{1-\cos 2x}{x \sin x}$

5. $\lim\limits_{x \to 0} \dfrac{\sin(a+x) - \sin(a-x)}{x}$

6. $\lim\limits_{x \to 0} \dfrac{\sin ax}{\sin bx}$ $(b \neq 0)$

7. $\lim\limits_{x \to 0} \dfrac{\sqrt{1+\tan x} - \sqrt{1+\sin x}}{x^3}$

8. $\lim\limits_{x \to a} \dfrac{\sin x - \sin a}{x-a}$

9. $\lim\limits_{x \to 0} \dfrac{\sin 5x}{\sin 4x}$

10. $\lim\limits_{\theta \to 0} \dfrac{\sin(\sin \theta)}{\sin \theta}$

11. $\lim\limits_{x \to 0} \dfrac{\sin x^2}{x}$

12. $\lim\limits_{\theta \to 0} \dfrac{\sin \theta}{\theta + \tan \theta}$

13. $\lim\limits_{x \to 1} \dfrac{\sin(x-1)}{x^2+x-2}$

14. $\lim\limits_{x \to 0^+} \sqrt{x}\, \csc \sqrt{x}$

15. $\lim\limits_{\theta \to 0} \cos\left(\dfrac{\pi \theta}{\sin \theta}\right)$

16. $\lim\limits_{x \to 0} \dfrac{x^2 - 2x}{\sin 3x}$

17. $\lim\limits_{x \to \infty} x \sin \dfrac{1}{x}$

18. $\lim\limits_{x \to \frac{\pi}{2}} (\pi - 2x) \sec x$

19. $\lim\limits_{x \to 0} \dfrac{x + x \cos x}{\sin x \cos x}$

20. $\lim\limits_{x \to 0} \dfrac{x^2 \sin \dfrac{1}{x}}{\sin x}$

21. $\lim\limits_{x \to 0} \dfrac{x^2 \sin \dfrac{1}{x}}{\tan x}$

22. $\lim\limits_{x \to 1} \dfrac{1-x^2}{\sin \pi x}$

23. $\lim\limits_{x \to 0} \dfrac{\tan 3x}{\sin 8x}$

7-2 三角函數的導函數

首先，我們利用三角函數之極限 $\lim\limits_{x \to 0} \dfrac{\sin x}{x} = 1$ 來討論正弦函數與餘弦函數的導函數. 依導函數的定義，得知，

$$\dfrac{d}{dx} \sin x = \lim\limits_{h \to 0} \dfrac{\sin(x+h) - \sin x}{h} = \lim\limits_{h \to 0} \left[\dfrac{\sin\left(\dfrac{h}{2}\right) \cos\left(x + \dfrac{h}{2}\right)}{\dfrac{h}{2}} \right]$$

因餘弦函數為處處連續，故 $\lim\limits_{h \to 0} \cos\left(x + \dfrac{h}{2}\right) = \cos x$. 又，依定理 7-3 可證得

$$\lim\limits_{h \to 0} \dfrac{\sin\left(\dfrac{h}{2}\right)}{\dfrac{h}{2}} = 1$$

所以，

$$\dfrac{d}{dx} \sin x = \cos x$$

因 $\cos x = \sin\left(\dfrac{\pi}{2} - x\right)$，故由連鎖法則可得

$$\dfrac{d}{dx} \cos x = \dfrac{d}{dx} \sin\left(\dfrac{\pi}{2} - x\right) = \cos\left(\dfrac{\pi}{2} - x\right) \dfrac{d}{dx}\left(\dfrac{\pi}{2} - x\right)$$
$$= (\sin x)(-1) = -\sin x$$

利用下列的關係式可得其餘三角函數的導函數，

$$\tan x = \dfrac{\sin x}{\cos x}, \quad \cot x = \dfrac{\cos x}{\sin x}, \quad \sec x = \dfrac{1}{\cos x}, \quad \csc x = \dfrac{1}{\sin x}$$

例如，

$$\frac{d}{dx}\tan x = \frac{d}{dx}\left(\frac{\sin x}{\cos x}\right) = \frac{\cos x \dfrac{d}{dx}\sin x - \sin x \dfrac{d}{dx}\cos x}{\cos^2 x}$$

$$= \frac{\cos^2 x + \sin^2 x}{\cos^2 x} = \frac{1}{\cos^2 x} = \sec^2 x$$

$\cot x$、$\sec x$ 與 $\csc x$ 的導函數求法皆類似，留作習題.

下面定理中列出六個三角函數的導函數公式.

定理 7-4

若 x 為弧度度量，則

(1) $\dfrac{d}{dx}\sin x = \cos x$ (2) $\dfrac{d}{dx}\cos x = -\sin x$

(3) $\dfrac{d}{dx}\tan x = \sec^2 x$ (4) $\dfrac{d}{dx}\cot x = -\csc^2 x$

(5) $\dfrac{d}{dx}\sec x = \sec x \, \tan x$ (6) $\dfrac{d}{dx}\csc x = -\csc x \, \cot x$

若 $u = u(x)$ 為可微分函數，則由連鎖法則可得

$$\frac{d}{dx}\sin u = \cos u \, \frac{du}{dx} \qquad \frac{d}{dx}\cos u = -\sin u \, \frac{du}{dx}$$

$$\frac{d}{dx}\tan u = \sec^2 u \, \frac{du}{dx} \qquad \frac{d}{dx}\cot u = -\csc^2 u \, \frac{du}{dx}$$

$$\frac{d}{dx}\sec u = \sec u \, \tan u \, \frac{du}{dx} \qquad \frac{d}{dx}\csc u = -\csc u \, \cot u \, \frac{du}{dx}$$

例題 1 **解題指引** ☺ 利用公式

求 $\dfrac{d}{dx}(\sin x + x^2 \cos x)$.

解 $\dfrac{d}{dx}(\sin x + x^2 \cos x) = \dfrac{d}{dx}\sin x + \dfrac{d}{dx}(x^2 \cos x)$

$\qquad = \cos x + x^2 \dfrac{d}{dx}\cos x + \cos x \dfrac{d}{dx} x^2$

$\qquad = \cos x - x^2 \sin x + 2x \cos x.$

例題 2 **解題指引** ☺ 利用商的導函數公式

若 $y = \dfrac{\sin x}{1 + \cos x}$，求 $\dfrac{dy}{dx}$.

解 $\dfrac{dy}{dx} = \dfrac{d}{dx}\left(\dfrac{\sin x}{1 + \cos x}\right)$

$\qquad = \dfrac{(1+\cos x)\dfrac{d}{dx}\sin x - \sin x \dfrac{d}{dx}(1+\cos x)}{(1+\cos x)^2}$

$\qquad = \dfrac{(1+\cos x)\cos x - \sin x(-\sin x)}{(1+\cos x)^2}$

$\qquad = \dfrac{\cos x + \cos^2 x + \sin^2 x}{(1+\cos x)^2}$

$\qquad = \dfrac{1+\cos x}{(1+\cos x)^2} = \dfrac{1}{1+\cos x}.$

例題 3 **解題指引** ☺ 利用連鎖法則

若 $f(x) = \sin(\cos(\tan x^2))$，求 $f'(x)$.

解 $f'(x) = \dfrac{d}{dx}\sin(\cos(\tan x^2)) = \cos(\cos(\tan x^2))\dfrac{d}{dx}\cos(\tan x^2)$

$$= \cos(\cos(\tan x^2))(-\sin(\tan x^2))\frac{d}{dx}\tan x^2$$

$$= -\cos(\cos(\tan x^2))\sin(\tan x^2)\sec^2 x^2 \cdot 2x$$

$$= -2x\cos(\cos(\tan x^2))\sin(\tan x^2)\sec^2 x^2.$$

例題 4 **解題指引** ☺ **利用直線的點斜式**

求曲線 $y = \sin(\sin x)$ 在點 $(\pi, 0)$ 的切線方程式.

解 $\dfrac{dy}{dx} = \cos(\sin x)\dfrac{d}{dx}\sin x = \cos(\sin x)\cos x$

$$\Rightarrow \left.\frac{dy}{dx}\right|_{x=\pi} = 1(-1) = -1$$

所以，在點 $(\pi, 0)$ 的切線方程式為 $y - 0 = (-1)(x - \pi)$，

即，$x + y - \pi = 0$.

例題 5 **解題指引** ☺ **求曲線在 $(0, 0)$ 之斜率**

求曲線 $y + \sin y = x$ 在點 $(0, 0)$ 的切線方程式.

解
$$\frac{dy}{dx} + \frac{d}{dx}\sin y = \frac{d}{dx}x$$

$$\frac{dy}{dx} + \cos y\frac{dy}{dx} = 1$$

$$\frac{dy}{dx} = \frac{1}{1 + \cos y}$$

可得 $\left.\dfrac{dy}{dx}\right|_{(0, 0)} = \dfrac{1}{1 + 1} = \dfrac{1}{2}$

故在點 $(0, 0)$ 的切線方程式為 $y - 0 = \dfrac{1}{2}(x - 0)$，即，$x - 2y = 0$.

例題 6 **解題指引** ☺ **利用線性近似公式**

利用微分求 $\cos 31°$ 的近似值.

解 設 $f(x)=\cos x$，則 $f'(x)=-\sin x$。

令 $a=30°=\dfrac{\pi}{6}$，則 $\Delta x=1°=\dfrac{\pi}{180}$。將這些值代入 $f(a+\Delta x)\approx f(a)+f'(a)\Delta x$ 中，可得

$$f\left(\dfrac{\pi}{6}+\dfrac{\pi}{180}\right)=f\left(\dfrac{31\pi}{180}\right)\approx f\left(\dfrac{\pi}{6}\right)+f'\left(\dfrac{\pi}{6}\right)\left(\dfrac{\pi}{180}\right)$$

即，

$$\cos\dfrac{31\pi}{180}\approx\cos\dfrac{\pi}{6}-\left(\sin\dfrac{\pi}{6}\right)\left(\dfrac{\pi}{180}\right)$$

故

$$\cos 31°\approx\dfrac{\sqrt{3}}{2}-\dfrac{1}{2}\left(\dfrac{\pi}{180}\right)\approx 0.8573.$$

例題 7 **解題指引** ☺ 度度量的三角函數的導函數

試證：若 x 為度度量，則 $\dfrac{d}{dx}\sin x°=\dfrac{\pi}{180}\cos x°$。

解 因 $1°=\dfrac{\pi}{180}$ 弧度，可得 $x°=\dfrac{\pi x}{180}$ 弧度，故 $\sin x°=\sin\dfrac{\pi x}{180}$。

$$\dfrac{d}{dx}\sin x°=\dfrac{d}{dx}\sin\dfrac{\pi x}{180}=\cos\dfrac{\pi x}{180}\;\dfrac{d}{dx}\left(\dfrac{\pi x}{180}\right)$$

$$=\dfrac{\pi}{180}\cos\dfrac{\pi x}{180}=\dfrac{\pi}{180}\cos x°.$$

例題 8 **解題指引** ☺ 利用微積分基本定理

已知 $F(x)=\displaystyle\int_2^{\sin x}f(t)\,dt$ 且 $f(t)=\displaystyle\int_1^{t^3}\sqrt{1+u^3}\,du$，求 $F''(\pi)$。

解 $F'(x)=\dfrac{d}{dx}\displaystyle\int_2^{\sin x}f(t)\,dt=f(\sin x)\cos x$

則 $F''(x)=-f(\sin x)\sin x+f'(\sin x)\cos^2 x$

又 $f'(t) = \dfrac{d}{dt}\displaystyle\int_1^{t^3}\sqrt{1+u^3}\,du = \sqrt{1+t^9}\,3t^2 = 3t^2\sqrt{1+t^9}$

可得 $F''(x) = -f(\sin x)\sin x + 3\sin^2 x \cos^2 x\sqrt{1+\sin^9 x}$

故 $F''(\pi) = 0.$

例題 9　**解題指引** ☺　求 $f(x)$ 之臨界數

求 $f(x) = 2\sin x + \cos 2x$ 在區間 $(0, 2\pi)$ 上的相對極值.

解　$f'(x) = 2\cos x - 2\sin 2x = 2\cos x(1 - 2\sin x)$
$f''(x) = -2\sin x - 4\cos 2x$

解 $f'(x) = 0$，可得 f 的臨界數為 $\dfrac{\pi}{6}$、$\dfrac{\pi}{2}$、$\dfrac{5\pi}{6}$ 與 $\dfrac{3\pi}{2}$.

f'' 在這些臨界數的值分別為

$f''\left(\dfrac{\pi}{6}\right) = -3 < 0,\ f''\left(\dfrac{\pi}{2}\right) = 2 > 0,\ f''\left(\dfrac{5\pi}{6}\right) = -3 < 0,\ f''\left(\dfrac{3\pi}{2}\right) = 6 > 0$

$f(x)$ 在各臨界數的值分別為

$f\left(\dfrac{\pi}{6}\right) = \dfrac{3}{2},\ f\left(\dfrac{5\pi}{6}\right) = \dfrac{3}{2},\ f\left(\dfrac{\pi}{2}\right) = 1$ 與 $f\left(\dfrac{3\pi}{2}\right) = -3$

利用二階導數判別法，我們得知 f 的相對極大值為 $\dfrac{3}{2}$，相對極小值為 1 與 -3. f 的圖形如圖 7-4 所示.

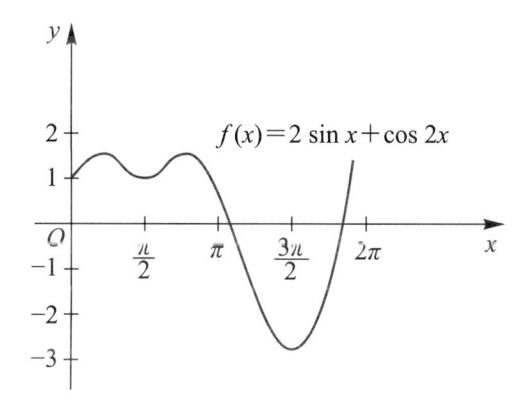

圖 7-4

例題 10　解題指引 ☺ 利用遞減函數證明不等式

試證：若 $0 < x < \dfrac{\pi}{2}$，則 $\sin x < x < \tan x$.

解　(1) 先證：若 $0 < x < \dfrac{\pi}{2}$，則 $\sin x < x$.

令 $f(x) = \sin x - x$，則 $f'(x) = \cos x - 1$. 當 $0 < x < \dfrac{\pi}{2}$ 時，$f'(x) < 0$.

又 f 在 $\left[0, \dfrac{\pi}{2}\right]$ 為連續，故 f 在 $\left[0, \dfrac{\pi}{2}\right]$ 為遞減. 尤其，若 $0 < x < \dfrac{\pi}{2}$，則 $f(0) > f(x)$. 但 $f(0) = 0$，故 $\sin x - x < 0$，即，$\sin x < x$.

(2) 次證：若 $0 < x < \dfrac{\pi}{2}$，則 $x < \tan x$.

令 $f(x) = x - \tan x$，則 $f'(x) = 1 - \sec^2 x$. 當 $0 < x < \dfrac{\pi}{2}$ 時，$f'(x) < 0$.

又 f 在 $\left[0, \dfrac{\pi}{2}\right]$ 為連續，故 f 在 $\left[0, \dfrac{\pi}{2}\right]$ 為遞減. 尤其，若 $0 < x < \dfrac{\pi}{2}$，則 $f(0) > f(x)$. 但 $f(0) = 0$，故 $x - \tan x < 0$，即，$x < \tan x$.

綜合 (1) 與 (2)，證明完畢.

習題 7-2

在 1～10 題中，求 $f'(x)$.

1. $f(x) = \sin^2 x \cos x$

2. $f(x) = \dfrac{\cos x}{x \sin x}$

3. $f(x) = \dfrac{\sec x}{2 + \tan x}$

4. $f(x) = \csc \sqrt{x} \, \cot \sqrt{x}$

5. $f(x) = \dfrac{1 - \cos x}{1 - \sin x}$

6. $f(x) = \sin \sqrt{x} + \sqrt{\sin x}$

7. $f(x) = \cos^4 (\sin x^2)$

8. $f(x) = \sqrt{\cos \sqrt{x}}$

9. $f(x) = x \sin x \cos x$

10. $f(x) = \dfrac{x^2 \tan x}{\sec x}$

11. $f(x) = \sqrt{e^{\sin x} + 5^{\cos x}}$

12. $f(x) = \ln^3 (\sec x + \tan^2 x)$

在 13～16 題中，求 $\dfrac{dy}{dx}$.

13. $\cos (x - y) = y \sin x$

14. $x \cos y + y \cos x = 2$

15. $x \sin y + \cos 2y = \cos y$

16. $xy = \tan (xy)$

17. 利用微分求 $\sin 31°$ 的近似值.

18. 利用微分求 $\dfrac{\sin 31° + 1}{\cot 31°}$ 的近似值.

19. 設 $f(x) = \begin{cases} x^2 \sin \dfrac{1}{x}, & 若\ x \neq 0 \\ 0, & 若\ x = 0 \end{cases}$

　(1) 試問 f 在 $x=0$ 是否連續？理由為何？

　(2) 試問 f 在 $x=0$ 是否可以微分，理由為何？

20. 求曲線 $y = \dfrac{1}{8} \csc^3 x$ 在點 $\left(\dfrac{\pi}{6},\ 1\right)$ 的切線與法線的方程式.

21. 求曲線 $y^3 - xy^2 + \cos xy = 2$ 在點 $(0,\ 1)$ 的切線方程式.

22. 求曲線 $xy^2 = \sin (x + 2y)$ 在原點的切線方程式.

在 23～25 題中，求 f 在所予閉區間上的極大值與極小值.

23. $f(x) = \sin x - \cos x$；$[0,\ \pi]$

24. $f(x) = 2 \sec x - \tan x$；$\left[0,\ \dfrac{\pi}{4}\right]$

25. $f(x) = \sin^2 x + \cos x$; $[-\pi, \pi]$

26. 試證明 $|\sin x - \cos x| \leq \sqrt{2}$, $\forall\, x$.

27. 已知 $f(x) = \cos x$, 試驗證 f 在區間 $\left[\dfrac{\pi}{2}, \dfrac{3\pi}{2}\right]$ 滿足均值定理的假設，並求 c 的所有值使其滿足定理的結論.

28. 利用均值定理證明 $|\sin x - \sin y| \leq |x - y|$.

29. 試求 $\dfrac{d}{dx}\left(\displaystyle\int_0^{\sin x^2} \dfrac{1}{1+t^2}\, dt\right)$.

30. 若 $f(x) = \displaystyle\int_0^{g(x)} \dfrac{1}{\sqrt{1+t^3}}\, dt$ 且 $g(x) = \displaystyle\int_0^{\cos x} [1 + \sin(t^2)]\, dt$, 求 $f'\left(\dfrac{\pi}{2}\right)$.

31. 若 $\displaystyle\int_0^{x^2} f(t)\, dt = x \cos \pi x\, (x > 0)$, 求 $f(4)$ 的值.

32. 試證：若 $x > 0$, 則 $\sin x > x - \dfrac{x^3}{6}$.

33. 試證：若 $0 < x < \dfrac{\pi}{2}$, 則 $\tan x > x$.

在 34～36 題中，求 f 的相對極值.

34. $f(x) = \tan(x^2 + 1)$

35. $f(x) = \dfrac{\sin x}{2 + \cos x}$, $0 < x < 2\pi$

36. $f(x) = |\sin 2x|$, $0 < x < 2\pi$

在 37～38 題中，作各函數的圖形.

37. $f(x) = \sin x + \cos x$

38. $f(x) = x \tan x$, $-\dfrac{\pi}{2} < x < \dfrac{\pi}{2}$

試利用牛頓法求下列方程式的實根到小數第三位.

39. $x + \cos x = 2$ 的根.

40. $\sin x = x^2$ 的正根.

7-3 與三角函數有關的積分

在本節中，我們只要利用每一個三角函數的導函數及不定積分的定義，不難獲得三角函數的積分公式. 如下：

(1) $\int \cos x \, dx = \sin x + C$ (2) $\int \sin x \, dx = -\cos x + C$

(3) $\int \sec^2 x \, dx = \tan x + C$ (4) $\int \csc^2 x \, dx = -\cot x + C$

(5) $\int \sec x \tan x \, dx = \sec x + C$ (6) $\int \csc x \cot x \, dx = -\csc x + C$

若以 u 代 x，則有下列的積分公式.

$$\int \cos u \, du = \sin u + C \quad (7\text{-}2) \qquad \int \sin u \, du = -\cos u + C \quad (7\text{-}3)$$

$$\int \sec^2 u \, du = \tan u + C \quad (7\text{-}4) \qquad \int \csc^2 u \, du = -\cot u + C \quad (7\text{-}5)$$

$$\int \sec u \tan u \, du = \sec u + C \quad (7\text{-}6) \qquad \int \csc u \cot u \, du = -\csc u + C \quad (7\text{-}7)$$

例題 1 **解題指引** ☺ 利用 u-代換

求 $\int \dfrac{\cos \sqrt{x}}{\sqrt{x}} \, dx$.

解 令 $u = \sqrt{x}$，則 $du = \dfrac{dx}{2\sqrt{x}}$，

故 $\int \dfrac{\cos \sqrt{x}}{\sqrt{x}} \, dx = \int \cos u \cdot 2 \, du = 2 \int \cos u \, du = 2 \sin u + C$

$$= 2\sin\sqrt{x} + C.$$

例題 2 **解題指引** ☺ 利用 u-代換

求 $\displaystyle\int \frac{dx}{(1-\sin^2 x)\sqrt{1+\tan x}}\, dx.$

解 $\displaystyle\int \frac{dx}{(1-\sin^2 x)\sqrt{1+\tan x}} = \int \frac{dx}{\cos^2 x\sqrt{1+\tan x}} = \int \frac{\sec^2 x}{\sqrt{1+\tan x}}\, dx$

令 $u = 1 + \tan x$,則 $du = d(1+\tan x) = \sec^2 x\, dx$,

故 $\displaystyle\int \frac{\sec^2 x}{\sqrt{1+\tan x}}\, dx = \int \frac{du}{\sqrt{u}} = \int u^{-1/2}\, du = 2\sqrt{u} + C$

$$= 2\sqrt{1+\tan x} + C.$$

例題 3 **解題指引** ☺ 利用定積分之 u-代換

求 $\displaystyle\int_0^\pi 5(5-4\cos x)^{1/4} \sin x\, dx.$

解 令 $u = 5 - 4\cos x$,則 $du = 4\sin x\, dx$,$\dfrac{du}{4} = \sin x\, dx$,

當 $x = 0$ 時,$u = 5 - 4 = 1$;當 $x = \pi$ 時,$u = 5 + 4 = 9$.

$$\int_0^\pi 5(5-4\cos x)^{1/4} \sin x\, dx = \int_1^9 5u^{1/4}\left(\frac{du}{4}\right) = \frac{5}{4}\int_1^9 u^{1/4}\, du$$

$$= \frac{5}{4}\left(\frac{4}{5}u^{5/4}\bigg|_1^9\right) = 9^{5/4} - 1.$$

例題 4 **解題指引** ☺ 將黎曼和的極限表成定積分

試將 $\displaystyle\lim_{n\to\infty} \frac{1}{n}\left(1 + \sec^2\frac{\pi}{4n} + \sec^2\frac{2\pi}{4n} + \cdots + \sec^2\frac{n\pi}{4n}\right)$ 表成一定積分並求其值.

解
$$\lim_{n\to\infty} \frac{1}{n}\left(1+\sec^2\frac{\pi}{4n}+\sec^2\frac{2\pi}{4n}+\cdots+\sec^2\frac{n\pi}{4n}\right)$$

$$=\frac{4}{\pi}\lim_{n\to\infty}\frac{\frac{\pi}{4}-0}{n}\sum_{k=0}^{n}\left(\sec^2 k\,\frac{\frac{\pi}{4}-0}{n}\right)$$

$$=\frac{4}{\pi}\int_0^{\pi/4}\sec^2 x\,dx=\frac{4}{\pi}\tan x\Big|_0^{\pi/4}=\frac{4}{\pi}.$$

三角函數皆為大家熟悉的**週期函數**，利用週期函數之特性，我們有下列的定理.

定理 7-5

若 f 為含有週期為 p 的週期函數，則

$$\int_{a+p}^{b+p} f(x)\,dx = \int_a^b f(x)\,dx.$$

證 利用代換積分，令 $u=x-p$，則 $du=dx$，因此，

$$\int_{a+p}^{b+p} f(x)\,dx = \int_a^b f(u+p)\,du$$

由於 f 為週期函數，以 $f(u)$ 取代 $f(u+p)$，故

$$\int_{a+p}^{b+p} f(x)\,dx = \int_a^b f(u+p)\,du = \int_a^b f(u)\,du = \int_a^b f(x)\,dx.$$

例題 5 **解題指引** ☺ 利用定理 7-5

求 $\int_0^{2\pi} |\sin x|\,dx$ 之值.

解 $f(x)=|\sin x|$ 為週期 π 的週期函數，其圖形如圖 7-5 所示.

$$y = f(x) = |\sin x|$$

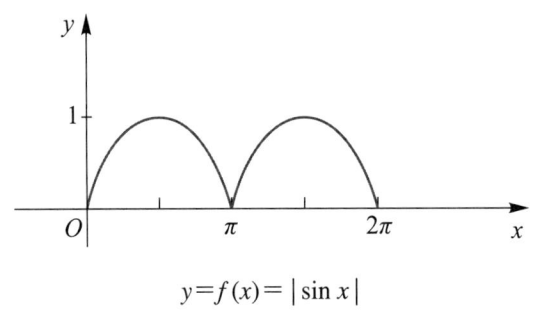

圖 7-5

$$\int_0^{2\pi} |\sin x|\, dx = \int_0^{\pi} |\sin x|\, dx + \int_{\pi}^{2\pi} |\sin x|\, dx$$

$$= \int_0^{\pi} |\sin x|\, dx + \int_0^{\pi} |\sin x|\, dx$$

$$= 2\int_0^{\pi} \sin x\, dx = -2\cos x \Big|_0^{\pi}$$

$$= -2(\cos \pi - \cos 0) = 4.$$

習題 7-3

1. 求下列各題的反導函數.

   (1) $f(x) = (\sin x + \cos x)^2$
   (2) $f(x) = \dfrac{\sin 4x}{\cos 2x}$

2. 求函數 f 使得 $f'(x) + \sin x = 0$ 且 $f(0) = 2$.

3. 求函數 f 使得 $f''(x) = x + \cos x$ 且 $f(0) = 1$，$f'(0) = 2$.

4. 求下列各積分.

   (1) $\displaystyle\int \dfrac{1}{1-\sin x}\, dx$
   (2) $\displaystyle\int \dfrac{\cos x}{\sec x + \tan x}\, dx$

(3) $\displaystyle\int_0^{\pi/2} (\cos\theta + 2\sin\theta)\, d\theta$

(4) $\displaystyle\int \frac{\sin\sqrt{x}}{\sqrt{x}}\, dx$

(5) $\displaystyle\int_0^{\pi/6} \sin 2x \sqrt{\cos 2x}\, dx$

(6) $\displaystyle\int \frac{\sec^2 x}{\sqrt{2-\tan x}}\, dx$

(7) $\displaystyle\int \frac{\sec^2\left(\frac{1}{x^3}+1\right)}{x^4} \sqrt[5]{\tan\left(\frac{1}{x^3}+1\right)}\, dx$

(8) $\displaystyle\int_{\pi/3}^{\pi/2} \sqrt{1+\cos x}\, dx$

5. 若 $F(x) = \displaystyle\int_x^2 f(t)\, dt$ 且 $f(t) = \displaystyle\int_1^{2t} \frac{\sin u}{u}\, du$，求 $F''\left(\dfrac{\pi}{4}\right)$.

6. 計算 $\displaystyle\lim_{n\to\infty} \sum_{i=1}^n \left[\sin\left(\frac{\pi i}{n}\right)\right] \frac{\pi}{n}$.

7. 計算 $\displaystyle\lim_{n\to\infty} \frac{\pi}{n} \sum_{k=1}^n \cos\frac{k\pi}{2n}$.

8. 利用適當的代換，對任意正數 n，證明：

$$\int_0^{\pi/2} \sin^n x\, dx = \int_0^{\pi/2} \cos^n x\, dx.$$

9. 試求下列各積分.

(1) $\displaystyle\int_0^{4\pi} |\cos x|\, dx$

(2) $\displaystyle\int_0^{4\pi} |\sin 2x|\, dx$

(3) $\displaystyle\int_{-\pi}^{\pi} |\sin^5 x| \cos x\, dx$

7-4 反三角函數的導函數

我們知道函數 $x = \sin y$ 在區間 $-\dfrac{\pi}{2} < y < \dfrac{\pi}{2}$ 為可微分，所以，其反函數 $y = \sin^{-1} x$ 在區間 $-1 < x < 1$ 亦為可微分．現在，我們列出六個反三角函數的導函數公式．

定理 7-6

(1) $\dfrac{d}{dx} \sin^{-1} x = \dfrac{1}{\sqrt{1-x^2}}$, $|x| < 1$ (2) $\dfrac{d}{dx} \cos^{-1} x = \dfrac{-1}{\sqrt{1-x^2}}$, $|x| < 1$

(3) $\dfrac{d}{dx} \tan^{-1} x = \dfrac{1}{1+x^2}$, $-\infty < x < \infty$ (4) $\dfrac{d}{dx} \cot^{-1} x = \dfrac{-1}{1+x^2}$, $-\infty < x < \infty$

(5) $\dfrac{d}{dx} \sec^{-1} x = \dfrac{1}{x\sqrt{x^2-1}}$, $|x| > 1$ (6) $\dfrac{d}{dx} \csc^{-1} x = \dfrac{-1}{x\sqrt{x^2-1}}$, $|x| > 1$

證 我們僅對 $\sin^{-1} x$、$\tan^{-1} x$ 與 $\sec^{-1} x$ 等的導函數公式予以證明，其餘留給讀者去證明．

(1) 令 $y = \sin^{-1} x$，則 $\sin y = x$，可得 $\cos y \dfrac{dy}{dx} = 1$，故 $\dfrac{dy}{dx} = \dfrac{1}{\cos y}$．

因 $-\dfrac{\pi}{2} < y < \dfrac{\pi}{2}$，故 $\cos y > 0$，所以，$\cos y = \sqrt{1 - \sin^2 y} = \sqrt{1-x^2}$．

於是，$\dfrac{d}{dx} \sin^{-1} x = \dfrac{1}{\sqrt{1-x^2}}$, $|x| < 1$．

(3) 令 $y = \tan^{-1} x$，則 $\tan y = x$，可得 $\sec^2 y \dfrac{dy}{dx} = 1$，

故 $\dfrac{d}{dx} \tan^{-1} x = \dfrac{dy}{dx} = \dfrac{1}{\sec^2 y} = \dfrac{1}{1 + \tan^2 y}$

$$= \frac{1}{1+x^2}, \quad -\infty < x < \infty.$$

(5) 令 $y = \sec^{-1} x$，則 $\sec y = x$，可得 $\sec y \tan y \dfrac{dy}{dx} = 1$，

故 $\dfrac{d}{dx} \sec^{-1} x = \dfrac{dy}{dx} = \dfrac{1}{\sec y \tan y} = \dfrac{1}{x\sqrt{x^2-1}}.$ ❈

若 $u = u(x)$ 為可微分函數，則由連鎖法則可得

$$\frac{d}{dx} \sin^{-1} u = \frac{1}{\sqrt{1-u^2}} \frac{du}{dx}, \quad |u| < 1$$

$$\frac{d}{dx} \cos^{-1} u = \frac{-1}{\sqrt{1-u^2}} \frac{du}{dx}, \quad |u| < 1$$

$$\frac{d}{dx} \tan^{-1} u = \frac{1}{1+u^2} \frac{du}{dx}, \quad -\infty < u < \infty$$

$$\frac{d}{dx} \cot^{-1} u = \frac{-1}{1+u^2} \frac{du}{dx}, \quad -\infty < u < \infty$$

$$\frac{d}{dx} \sec^{-1} u = \frac{1}{u\sqrt{u^2-1}} \frac{du}{dx}, \quad |u| > 1$$

$$\frac{d}{dx} \csc^{-1} u = \frac{-1}{u\sqrt{u^2-1}} \frac{du}{dx}, \quad |u| > 1$$

例題 1 　**解題指引** ☺ 利用公式

設 $y = \sin^{-1}(x^3)$，求 $\dfrac{dy}{dx}$.

解 $\dfrac{dy}{dx} = \dfrac{d}{dx} \sin^{-1}(x^3) = \dfrac{1}{\sqrt{1-(x^3)^2}} \dfrac{d}{dx} x^3 = \dfrac{3x^2}{\sqrt{1-x^6}}.$

例題 2　**解題指引** ☺ 利用公式

設 $y = \tan^{-1}(x - \sqrt{x^2+1})$，求 $\dfrac{dy}{dx}$.

解 $\dfrac{dy}{dx} = \dfrac{d}{dx}\tan^{-1}(x-\sqrt{x^2+1}) = \dfrac{1}{1+(x-\sqrt{x^2+1})^2}\dfrac{d}{dx}(x-\sqrt{x^2+1})$

$= \dfrac{1}{1+(x-\sqrt{x^2+1})^2}\left(1-\dfrac{x}{\sqrt{x^2+1}}\right) = \dfrac{\sqrt{x^2+1}-x}{2(1+x^2-x\sqrt{x^2+1})\sqrt{x^2+1}}$

$= \dfrac{\sqrt{x^2+1}-x}{2(1+x^2)(\sqrt{x^2+1}-x)} = \dfrac{1}{2(1+x^2)}.$

例題 3 **解題指引** ☺ 利用公式

設 $y = \cot^{-1}(\cos x)$，求 $\dfrac{dy}{dx}$。

解 $\dfrac{dy}{dx} = \dfrac{d}{dx}\cot^{-1}(\cos x)$

$= \dfrac{-1}{1+(\cos x)^2}\dfrac{d}{dx}\cos x$

$= \dfrac{-1}{1+\cos^2 x}(-\sin x)$

$= \dfrac{\sin x}{1+\cos^2 x}.$

例題 4 **解題指引** ☺ 利用定理 3-5

試證：$\tan^{-1} x + \cot^{-1} x = \dfrac{\pi}{2}$，$x \in I\!R$。

解 令 $f(x) = \tan^{-1} x + \cot^{-1} x$

則 $f'(x) = \dfrac{1}{1+x^2} + \dfrac{-1}{1+x^2} = 0$

可知 f 為常數函數，即，

$f(x) = C$，$x \in I\!R$

令 $x=0$，可得 $\qquad f(0)=\tan^{-1} 0+\cot^{-1} 0=0+\dfrac{\pi}{2}=\dfrac{\pi}{2}=C$

故 $\qquad f(x)=\dfrac{\pi}{2}, \ x\in \mathbb{R}$

因此， $\qquad \tan^{-1} x+\cot^{-1} x=\dfrac{\pi}{2}.$

習題 7-4

在 1～16 題中，求 $\dfrac{dy}{dx}$.

1. $y=\dfrac{e^x}{\sin^{-1} x}$

2. $y=(1+\cos^{-1} 3x)^3$

3. $y=\tan^{-1}\left(\dfrac{x+1}{x-1}\right)$

4. $y=\cos^{-1}(\ln x)$

5. $y=\sqrt{\cot^{-1} x}$

6. $y=\sec^{-1}\sqrt{x^2-1}$

7. $y=x\tan^{-1}\sqrt{x}$

8. $y=2\sqrt{x-1}\sec^{-1}\sqrt{x}$

9. $y=\tan^{-1}(\sin 2x)$

10. $y=\sqrt{\sec^{-1} 3x}$

11. $y=\csc^{-1}(\sec x),\ 0<x<\dfrac{\pi}{2}$

12. $y=x^3\sin^{-1} x+\cos^{-1}\sqrt{x}$

13. $y=\sin^{-1}\left(\dfrac{\cos x}{1+\sin x}\right)$

14. $y=\cos^{-1}(\sin^{-1} x)$

15. $y=[\sin^{-1}(\tan^{-1} x)]^4$

16. $y=\tan^{-1}\left(\dfrac{1-x}{1+x}\right)$

17. 若 $y=x(\cos^{-1} x)^2-2\sqrt{1-x^2}\cos^{-1} x-2x$，求 $\dfrac{dy}{dx}$.

18. 若 $y=\cos(2\tan^{-1} 3x)$，求 $\dfrac{dy}{dx}$.

19. 若 $f(x) = \tan^{-1} x + \tan^{-1}\left(\dfrac{1}{x}\right)$，求 $f'(x)$.

20. 若 $\sin^{-1}(xy) = \cos^{-1}(x-y)$，求 $\dfrac{dy}{dx}$.

21. 若 x 由 0.25 變到 0.26，利用微分求 $\sin^{-1} x$ 的變化量的近似值.

▶▶ 7-5 與反三角函數有關的積分

我們可利用反三角函數的微分公式去導出與反三角函數有關的積分公式，下列三積分公式留給讀者自證之.

$$\int \frac{dx}{\sqrt{1-x^2}} = \sin^{-1} x + C = -\cos^{-1} x + C, \quad |x| < 1 \tag{7-8}$$

$$\int \frac{dx}{1+x^2} = \tan^{-1} x + C = -\cot^{-1} x + C, \quad x \in \mathbb{R} \tag{7-9}$$

$$\int \frac{dx}{x\sqrt{x^2-1}} = \sec^{-1} x + C = -\csc^{-1} x + C, \quad |x| > 1 \tag{7-10}$$

上面三式可推廣如下：設 $a > 0$.

$$\int \frac{dx}{\sqrt{a^2-x^2}} = \sin^{-1}\frac{x}{a} + C, \quad |x| < a \tag{7-11}$$

$$\int \frac{dx}{a^2+x^2} = \frac{1}{a}\tan^{-1}\frac{x}{a} + C, \quad x \in \mathbb{R} \tag{7-12}$$

$$\int \frac{dx}{x\sqrt{x^2-a^2}} = \frac{1}{a}\sec^{-1}\frac{x}{a} + C, \quad |x| > a \tag{7-13}$$

我們僅證明 (7-11) 式，如下：

證 因 $a>0$，可得 $\sqrt{a^2-x^2}=|a|\sqrt{1-\left(\dfrac{x}{a}\right)^2}=a\sqrt{1-\left(\dfrac{x}{a}\right)^2}$

故 $\displaystyle\int\dfrac{dx}{\sqrt{a^2-x^2}}=\int\dfrac{dx}{a\sqrt{1-\left(\dfrac{x}{a}\right)^2}}=\int\dfrac{d\left(\dfrac{x}{a}\right)}{\sqrt{1-\left(\dfrac{x}{a}\right)^2}}$

$\displaystyle\qquad\qquad\qquad =\int\dfrac{du}{\sqrt{1-u^2}}\quad\left(\text{令}\ u=\dfrac{x}{a}\right)$

$\qquad\qquad\qquad =\sin^{-1}u+C$

$\qquad\qquad\qquad =\sin^{-1}\dfrac{x}{a}+C$

(7-12) 式與 (7-13) 式的證明留給讀者. ✿

在此，若以 u 代 x，則

$$\int\dfrac{du}{\sqrt{a^2-u^2}}=\sin^{-1}\dfrac{u}{a}+C,\quad |u|<a \tag{7-14}$$

$$\int\dfrac{du}{a^2+u^2}=\dfrac{1}{a}\tan^{-1}\dfrac{u}{a}+C,\quad u\in\mathbb{R} \tag{7-15}$$

$$\int\dfrac{du}{u\sqrt{u^2-a^2}}=\dfrac{1}{a}\sec^{-1}\dfrac{u}{a}+C,\quad |u|>a \tag{7-16}$$

例題 1 **解題指引** ☺ 利用 (7-15) 式

求 $\displaystyle\int\dfrac{\sin x}{1+\cos^2 x}\,dx$.

解 $\int \dfrac{\sin x}{1+\cos^2 x} dx = \int \dfrac{-d(\cos x)}{1+\cos^2 x} dx = -\tan^{-1}(\cos x) + C.$

例題 2 **解題指引** ☺ 將分母配成平方和並利用 (7-15) 式及定積分基本定理

求 $\int_2^4 \dfrac{2}{x^2-6x+10} dx.$

解 $\int_2^4 \dfrac{2}{x^2-6x+10} dx = 2\int_2^4 \dfrac{dx}{1+(x^2-6x+9)} = 2\int_2^4 \dfrac{dx}{1+(x-3)^2}$

$= 2\left[\tan^{-1}(x-3)\Big|_2^4\right] = 2\left[\tan 1 - \tan^{-1}(-1)\right]$

$= 2\left[\dfrac{\pi}{4} - \left(-\dfrac{\pi}{4}\right)\right] = \pi.$

例題 3 **解題指引** ☺ 利用 (7-16) 式

求 $\int \dfrac{dx}{x\sqrt{x^6-9}}.$

解 $\int \dfrac{dx}{x\sqrt{x^6-9}} = \int \dfrac{dx}{x\sqrt{(x^3)^2-3^2}} = \dfrac{1}{3}\int \dfrac{3x^2\,dx}{x^3\sqrt{(x^3)^2-3^2}}$

$= \dfrac{1}{3}\int \dfrac{d(x^3)}{x^3\sqrt{(x^3)^2-3^2}} = \dfrac{1}{3}\int \dfrac{du}{u\sqrt{u^2-3^2}}$ 令 $u=x^3$

$= \dfrac{1}{3} \cdot \dfrac{1}{3}\sec^{-1}\left(\dfrac{u}{3}\right) + C = \dfrac{1}{9}\sec^{-1}\left(\dfrac{x^3}{3}\right) + C.$

例題 4 **解題指引** ☺ 利用 u-代換及 (7-15) 式

求 $\int \dfrac{dx}{(x+1)\sqrt{x}}.$

解 令 $u=\sqrt{x}$，則 $x=u^2$，$dx=2u\,du$，故

$$\int \frac{dx}{(x+1)\sqrt{x}} = \int \frac{2u}{u(u^2+1)} du = 2 \int \frac{du}{1+u^2} = 2 \tan^{-1} u + C$$
$$= 2 \tan^{-1} \sqrt{x} + C.$$

例題 5 **解題指引** ☺ 利用定積分之 u-代換

求 $\int_0^{1/\sqrt{2}} \frac{\sin^{-1} x}{\sqrt{1-x^2}} dx.$

解 令 $u = \sin^{-1} x$, 則 $du = \frac{1}{\sqrt{1-x^2}} dx.$

當 $x=0$ 時, $u=0$；當 $x=\frac{1}{\sqrt{2}}$ 時, $u=\frac{\pi}{4}.$

$$\int_0^{1/\sqrt{2}} \frac{\sin^{-1} x}{\sqrt{1-x^2}} dx = \int_0^{\pi/4} u \, du = \frac{u^2}{2} \bigg|_0^{\pi/4} = \frac{\pi^2}{32}.$$

習題 7-5

求 1~18 題中的積分.

1. $\displaystyle\int \frac{dx}{(1+x^2)\sqrt{\tan^{-1} x}}$

2. $\displaystyle\int \frac{\sin \theta}{\sqrt{4-\cos^2 \theta}} d\theta$

3. $\displaystyle\int \frac{\cos x}{\sqrt{3+\cos^2 x}} dx$

4. $\displaystyle\int_0^{\pi/6} \frac{\sec^2 x}{\sqrt{1-\tan^2 x}} dx$

5. $\displaystyle\int \frac{dx}{x\sqrt{4x^2-9}}$

6. $\displaystyle\int \frac{x}{x^4+16} dx$

7. $\displaystyle\int \frac{dx}{\sqrt{1-4x^2}}$

8. $\displaystyle\int \frac{\tan^{-1} x}{1+x^2} dx$

9. $\int \dfrac{dx}{x^2+2x+5}$

10. $\int \dfrac{x+2}{\sqrt{4-x^2}}\, dx$

11. $\int \dfrac{dx}{\sqrt{2+\tan^2 x}}$

12. $\int \dfrac{dx}{2+\tan^2 x}$

13. $\int_{-\pi/2}^{\pi/2} \dfrac{2\cos\theta}{1+\sin^2\theta}\, d\theta$

14. $\int_{1}^{3} \dfrac{dy}{\sqrt{y}\,(1+y)}$

15. $\int_{1/2}^{3/4} \dfrac{ds}{\sqrt{s}\,\sqrt{1-s}}$

16. $\int_{2}^{4} \dfrac{dy}{2y\sqrt{y-1}}$

17. $\int \dfrac{\sec x \tan x}{1+\sec^2 x}\, dx$

18. $\int \dfrac{dx}{x^2+6x+25}$

▶▶ 7-6 雙曲線函數的微積分

在本節中，我們將研究 e^x 與 e^{-x} 的某些組合，稱為**雙曲線函數**，這些函數有很多工程上的應用．因它們的性質與三角函數有許多類似，故其名稱與符號皆仿照三角函數．

定義 7-1

雙曲線正弦函數，記為 sinh，與雙曲線餘弦函數，記為 cosh，定義如下：

$$\sinh x = \dfrac{e^x - e^{-x}}{2},\quad -\infty < x < \infty$$

$$\cosh x = \dfrac{e^x + e^{-x}}{2},\quad -\infty < x < \infty$$

$y = \sinh x$ 與 $y = \cosh x$ 的圖形如圖 7-6 所示．

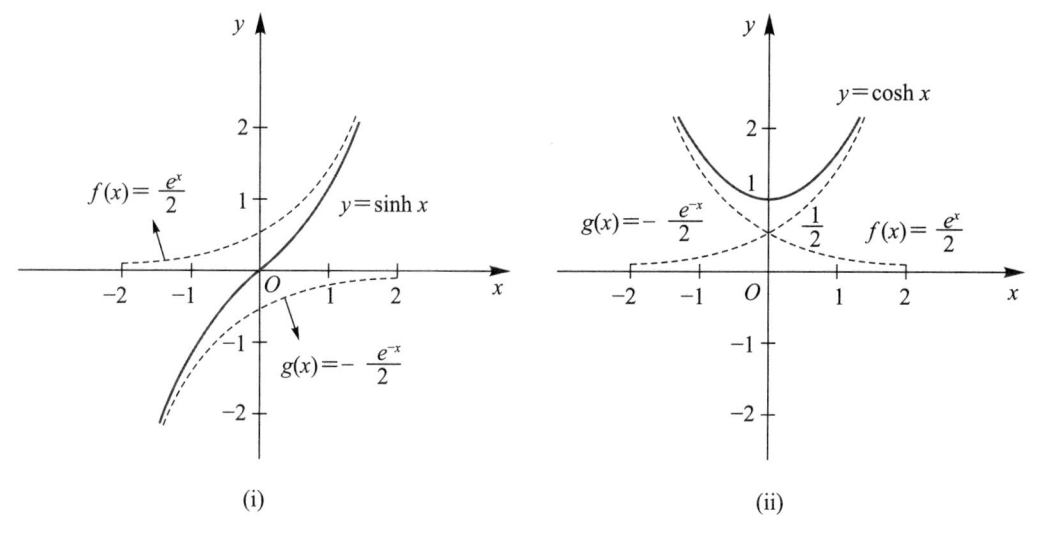

第七章 三角函數、反三角函數與雙曲線函數

(i)

(ii)

圖 7-6

我們舉出雙曲線餘弦函數如何發生在物理問題中的例子來說明. 考慮懸掛在同一高度的兩點之間的均勻柔軟電纜 (例如, 懸掛在兩桿之間的電線), 此電纜構成一條曲線, 稱為**懸鏈線**. 若我們引進一坐標系使得電纜的最低點發生在 y 軸上的 $(0, a)$ 處, 此處 $a > 0$, 則利用物理的原理, 可得電纜所形成曲線的方程式為

$$y = a \cosh \frac{x}{a}$$

此處 a 與電纜的張力以及物理性質有關 (圖 7-7).

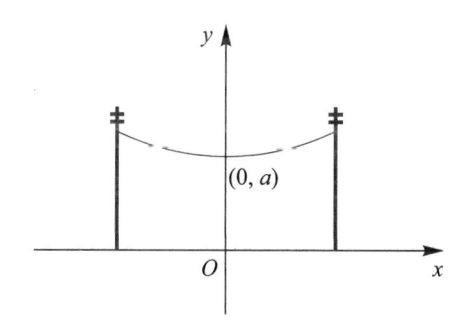

圖 7-7 $y = a \cosh \dfrac{x}{a}$

如同三角函數, 我們可依次將**雙曲線正切函數** tanh、**雙曲線餘切函數** coth、雙曲

線正割函數 sech 與雙曲線餘割函數 csch 定義如下：

定義 7-2

(1) $\tanh x = \dfrac{\sinh x}{\cosh x} = \dfrac{e^x - e^{-x}}{e^x + e^{-x}}, \quad -\infty < x < \infty$

(2) $\coth x = \dfrac{\cosh x}{\sinh x} = \dfrac{e^x + e^{-x}}{e^x - e^{-x}}, \quad x \neq 0$

(3) $\operatorname{sech} x = \dfrac{1}{\cosh x} = \dfrac{2}{e^x + e^{-x}}, \quad -\infty < x < \infty$

(4) $\operatorname{csch} x = \dfrac{1}{\sinh x} = \dfrac{2}{e^x - e^{-x}}, \quad x \neq 0$

其圖形如圖 7-8 所示.

雙曲線函數的一些恆等式與三角函數的恆等式也很類似，我們僅予以列出，其證明留給讀者.

$$\sinh(-x) = -\sinh x, \quad \cosh(-x) = \cosh x$$

$$\cosh^2 x - \sinh^2 x = 1$$

$$\tanh^2 x + \operatorname{sech}^2 x = 1$$

$$\coth^2 x - \operatorname{csch}^2 x = 1$$

$$\sinh(x \pm y) = \sinh x \cosh y \pm \cosh x \sinh y$$

$$\cosh(x \pm y) = \cosh x \cosh y \pm \sinh x \sinh y$$

$$\sinh 2x = 2 \sinh x \cosh x$$

$$\cosh 2x = \cosh^2 x + \sinh^2 x = 2\cosh^2 x - 1 = 1 + 2\sinh^2 x$$

註：恆等式 $\cosh^2 x - \sinh^2 x = 1$ 告訴我們點 $(\cosh \theta, \sinh \theta)$ 在雙曲線 $x^2 - y^2 = 1$ 的右枝上，這就是取名為雙曲線函數的緣故 (圖 7-9).

我們由定義 7-1 很容易得到 $\sinh x$ 與 $\cosh x$ 的導函數公式. 例如，

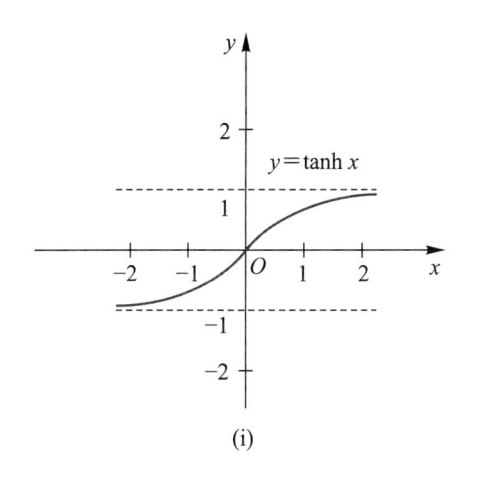

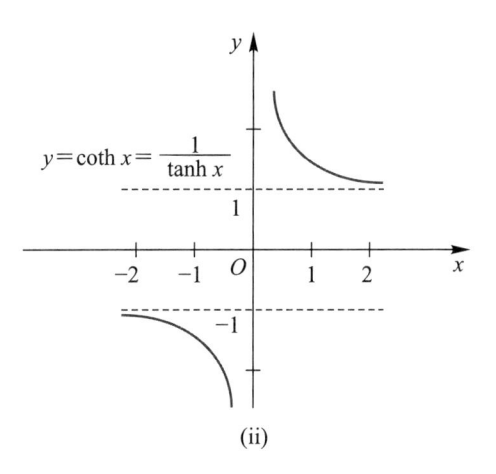

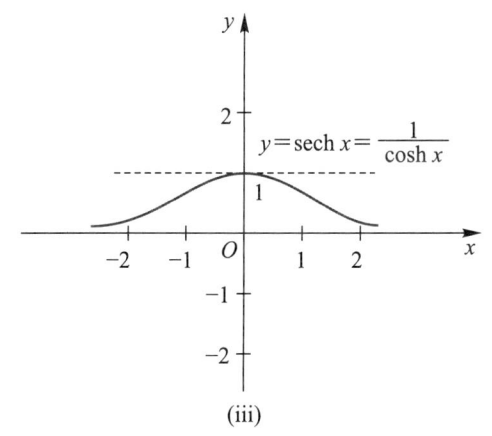

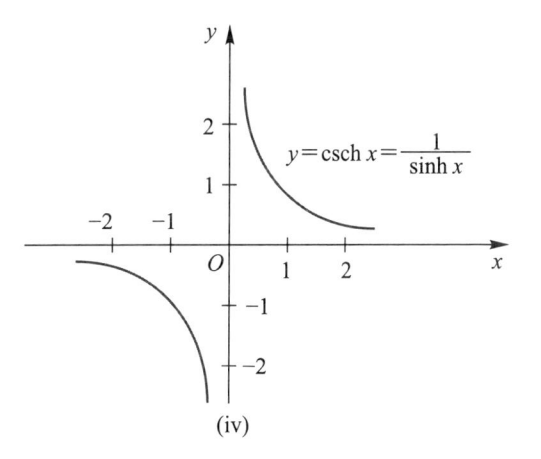

第七章 三角函數、反三角函數與雙曲線函數

(i) $y = \tanh x$

(ii) $y = \coth x = \dfrac{1}{\tanh x}$

(iii) $y = \text{sech}\, x = \dfrac{1}{\cosh x}$

(iv) $y = \text{csch}\, x = \dfrac{1}{\sinh x}$

圖 7-8

$(\cosh\theta, \sinh\theta)$

$(1, 0)$

$x^2 - y^2 = 1$

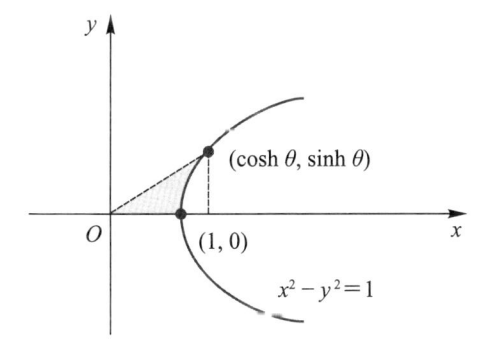

圖 7-9

$$\frac{d}{dx}\sinh x = \frac{d}{dx}\left(\frac{e^x - e^{-x}}{2}\right) = \frac{e^x + e^{-x}}{2} = \cosh x$$

同理,
$$\frac{d}{dx}\cosh x = \sinh x$$

其餘雙曲線函數的導函數可由先將這些雙曲線函數用 $\sinh x$ 與 $\cosh x$ 來表示再求得.

$$\frac{d}{dx}\tanh x = \frac{d}{dx}\left(\frac{\sinh x}{\cosh x}\right)$$

$$= \frac{\cosh x \dfrac{d}{dx}\sinh x - \sinh x \dfrac{d}{dx}\cosh x}{\cosh^2 x}$$

$$= \frac{\cosh^2 x - \sinh^2 x}{\cosh^2 x} = \frac{1}{\cosh^2 x}$$

$$= \text{sech}^2 x.$$

定理 7-7

若 $u = u(x)$ 為可微分函數,則

(1) $\dfrac{d}{dx}\sinh u = \cosh u \dfrac{du}{dx}$ 　　(2) $\dfrac{d}{dx}\cosh u = \sinh u \dfrac{du}{dx}$

(3) $\dfrac{d}{dx}\tanh u = \text{sech}^2 u \dfrac{du}{dx}$ 　　(4) $\dfrac{d}{dx}\coth u = -\text{csch}^2 u \dfrac{du}{dx}$

(5) $\dfrac{d}{dx}\text{sech}\, u = -\text{sech}\, u \tanh u \dfrac{du}{dx}$ 　　(6) $\dfrac{d}{dx}\text{csch}\, u = -\text{csch}\, u \coth u \dfrac{du}{dx}$

註:除了正負號形式的差異外,這些公式與三角函數的導函數公式相似.

由雙曲線函數的公式可導出不定積分公式.

定理 7-8

(1) $\displaystyle\int \cosh u\, du = \sinh u + C$ (2) $\displaystyle\int \sinh u\, du = \cosh u + C$

(3) $\displaystyle\int \text{sech}^2 u\, du = \tanh u + C$ (4) $\displaystyle\int \text{csch}^2 u\, du = -\coth u + C$

(5) $\displaystyle\int \text{sech}\, u \tanh u\, du = -\text{sech}\, u + C$ (6) $\displaystyle\int \text{csch}\, u \coth u\, du = -\text{csch}\, u + C$

例題 1 **解題指引** ☺ 利用定理 7-7

若 $y = \cosh \sqrt{x}$，求 $\dfrac{dy}{dx}$.

解 $\dfrac{dy}{dx} = \dfrac{d}{dx} \cosh \sqrt{x} = \sinh \sqrt{x} \cdot \dfrac{d}{dx} \sqrt{x} = \dfrac{\sinh \sqrt{x}}{2\sqrt{x}}$.

例題 2 **解題指引** ☺ 利用公式 $\dfrac{d}{dx} \ln u = \dfrac{1}{u} \dfrac{du}{dx}$

若 $y = \ln \tanh x$，求 $\dfrac{dy}{dx}$.

解 $\dfrac{dy}{dx} = \dfrac{d}{dx} \ln \tanh x = \dfrac{1}{\tanh x} \dfrac{d}{dx} \tanh x = \dfrac{\text{sech}^2 x}{\tanh x}$

$\qquad = \dfrac{2}{\sinh 2x}$.

例題 3 **解題指引** ☺ 隱函數微分法

若 $\sinh(xy) = ye^x$，求 $\dfrac{dy}{dx}$.

解 $\dfrac{d}{dx} \sinh(xy) = \dfrac{d}{dx}(ye^x)$

$$\cosh(xy)\left(x\frac{dy}{dx}+y\right)=ye^x+e^x\frac{dy}{dx}$$

即，
$$[x\cosh(xy)-e^x]\frac{dy}{dx}=y[e^x-\cosh(xy)]$$

故
$$\frac{dy}{dx}=\frac{y[e^x-\cosh(xy)]}{x\cosh(xy)-e^x}.$$

例題 4 **解題指引** ☺ 令 $u=\cosh 4x$，作 u-代換

求 $\displaystyle\int \sinh 4x \cosh^3 4x\, dx$.

解 令 $u=\cosh 4x$，則 $du=4\sinh 4x\, dx$，$\sinh 4x\, dx = \dfrac{du}{4}$，

故 $\displaystyle\int \sinh 4x \cosh^3 4x\, dx = \frac{1}{4}\int u^3\, du = \frac{1}{16}u^4+C$

$$=\frac{1}{16}\cosh^4 4x+C.$$

例題 5 **解題指引** ☺ 定積分之 u-代換

求 $\displaystyle\int_0^3 \sinh\frac{x}{3}\, dx$.

解 令 $u=\dfrac{x}{3}$，則 $du=\dfrac{1}{3}dx$，當 $x=0$ 時，$u=0$；當 $x=3$ 時，$u=1$.

故 $\displaystyle\int_0^3 \sinh\frac{x}{3}\, dx = 3\int_0^1 \sinh u\, du = 3\cosh u\Big|_0^1$

$$=3\cosh(1)-3\cosh(0)=3\left(\frac{e+e^{-1}}{2}\right)-3.$$

習題 7-6

在 1～6 題中，求 $\dfrac{dy}{dx}$.

1. $y = \sinh(2x^2 + 3)$

2. $y = \operatorname{csch}\left(\dfrac{x}{2}\right)$

3. $y = \sqrt{\operatorname{sech} 5x}$

4. $y = e^{3x} \operatorname{scch} x$

5. $y = \dfrac{1}{1 + \tanh x}$

6. $y = \dfrac{1 + \cosh x}{1 - \cosh x}$

7. 若 $x^2 \tanh y = \ln y$，求 $\dfrac{dy}{dx}$.

8. 試證：圖 7-9 中灰色部分的面積 $A(\theta)$ 為 $\dfrac{\theta}{2}$.

$\left(\text{提示}：A(\theta) = \dfrac{1}{2}\cosh\theta \sinh\theta - \displaystyle\int_1^{\cosh\theta}\sqrt{x^2 - 1}\,dx\text{，然後利用微積分基本定理證明}\right.$

$\left.A'(\theta) = \dfrac{1}{2}\text{ 對所有 }\theta\text{ 皆成立}.\right)$

求下列各不定積分.

9. $\displaystyle\int x \operatorname{sech}^2(x^2)\,dx$

10. $\displaystyle\int \dfrac{\cosh\sqrt{x}}{\sqrt{x}}\,dx$

11. $\displaystyle\int \tanh x\,dx$

12. $\displaystyle\int \sinh x \cosh x\,dx$

習題答案

第 1 章 函數的極限與連續

習題 1-1

1. -3 **2.** $\dfrac{1}{2}$ **3.** -15 **4.** 4 **5.** $\dfrac{1}{2\sqrt{2}}$ **6.** 12 **7.** $-\dfrac{1}{x^2}$ **8.** $\dfrac{2}{3}$ **9.** $-\dfrac{1}{16}$

10. $\dfrac{1}{4}$ **11.** 60 **12.** 243 **13.** $\dfrac{3}{8}$ **14.** 28 **15.** -2 **16.** $\dfrac{71}{96}$ **17.** $4x+1$

18. $2ax+b$ **19.** $\dfrac{1}{2\sqrt{x+1}}$ **20.** 6 **21.** $-\dfrac{1}{2}$ **22.** $\dfrac{1}{3}$ **23.** $\dfrac{n(n+1)}{2}$

24. -1 **25.** 5 **26.** 0 **27.** 0 **28.** 0 **29.** 略 **30.** 4

習題 1-2

1. 1 **2.** $\dfrac{11}{5}$ **3.** 0 **4.** 不存在 **5.** 1 **6.** 不存在 **7.** 0 **8.** -1 **9.** 不存在

10. -1 **11.** 0 **12.** 不存在 **13.** -1 **14.** 不存在 **15.** $\dfrac{1}{\sqrt{2a}}$

16. (i) $\lim\limits_{x\to 2} f(x)$ 不存在   (ii) $\lim\limits_{x\to 2} g(x)$ 不存在   (iii) $\lim\limits_{x\to 2} [f(x)g(x)] = 32$

17. $\lim\limits_{x\to 2^+} f(x)=4$ $\lim\limits_{x\to 2^-} f(x)=6$ **18.** $\lim\limits_{x\to 2^+} f(x)=0$ $\lim\limits_{x\to 2^-} f(x)=8$ **19.** 1

習題 1-3

1. $f(x)$ 在 $x=-1$ 為不連續，因為 $f(-1)$ 無定義.

2. $f(x)$ 在 $x=2$ 為不連續，因為 $f(2)$ 無定義.

3. $f(x)$ 在 $x=1$ 為不連續，因為 $f(1)$ 無定義.

4. $f(x)$ 在 $x=-1$ 為不連續，因為 $\lim\limits_{x\to-1} f(x)=\lim\limits_{x\to-1}\dfrac{x^2-1}{x+1}=\lim\limits_{x\to-1}(x-1)=-2$，$f(-1)=6$，而 $\lim\limits_{x\to-1} f(x)\neq f(-1)$.

5. 在 $\{x\mid x=n,\ n\ \text{為整數}\}$ 為不連續，因為 $\lim\limits_{x\to n^+} f(x)=0$，$\lim\limits_{x\to n^-} f(x)=1$，$\lim\limits_{x\to n} f(x)$ 不存在.

6. $f(2)$ 不可定義，$f(x)$ 於 $x=2$ 不連續

7. 在 $x=2$ 不連續 **8.** 在 $x=0$ 不連續 **9.** 在 $x=-1$ 不連續

10. (1) 可移去不連續 (2) $f(-1)=-2$ **11.** -4 **12.** 略 **13.** $k=\dfrac{1}{6}$

14. $a=-2$, $b=-6$ **15.** $b=-3$, $c=4$

16. $f(x)$ 在 $x=4$ 為連續 **17.** $f(x)$ 在 $x=8$ 為連續

18. $f(x)$ 在 $x=0$ 為連續 **19.** $f(x)$ 在 $x=2$ 為連續

習題 1-4

1. $\dfrac{1}{2}$ **2.** 0 **3.** -4 **4.** $\dfrac{3}{2}$ **5.** -1 **6.** ∞

7. $-\infty$ **8.** $-\infty$ **9.** ∞ **10.** $-\infty$ **11.** 不存在

12. $x=-2$ 為函數圖形的垂直漸近線

$y=\dfrac{3}{2}$ 為水平漸近線

13. $x=3$，$x=-3$ 為函數圖形的垂直漸近線

$y=-2$ 為函數圖形的水平漸近線

14. $x=\dfrac{9}{2}$ 為函數圖形的垂直漸近線

$y=\dfrac{3}{4}$ 為函數圖形的水平漸近線

15. $x=2$ 為函數圖形的垂直漸近線

$y=1$ 為函數圖形的水平漸近線

16. 直線 $x=2$ 為垂直漸近線

直線 $y=2x+3$ 為斜漸近線

17. 直線 $x=0$ (y-軸) 為垂直漸近線

　　 直線 $y=-\dfrac{1}{2}x$ 為斜漸近線

18. 0 **19.** $\dfrac{3}{2}$ **20.** -5 **21.** ∞ **22.** 4 **23.** $a=1$, $b=3$, $\dfrac{2}{3}$

24. $x=-3$ 為函數圖形的垂直漸近線

　　 $x=1$ 為函數圖形的垂直漸近線

　　 $y=1$ 為函數圖形的水平漸近線

25. $x=2$ 與 $x=-2$ 為函數圖形的垂直漸近線

　　 $y=1$ 與 $y=-1$ 為函數圖形的水平漸近線

26. (i) 曲線無水平漸近線

　　 (ii) $x=-3$ 不為垂直漸近線

　　 (iii) 曲線之斜漸近線為 $y=x-\dfrac{3}{2}$.

第 2 章　微分法

習題 2-1

1. $\dfrac{1}{4}$　**2.** $-\dfrac{1}{2}$　**3.** 切線方程式：$5x-y-8=0$，法線方程式：$x+5y-12=0$

4. 切線方程式：$x-4y+4=0$，法線方程式：$4x+y-18=0$

5. 切線方程式：$2x+y-3=0$，法線方程式：$x-2y+1=0$

6. 切線方程式：$2\sqrt{2}\,x+2y-3\sqrt{2}=0$，法線方程式：$2x-2\sqrt{2}\,y+3=0$

7. 切線方程式：$2x+y-2=0$，法線方程式：$2x-4y+3=0$

8. $\left(\dfrac{5}{4},\ \dfrac{1}{2}\right)$　**9.** $f(a)-af'(a)$　**10.** $5f'(a)$　**11.** -186　**12.** $\mathbb{R}$　**13.** $\{x\mid x\neq 1\}$

14. $(-\infty,\ 4)$　**15.** $(0,\ \infty)$　**16.** $\mathbb{R}$　**17.** $\{x\mid x\neq 2\}$　**18.** 否

19. 是　**20.** 略　**21.** 0　**22.** $a=1$, $b=-1$　**23.** 0　**24.** 略

習題 2-2

1. $18x^2 - 10x + 1$ 2. $10x^4 + 15x^2 - 28x + 3$ 3. $-\dfrac{3}{2\sqrt{x+1}\sqrt{(x-2)^3}}$

4. $-\dfrac{2(4t^2 + 15t - 27)}{(t^2 - 2t + 3)^2}$ 5. $-\dfrac{1 + 2x + 3x^2}{(1 + x + x^2 + x^3)^2}$ 6. $\dfrac{x(x^2 + 6)}{(x^2 + 4)^{3/2}}$

7. $(1+x)(2+x^2)^{1/2}(3+x^3)^{1/3}\left(\dfrac{1}{1+x} + \dfrac{x}{2+x^2} + \dfrac{x^2}{3+x^3}\right)$

8. $72z^5 + 60z^4 - 64z^3 - 66z^2 - 82z - 42$ 9. $(x^2+1)^3(9x^2+1)$

10. $6\left(\dfrac{3x^2-1}{2x+1}\right)^2 \dfrac{3x^2+3x+1}{(2x+1)^2}$ 11. $6(5x^2-4x+1)^5(10x-4)$ 12. 2

13. $\dfrac{dy}{dx} = \begin{cases} -2, & \text{若 } x < -1 \\ 0, & \text{若 } -1 < x < 5 \\ 2, & \text{若 } x > 5 \end{cases}$ 14. $a = -3,\ b = 2,\ c = 1$ 15. (1) 略 (2) 0

16. $a = 2,\ b = -1$ 17. $g'(x) = \begin{cases} \dfrac{2}{3}(2x)^{-2/3}, & x > 0 \\ \text{不存在}, & x = 0 \\ 0, & x < 0 \end{cases}$ 18. $40x - 16y - 99 = 0$

19. 切線方程式：$2x + y + 7 = 0$，法線方程式：$x - 2y + 1 = 0$ 20. $\left(\dfrac{1}{2},\ \dfrac{17}{4}\right)$

21. $(0, 2)$、$(1, 1)$ 與 $(-1, 1)$

22. 當 $x = 0$ 時 $f'(x) = 0$；當 $x = \pm 1$ 時，$f'(x)$ 不存在.

23. $2 - \dfrac{2x+1}{\sqrt{x^2+x}}$ 24. $2x + y - 9 = 0$ 或 $2x - y + 1 = 0$ 25. 1

26. (1) $\dfrac{6}{x^4}$ (2) $\dfrac{1}{4x^{3/2}}$ (3) $\dfrac{3(x-1)}{4x^{3/2}}$ (4) $4(3x-2)^{-2/3}$ (5) $2 - \dfrac{1}{4}(x+1)^{-3/2}$

27. $\dfrac{4}{125}$ 28. $f^{(n)}(x) = 2(-1)^n n!\,(1+x)^{-n-1}$

29. $f^{(n)}(x) = (-1)^{n-1} 2^{-n} 1 \cdot 3 \cdot 5 \cdots (2n-3) x^{(1/2)-n}$，$n \geq 2$ 且 $n \in \mathbb{Z}$

30. $f^{(n)}(x) = (n+1)!\,(1-x)^{-(n+2)}$ 31. 略

32. $f'(x)=\begin{cases}2x, & \text{若 } x\leq 1\\ 2, & \text{若 } x>1\end{cases}$ $f''(x)=\begin{cases}2, & \text{若 } x<1\\ 0, & \text{若 } x>1\end{cases}$

33. 切線方程式為 $y-3=24(x-2)$ 或 $24x-y-45=0$；

　　法線方程式為 $y-3=-\dfrac{1}{24}(x-2)$ 或 $x+24y-74=0$

習題 2-3

1. (1) $r'(8)=\dfrac{1}{4\sqrt[3]{4}}$ 厘米／分　(2) $V'(8)=36\pi$ 立方厘米／分

　　(3) $S'(8)=6\sqrt[3]{4}\,\pi$ 平方厘米／分

2. $V'(5)=-\dfrac{8}{3}$ 立方厘米／分

3. $v(t)=144-32t$ 呎／秒，$a(t)=-32$ 呎／秒^2．$v(3)=48$ 呎／秒，$a(3)=-32$ 呎／秒^2．
   最大高度為 324 呎，砲彈在 9 秒後撞擊地面

4. 10 吋／秒，20 吋／秒，2.8 秒

5. $a(2)=-6$ 米／秒^2，$a(3)=6$ 米／秒^2，$v\left(\dfrac{10}{3}\right)=\dfrac{44}{3}$ 米／秒

6. -0.12 單位／呎　7. 略　8. 略　9. $\dfrac{9}{5}$　10. 1115.67 元　11. $-\dfrac{q^2}{p^2}$

12. 0.096 歐姆／秒　13. $-\dfrac{1}{4\pi C\sqrt{LC}}$　14. 50.3 安培　15. 8 安培，4 秒

習題 2-4

1. $20x-y-19=0$　2. $mv\dfrac{dv}{dt}$　3. 15　4. 略　5. 1

6. $\dfrac{8x^2-6x+1}{|2x-1|}$，$x\neq \dfrac{1}{2}$　7. 27　8. 16　9. 略

10. (1) $\dfrac{1}{4}x^{-3/4}$　(2) $\dfrac{3}{4}x^{-1/4}$　11. 略　12. $f''(x)=g''(h(x))(h'(x))^2+g'(h(x))h''(x)$

13. $\dfrac{3x^2}{x^6+4x^3+5}$　14. (1) 略　(2) $f'(x)=\begin{cases}2x-1, & \text{若 } x<0 \text{ 或 } x>1\\ 1-2x, & \text{若 } 0<x<1\end{cases}$

15. $-\dfrac{1}{8\sqrt{1-\sqrt{2-\sqrt{3-x}}}\sqrt{2-\sqrt{3-x}}\sqrt{3-x}}$ **16.** 0

習題 2-5

1. $\dfrac{dy}{dx}=\dfrac{1-2xy-2y^3}{x(x+6y^2)}$ **2.** $\dfrac{dy}{dx}=-\dfrac{y^2}{x^2}$ **3.** $\dfrac{dy}{dx}=-\sqrt{\dfrac{y}{x}}$

4. $\dfrac{dy}{dx}=\dfrac{y}{2\sqrt{xy}-x}$ **5.** $\dfrac{1}{\sqrt{x}(3\sqrt{y}+2)}$ **6.** $3x+y-4=0$ **7.** $2x+y-1=0$ **8.** 略

9. (1) 無窮多個隱函數 (2) 僅有一個隱函數 $f(x)=0$，其定義域為 $\{0\}$.

10. $\dfrac{d^2y}{dx^2}=-\dfrac{2x}{y^5}$ **11.** $\dfrac{d^2y}{dx^2}=-\dfrac{3}{(y-x)^3}$ **12.** $\dfrac{d^2y}{dx^2}=-\dfrac{36}{y^3}$ **13.** -6 **14.** 略

15. 略 **16.** 略 **17.** $\dfrac{ds}{dt}=-\dfrac{s^2+3t^2}{2st}$；$\dfrac{dt}{ds}=-\dfrac{2st}{s^2+3t^2}$

習題 2-6

1. $\Delta y=(6x+5)\Delta x+3(\Delta x)^2$, $dy=(6x+5)dx$, $dy-\Delta y=-3(\Delta x)^2$

2. $\Delta y=-\dfrac{\Delta x}{x(x+\Delta x)}$, $dy=-\dfrac{1}{x^2}dx$, $dy-\Delta y=-\dfrac{(\Delta x)^2}{x^2(x+\Delta x)}$

3. $\Delta y=4x^3\Delta x+6x^2(\Delta x)^2+4x(\Delta x)^3+(\Delta x)^4$, $dy=4x^3 dx$,
$dy-\Delta y=-6x^2(\Delta x)^2-4x(\Delta x)^3-(\Delta x)^4$

4. $\Delta y=-\dfrac{2x(\Delta x)+(\Delta x)^2}{x^2(x+\Delta x)^2}$, $dy=-\dfrac{2}{x^3}dx$, $dy-\Delta y=-\dfrac{3x(\Delta x)^2+2(\Delta x)^3}{x^3(x+\Delta x)^2}$

5. $\Delta y\approx dy=-1.3$ **6.** 2.9967 **7.** 253.44 **8.** 2.0117

9. $L(x)=1+\dfrac{1}{3}x$, $\sqrt[3]{0.95}\approx 0.9833$ **10.** 0.400733 **11.** (1) 1.01 (2) 1.003

12. (1) ± 1875 立方厘米

   (2) 邊長之百分誤差大約 $\pm 4\%$，體積之百分誤差大約 $\pm 12\%$

13. 0.251 平方米 **14.** 0.236 立方厘米 **15.** 略 **16.** 略

習題 2-7

1. $\dfrac{1}{11}$　2. $\dfrac{1}{8}$　3. $\dfrac{1}{5}$　4. $\dfrac{1}{9}$　5. $x-13y+16=0$　6. $\dfrac{1}{13}$

7. 切線方程式為 $y-(-1)=\dfrac{1}{12}(x-0)$ 或 $x-12y-12=0$　8. $\dfrac{88}{7}$

第 3 章　微分的應用

習題 3-1

1. 極大值 7，極小值 -20　2. 極大值 $\dfrac{\sqrt{2}}{4}$，極小值 $-\dfrac{1}{3}$

3. 極大值 $2\sqrt[3]{18}$，極小值 0　4. 極大值 17，極小值 1

5. 極大值 18，極小值 0　6. 極大值 2，極小值 $-\dfrac{1}{4}$

7. 極小值

習題 3-2

1. $c=\dfrac{2}{\sqrt{3}}$　2. 略　3. 略　4. 略　5. 略　6. 略　7. 略　8. 略　9. $c=3$

10. $c=1$　11. $c=2-\sqrt{3}$　12. $c=\dfrac{5}{4}$　13. $c=2\sqrt{3}$　14. 略　15. 略　16. 略

17. 2.00026　18. 略　19. 略　20. 略

習題 3-3

1. 略

2. (1) 遞增區間：$(-\infty, -2]$ 與 $[0, \infty)$，遞減區間：$[-2, 0]$
   (2) 遞增區間：$[-1, 1]$，遞減區間：$(-\infty, -1]$ 與 $[1, \infty)$
   (3) 遞增區間：$[1, \infty)$，遞減區間：$[0, 1]$
   (4) 遞增區間：$(-\infty, 1]$ 與 $[3, \infty)$，遞減區間：$[1, 3]$

3. 相對極大值 $1+\dfrac{2}{3\sqrt{3}}$，相對極小值 $1-\dfrac{2}{3\sqrt{3}}$

4. 相對極大值 1，相對極小值 0，相對極大值 1

5. 相對極小值 $-\dfrac{1}{2}$，相對極大值 $\dfrac{1}{2}$

6. 無相對極值，相對極大值 $\dfrac{1}{4}$

7. 相對極小值 $-\dfrac{1}{2}$，相對極大值 $\dfrac{1}{2}$

8. 相對極大值 -2，無相對極值，相對極小值 2

9. 相對極大值 4，相對極小值 0

10. $f(x)=\dfrac{1}{9}(2x^3+3x^2-12x+7)$　**11.** 略

習題 3-4

1. 相對極大值 1，相對極小值 0　**2.** 相對極小值 0

3. 相對極小值 $-\dfrac{43}{16}$　**4.** 相對極大值 0，相對極小值 -1

5. 相對極大值 0，相對極小值 $-\dfrac{1}{4}$

6. 相對極大值 4，相對極小值 0　**7.** 略　**8.** 略

9. $\left(-\dfrac{\sqrt{15}}{15},-\dfrac{7}{8}\right)$ 與 $\left(\dfrac{\sqrt{15}}{15},-\dfrac{7}{8}\right)$ 為反曲點

10. 相對極大值 1，f 的圖形在 $\left(-\infty,-\dfrac{\sqrt{3}}{3}\right)$ 與 $\left(\dfrac{\sqrt{3}}{3},\infty\right)$ 皆為上凹，而在 $\left(-\dfrac{\sqrt{3}}{3},\dfrac{\sqrt{3}}{3}\right)$ 為下凹

11. $a=\dfrac{39}{8}$，$b=\dfrac{13}{2}$　**12.** f 為遞增　**13.** 略　**14.** 略

15. $a=1$，$b=-3$，$c=3$　**16.** 略

習題　3-5

1. 圖：極大值 $(-2, 9)$，極小值 $(-1, 7)$，$(0, 5)$

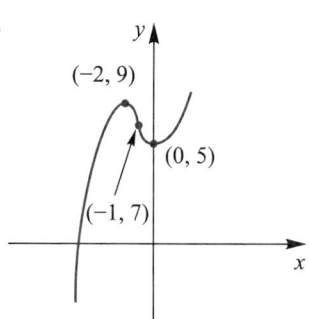

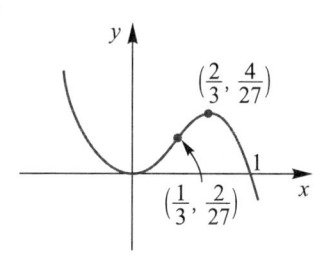

2. 圖：極大值 $\left(\dfrac{2}{3}, \dfrac{4}{27}\right)$，極小值 $\left(\dfrac{1}{3}, \dfrac{2}{27}\right)$

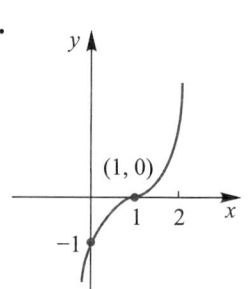

3. 圖：$(1, 0)$，-1

4. 圖：極小值 $\left(-\dfrac{\sqrt{3}}{3}, \dfrac{4}{9}\right)$，$\left(\dfrac{\sqrt{3}}{3}, \dfrac{4}{9}\right)$

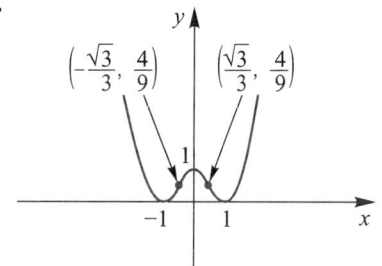

5. 圖：極小值 $(-1, -2)$，$(0, -1)$

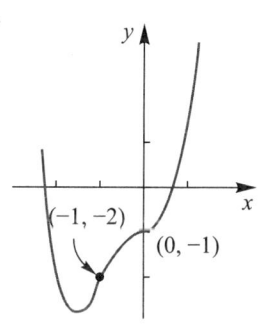

6. 圖：$(2, 0)$

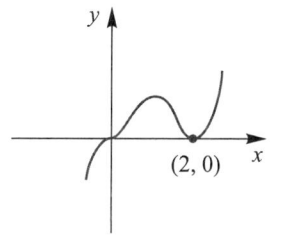

7. 圖：鉛直漸近線 $x = -1$，$x = 1$

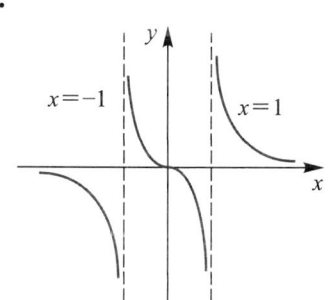

8. 圖：水平漸近線 $y = 1$，鉛直漸近線 $x = 2$

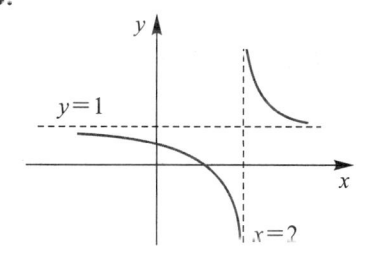

9.

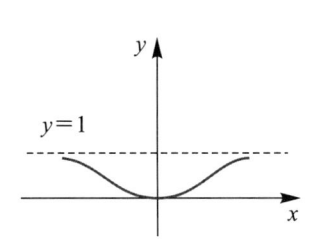

10.

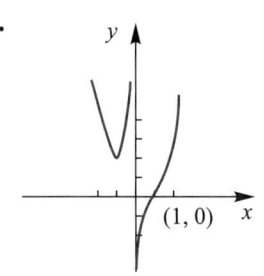

11.

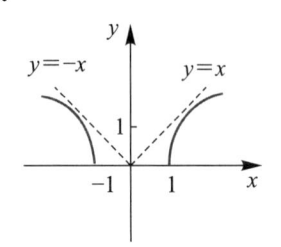

12.

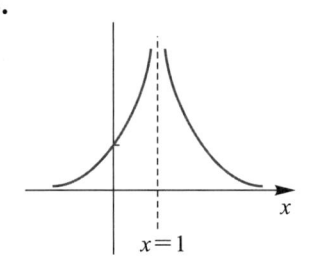

13.

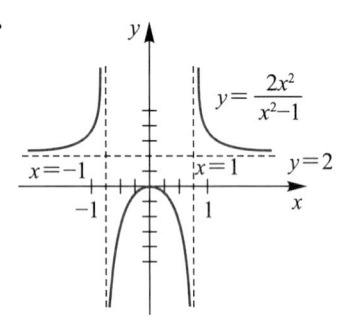

14.

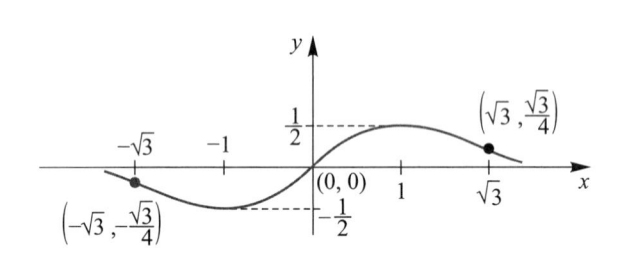

習題 3-6

1. (1) $x=1$ 時，y 為最小　(2) $x=\dfrac{1}{2}$ 時，y 為最大

2. $\dfrac{19600}{27}$　**3.** 重籬笆的邊長 500 呎，標準籬笆的邊長 750 呎　**4.** 略

5. $\sqrt{2}\,r \times \sqrt{2}\,r$　**6.** $\sqrt{2}\,r \times \dfrac{\sqrt{2}}{2}r$　**7.** 內圓錐之高為外圓錐高的 $\dfrac{1}{3}$

8. 矩形的尺寸為 $\dfrac{8\sqrt{3}}{3} \times \dfrac{32}{3}$　**9.** 三角形的兩股分別為 $10\sqrt{2}$ 與 $10\sqrt{2}$

10. 矩形的尺寸為 $\sqrt{2}\,a \times \sqrt{2}\,b$　**11.** 底半徑 $=\dfrac{\sqrt{6}}{3}L$，高 $=\dfrac{\sqrt{3}}{3}L$

習題答案 299

12. 底半徑 $=\dfrac{\sqrt{6}}{3}r$, 高 $=\dfrac{2\sqrt{3}}{3}r$ 13. 底半徑 $=\sqrt{\dfrac{5+\sqrt{5}}{10}}r$, 高 $=2\sqrt{\dfrac{5-\sqrt{5}}{10}}r$

14. $\dfrac{2\sqrt{3}}{27}\pi r^3$ 15. 略   16. (1) $\dfrac{3}{4}$ (2) $\dfrac{3}{16}$

17. 底半徑 $=\dfrac{2\sqrt{2}}{3}r$, 高 $=\dfrac{4}{3}r$ 18. 20 與 -20 19. 兩正數皆為 20

20. $\dfrac{p}{3} \times \dfrac{p}{6}$ 21. $\dfrac{p}{4+\pi}$ 22. 底半徑 $=\sqrt[6]{\dfrac{450}{\pi^2}}$ 吋, 高 $=\dfrac{30}{\pi}\sqrt[3]{\dfrac{\pi^2}{450}}$ 吋

23. 點 $(\sqrt{2}, 1)$ 與點 $(-\sqrt{2}, 1)$ 24. -3 25. 底半徑 $=\sqrt{2}\,r$, 高 $=4r$

26. 37 棵   27. 略

習題 3-7

1. (1) $\dfrac{dA}{dt}=2\pi r\dfrac{dr}{dt}$ (2) 20π 平方吋／秒

2. (1) $\dfrac{dV}{dt}=\pi\left(r^2\dfrac{dh}{dt}+2rh\dfrac{dr}{dt}\right)$ (2) -20π 立方吋／秒, 體積減少

3. $\dfrac{5}{6}$ 呎／秒   4. (1) $\dfrac{dl}{dt}=\dfrac{1}{l}\left(x\dfrac{dx}{dt}+y\dfrac{dy}{dt}\right)$ (2) $\dfrac{1}{10}$ 呎／秒, 對角線減少

5. 180π 平方呎／秒   6. $\dfrac{8}{9\pi}$ 呎／分   7. 125π 立方呎／分

8. (1) $-\dfrac{3}{2}$ 呎／秒   (2) 以 $\dfrac{9}{2}$ 呎／秒的速率向街燈靠近

9. $-\dfrac{172}{17}$ 哩／時 (負號表示兩船在下午 1 點 30 分時的距離為遞減)

10. -7.59 呎／秒   11. 體積以 3.214 立方厘米／秒之速率縮小

12. 0.02 歐姆／秒

習題 3-8

1. 2.6458　**2.** 1.2599　**3.** 1.24573　**4.** 0.5641　**5.** 1.1640

第 4 章　不定積分

習題 4-1

1. $F(x)=\dfrac{1}{3}x^3-x+C$　**2.** $F(x)=x^3+x^2+x+C$　**3.** $2\sqrt{x}+C$

4. $F(x)=\dfrac{3}{2}x^{2/3}+C$　**5.** $F(x)=\dfrac{2}{3}x^{3/2}+x+C$

6. $\dfrac{1}{15}(x^3-2)^5+C$　**7.** $\dfrac{2}{9}(5x^3+3x-2)^{3/2}+C$

8. $\dfrac{3}{2}\sqrt{2x^2+5}+C$　**9.** $\dfrac{2}{3}(\sqrt{x}+3)^3+C$　**10.** $-\dfrac{1}{3(x^3-1)}+C$

11. $-\dfrac{1}{4}\left(1+\dfrac{1}{x}\right)^4+C$　**12.** $-\dfrac{2}{1+\sqrt{x}}+C$　**13.** $-\dfrac{2}{9}\left(1+\dfrac{1}{x^3}\right)^{3/2}+C$

14. $\dfrac{3}{4}x\sqrt[3]{x}+\dfrac{5}{4}$

習題 4-2

1. $-\dfrac{1}{3(x^3-1)}+C$

2. $\dfrac{3}{20}(1+2x)^{5/3}-\dfrac{3}{8}(1+2x)^{2/3}+C$

3. $\dfrac{3}{7}(x+2)^{7/3}-\dfrac{3}{2}(x+2)^{4/3}+C$

4. $-\dfrac{2}{9}\left(\dfrac{x^3+1}{x^3}\right)^{3/2}+C$

5. $-\dfrac{3}{8}(1-2x^2)^{2/3}+C$

6. $\dfrac{4}{9}(4+x\sqrt{x})^{3/2}+C$

7. $\dfrac{1}{5}\left(x+\dfrac{8}{3}\right)(2x-3)^{3/2}+C$

8. $\dfrac{x}{\sqrt{2x+1}}+C$

9. $\dfrac{1}{20}(2x-1)^{5/2}+\dfrac{1}{6}(2x-1)^{3/2}-\dfrac{3}{4}(2x-1)^{1/2}+C$

習題 4-3

1. $f(x) = \dfrac{1}{168}(1+2x)^7 - \dfrac{x}{12} - \dfrac{1}{168}$

2. (1) $y = \dfrac{2}{3}(3x^2+4)^{1/2} + \dfrac{1}{3}$ (2) $y = \sqrt{6 - \dfrac{2}{x}}$

   (3) $y = \left(\dfrac{1}{3}x^{3/2} + 2\right)^2$ (4) $y = (3x^{1/2}+2)^{2/3}$ (5) $y = \left(\dfrac{1}{4}x^2 + \dfrac{1}{2}x + \dfrac{1}{4}\right)^2$

3. $y = x^3 - 6x + 7$ 4. $y = \dfrac{7}{3} - \dfrac{1}{3}(2-x^2)^{3/2}$ 5. $(x+1)^2 - (y-1)^2 = 4$

6. $(x-5)^2 + (y-3)^2 = 25$ 7. 49 呎   8. 40 呎／秒   9. 25 呎／秒²

10. (1) $s(t) = t^2$ 呎   (2) 初速需 15 呎／秒

11. $F(C) = \dfrac{9}{5}C + 32$ 12. $T(t) = \dfrac{1}{8}t^2 + 10t + 5$ 13. $Q(2) = 4$ 庫侖

14. (1) 5 秒   (2) 272.5 米   (3) 10 秒   (4) −49 米／秒   (5) 大約 12.46 秒
    (6) 73.1 米／秒

第 5 章　定積分

習題 5-1

1. 112   2. $U_f(P) = \dfrac{54}{16}$, $L_f(P) = \dfrac{19}{16}$ 3. $\dfrac{1}{3}$

4. (1) $\dfrac{51}{2}$ (2) $\dfrac{51}{2}$ 5. (1) $\dfrac{1}{3}$ (2) $\dfrac{1}{3}$

6. $\displaystyle\int_0^1 (3x^2 - 5x)\,dx$ 7. $\displaystyle\int_0^4 2\pi x(1+x^3)\,dx$ 8. $\displaystyle\int_{-4}^{-3} (\sqrt[3]{x} + 2x)\,dx$

9. $\dfrac{15}{2}$ 10. (1) $\dfrac{38}{3}$ (2) $\dfrac{38}{3}$ 11. $\dfrac{625}{4}$ 12. 0   13. $\dfrac{15}{2}$ 14. 略

習題 5-2

1. (1) n (2) $\dfrac{n(n-1)}{2}$ (3) 6   2. $\displaystyle\int_1^{12} f(x)\,dx$ 3. $\displaystyle\int_0^8 f(x)\,dx$

4. $\int_7^{10} f(x)\,dx$ **5.** $\int_0^6 f(x)\,dx$ **6.** -9 **7.** $\pi+2$ **8.** 略 **9.** 12 **10.** 1

11. $5-\sqrt{2}-\sqrt{3}$ **12.** 略 **13.** 略 **14.** $c=\dfrac{196}{81}$ **15.** $c=\sqrt{\dfrac{7+2\sqrt{10}}{3}}$

習題 5-3

1. $\dfrac{2}{\sqrt{3}}$ **2.** $-2x\sqrt{x^4+2x^2}$ **3.** $\dfrac{3x^2}{1+x^9}-\dfrac{2x}{1+x^6}$ **4.** $\dfrac{87}{4}$ **5.** $\dfrac{56}{3}$ **6.** $\dfrac{1}{2}+\ln 2$

7. $\dfrac{5}{2}$ **8.** 11 **9.** $\dfrac{20}{3}$ **10.** 略 **11.** $\dfrac{1}{x+\sqrt{x^2+1}}$ **12.** $\dfrac{1}{5}$ **13.** $\dfrac{2}{3}$

習題 5-4

1. $\dfrac{1}{4}$ **2.** $-\dfrac{2}{9}\left(\left(\dfrac{9}{8}\right)^{3/2}-(2)^{3/2}\right)$ **3.** $\dfrac{1}{6}$ **4.** $-\dfrac{4}{9}(4^{4/3}-1)$ **5.** $\dfrac{122}{3}$

6. $\dfrac{1}{10}(3)^{5/2}+\dfrac{5}{6}(3)^{3/2}-\dfrac{14}{15}$ **7.** $\dfrac{4}{9}((31)^{3/2}-(5)^{3/2})$

第 6 章　指數函數與對數函數

習題 6-1

1. (1) $R_f=\mathbb{R}$ (2) $R_g=(-\infty,\ \ln 4]$ (3) $R_F=\mathbb{R}$ (4) $R_G=\mathbb{R}$

2. (1) e^x-3 (2) $\log_{10}(\log_2 x)$ (3) $\ln\left(\dfrac{y-1}{y+1}\right)$

3. (1) 1 (2) -1 (3) e^5 (4) 0 (5) 0

習題 6-2

1. $\dfrac{1}{3}$ **2.** $\dfrac{dy}{dx}=\dfrac{30x}{5x^2+1}$ **3.** $\dfrac{dy}{dx}=\dfrac{2}{x(2+\ln x)^2}$ **4.** $\dfrac{dy}{dx}=\dfrac{1}{\sqrt{x^2-1}}$

5. $\dfrac{dy}{dx}=\dfrac{1}{4x\sqrt{\ln\sqrt{x}}}$ **6.** $\dfrac{dy}{dx}=\dfrac{1}{x}-\dfrac{2x}{1+x^2}\dfrac{1-x^2}{x(1+x^2)}$

7. $\dfrac{dy}{dx} = \dfrac{3x^2-1}{(x^3-x)\ln 5}$ 8. $\dfrac{dy}{dx} = \dfrac{1}{x \ln x \ln(\ln x)}$

9. $\dfrac{dy}{dx} = \dfrac{y/x - \ln y}{x/y - \ln x}$ 10. $\dfrac{dy}{dx} = \dfrac{2x - x^2 - y^2}{x^2 + y^2 - 2y}$

11. $\dfrac{dy}{dx} = \dfrac{1}{2}\sqrt{\dfrac{(2x+1)(3x+2)}{4x+3}}\left(\dfrac{2}{2x+1} + \dfrac{3}{3x+2} - \dfrac{4}{4x+3}\right)$

12. $\dfrac{dy}{dx} = x^{x^x}[x^x(1+\ln x)\ln x + x^{x-1}]$

13. 切線方程式：$10x + y - 21 = 0$，法線方程式：$x - 10y + 8 = 0$
14. 0.6982

習題 6-3

1. $\dfrac{dy}{dx} = \dfrac{e^{2x}}{\sqrt{1+e^{2x}}}$ 2. $\dfrac{dy}{dx} = \dfrac{e^{2x} - e^{-2x}}{e^{2x} + e^{-2x}}$ 3. $\dfrac{dy}{dx} = \dfrac{4}{(e^x + e^{-x})^2}$

4. $\dfrac{dy}{dx} = \dfrac{e^x(x \ln x - 1)}{x(\ln x)^2}$ 5. $\dfrac{dy}{dx} = x^{\pi-1}\pi^x(x \ln \pi + \pi)$

6. $\dfrac{dy}{dx} = (\sqrt{2})^{x \ln x}(\ln \sqrt{2})(1 + \ln x)$ 7. $\dfrac{dy}{dx} = \dfrac{2x^{\ln x}\ln x}{x}$

8. $\dfrac{dy}{dx} = \dfrac{y}{2^y \ln 2 - x}$ 9. $\dfrac{dy}{dx} = \dfrac{1 - e^y - ye^x}{xe^y + e^x}$ 10. $\dfrac{dy}{dx} = \dfrac{2 + e^y}{xe^y - \dfrac{1}{y}}$

11. $\dfrac{dy}{dx} = \dfrac{\ln y - \dfrac{y}{x}}{\ln x - \dfrac{x}{y}}$ 12. $y = 3x + 2\ln 2 - 2$

13. $y - 2 = (e+3)(x-1)$ 或 $y = (e+3)x - (e+1)$ 14. 略   15. 2.800

16. (1) 略   (2) 1   17. 1   18. $\ln a$ 19. $3ex - y = 0$ 20. $\dfrac{1}{2}$

21. 在 $x = 0$ 有相對極小值 $f(0) = 2$

22. 在 $x=\dfrac{1}{e}$ 有相對極小值 $f\left(\dfrac{1}{e}\right)=e^{-1/e}$

23. 相對極小值 $f(0)=0$

　　相對極大值 $f(2)=\dfrac{4}{e^2}$

習題 6-4

1. $\dfrac{1}{4}(e^4-e^2)$　2. $\dfrac{1}{4}\ln 10$ 或 $\dfrac{\ln 10}{4}$　3. $\dfrac{2^{5x}}{5\ln 2}+C$　4. $\dfrac{7}{3}$　5. $2(e^2-e^{\sqrt{2}})$

6. $-\dfrac{1}{\ln x}+C$　7. 2　8. $2\sqrt{e^x-1}+C$　9. $e^x-x-\ln|1+e^{-x}|+C$

10. $\ln|\ln(\ln x)|+C$　11. $2\ln(x^2+x+5)+C$

12. $2\ln|\sqrt{x}-1|+C$　13. $-\dfrac{1}{2}\ln(1+2e^{-x})+C$　14. $e-1$

習題 6-5

1. (1) $y=4e^{-5t}$　(2) $y=1.884\,e^{0.006t}$　2. 45,000　3. 2010.5　4. 7.74

第 7 章　三角函數、反三角函數與雙曲線函數

習題 7-1

1. $\dfrac{1}{2}$　2. $\dfrac{1}{3}$　3. 1　4. 2　5. $2\cos a$　6. $\dfrac{a}{b}$　7. $\dfrac{1}{4}$　8. $\cos a$

9. $\dfrac{5}{4}$　10. 1　11. 0　12. 1　13. $\dfrac{1}{3}$　14. 1　15. -1　16. $-\dfrac{2}{3}$

17. 1　18. 2　19. 2　20. 0　21. 0　22. $\dfrac{2}{\pi}$　23. $\dfrac{3}{8}$

習題 7-2

1. $\sin x\,(2-3\sin^2 x)$　2. $-\dfrac{x+\sin x\cos x}{x^2\sin^2 x}$　3. $\dfrac{\sec x\,(2\tan x-1)}{(2+\tan x)^2}$

4. $-\dfrac{\csc\sqrt{x}}{2\sqrt{x}}(1+2\cot^2\sqrt{x})$　5. $\dfrac{\sin x+\cos x-1}{(1-\sin x)^2}$

6. $\dfrac{1}{2}\left(\dfrac{\cos\sqrt{x}}{\sqrt{x}}, \dfrac{\cos x}{\sqrt{\sin x}}\right)$ **7.** $-8x\cos^3(\sin x^2)\sin(\sin x^2)(\cos x^2)$

8. $-\dfrac{\sin\sqrt{x}}{4\sqrt{x}\sqrt{\cos\sqrt{x}}}$ **9.** $\dfrac{1}{2}\sin 2x + x\cos 2x$ **10.** $2x\sin x + x^2\cos x$

11. $\dfrac{e^{\sin x}\cos x - 5^{\cos x}\ln 5 \sin x}{2\sqrt{e^{\sin x}+5^{\cos x}}}$ **12.** $\ln^2(\sec x+\tan^2 x)\dfrac{\sec x\tan x+2\tan x\sec^2 x}{\sec x+\tan^2 x}$

13. $\dfrac{\sin(x-y)+y\cos x}{\sin(x-y)-\sin x}$ **14.** $\dfrac{y\sin x-\cos y}{\cos x-x\sin y}$ **15.** $\dfrac{\sin y}{2\sin 2y-x\cos y-\sin y}$

16. $-\dfrac{y}{x}$ **17.** 0.5151   **18.** 0.90966   **19.** (1) 是   (2) 可以

20. 切線方程式：$6\sqrt{3}x+2y-\sqrt{3}\pi-2=0$，法線方程式：$6\sqrt{3}x-54y-\sqrt{3}\pi+54=0$

21. 切線方程式：$x-3y+3=0$ **22.** 切線方程式：$x+2y=0$

23. 極大值 $\sqrt{2}$，極小值 -1 **24.** 極大值 2，極小值 $\sqrt{3}$

25. 極大值 $\dfrac{5}{4}$，極小值 -1 **26.** 略   **27.** 略   **28.** 略

29. $\dfrac{2x\cos x^2}{1+\sin^2 x^2}$ **30.** -1 **31.** $\dfrac{1}{4}$ **32.** 略   **33.** 略

34. 相對極小值 $\tan 1$ **35.** 相對極大值 $\dfrac{\sqrt{3}}{3}$，相對極小值 $-\dfrac{\sqrt{3}}{3}$

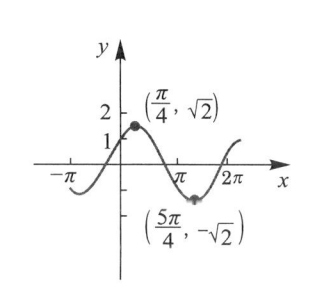

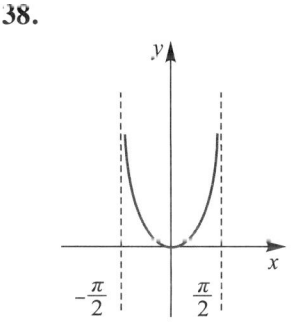

36. 相對極大值 1，相對極小值 0

37.

38.

39. 2.988   **40.** 0.877

習題 7-3

1. (1) $x - \dfrac{1}{2}\cos 2x + C$ (2) $-\cos 2x + C$ **2.** $f(x) = \cos x + 1$

3. $f(x) = \dfrac{1}{6}x^3 - \cos x + 2x + 2$

4. (1) $\tan x + \sec x + C$ (2) $x + \cos x + C$ (3) 3 (4) $-2\cos\sqrt{x} + C$

(5) $\dfrac{1}{3}\left[1 - \left(\dfrac{1}{2}\right)^{3/2}\right]$ (6) $-2\sqrt{2 - \tan x} + C$

(7) $-\dfrac{5}{18}\left[\tan\left(\dfrac{1}{x^3} + 1\right)\right]^{6/5} + C$ (8) $2 - \sqrt{2}$

5. $-\dfrac{4}{\pi}$ **6.** 2 **7.** 2 **8.** 略 **9.** (1) 8 (2) 8 (3) 0

習題 7-4

1. $e^x \cdot \dfrac{\sin^{-1} x - \dfrac{1}{\sqrt{1-x^2}}}{(\sin^{-1} x)^2}$ **2.** $\dfrac{9(1 + \cos^{-1} 3x)^2}{\sqrt{1 - 9x^2}}$ **3.** $-\dfrac{1}{x^2 + 1}$

4. $\dfrac{-1}{\sqrt{1 - (\ln x)^2}} \dfrac{1}{x}$ **5.** $-\dfrac{1}{2(1+x^2)\sqrt{\cot^{-1} x}}$ **6.** $\dfrac{x}{(x^2 - 1)\sqrt{x^2 - 2}}$

7. $\tan^{-1}\sqrt{x} + \dfrac{\sqrt{x}}{2(1+x)}$ **8.** $\dfrac{\sec^{-1}\sqrt{x}}{\sqrt{x-1}} + \dfrac{1}{x}$ **9.** $\dfrac{2\cos 2x}{1 + \sin^2 2x}$

10. $\dfrac{1}{2x\sqrt{\sec^{-1} 3x}\sqrt{9x^2 - 1}}$ **11.** -1

12. $3x^2 \sin^{-1} x + \dfrac{x^3}{\sqrt{1-x^2}} - \dfrac{1}{2\sqrt{x(1-x)}}$ **13.** $-\dfrac{1}{\sqrt{2\sin^2 x + 2\sin x}}$

14. $\dfrac{-1}{\sqrt{1 - (\sin^{-1} x)^2}\sqrt{1 - x^2}}$ **15.** $4[\sin^{-1}(\tan^{-1} x)]^3 \dfrac{1}{\sqrt{1 - (\tan^{-1} x)^2}} \dfrac{1}{1 + x^2}$

16. $-\dfrac{1}{x^2+1}$ **17.** $(\cos^{-1} x)^2$ **18.** $-\dfrac{6\sin(2\tan^{-1} 3x)}{1+9x^2}$

19. 0 **20.** $\dfrac{\sqrt{1-x^2y^2}+y\sqrt{1-(x-y)^2}}{\sqrt{1-x^2y^2}-x\sqrt{1-(x-y)^2}}$ **21.** $\dfrac{0.04}{\sqrt{15}}$

習題 7-5

1. $2(\tan^{-1} x)^{1/2}+C$ **2.** $-\sin^{-1}\left(\dfrac{\cos\theta}{2}\right)+C$ **3.** $\sin^{-1}\left(\dfrac{\sin x}{2}\right)+C$

4. $\sin^{-1}\left(\dfrac{1}{\sqrt{3}}\right)$ **5.** $\dfrac{1}{3}\sec^{-1}\left(\dfrac{2x}{3}\right)+C$ **6.** $\dfrac{1}{8}\tan^{-1}\left(\dfrac{x^2}{4}\right)+C$

7. $\dfrac{1}{2}\sin^{-1}(2x)+C$ **8.** $\dfrac{1}{2}(\tan^{-1} x)^2+C$ **9.** $\dfrac{1}{2}\tan^{-1}\left(\dfrac{x+1}{2}\right)+C$

10. $-\sqrt{4-x^2}+2\cdot\sin^{-1}\left(\dfrac{x}{2}\right)+C$ **11.** $\dfrac{\cos x}{|\cos x|}\sin^{-1}\left(\dfrac{\sin x}{\sqrt{2}}\right)+C$

12. $x-\dfrac{1}{\sqrt{2}}\tan^{-1}\left(\dfrac{\tan x}{\sqrt{2}}\right)+C$ **13.** π **14.** $\dfrac{\pi}{6}$ **15.** $\dfrac{\pi}{6}$ **16.** $\dfrac{\pi}{12}$

17. $\tan^{-1}(\sec x)+C$ **18.** $\dfrac{1}{4}\tan^{-1}\left(\dfrac{x+3}{4}\right)+C$

習題 7-6

1. $4x\cosh(2x^2+3)$ **2.** $-\dfrac{1}{2}\operatorname{csch}\dfrac{x}{2}\coth\dfrac{x}{2}$ **3.** $-\dfrac{5}{2}\sqrt{\operatorname{sech} 5x}\tanh 5x$

4. $e^{3x}\operatorname{sech} x(3-\tanh x)$ **5.** $-\dfrac{\operatorname{sech}^2 x}{(1+\tanh x)^2}$ **6.** $\dfrac{2\sinh x}{(1-\cosh x)^2}$ **7.** $\dfrac{2xy\tanh y}{1-x^2y\operatorname{sech}^2 y}$

8. 略 **9.** $\dfrac{1}{2}\tanh x^2+C$ **10.** $2\sinh\sqrt{x}+C$ **11.** $\ln|\cosh x|+C$

12. $\dfrac{1}{2}\cosh^2 x+C$